소방기술사 **기출문제 풀이 시리즈**

소방기술사 기출문제 풀이 02

120~125회 소방기술사
기출문제 풀이

소방기술사 **홍운성** 저

머리말

수험과정에서 가장 먼저 해야 하는 것은 기출문제 분석입니다. 이를 통해 어떤 유형의 문제가 출제되고, 수험서 내에서 가장 중요한 사항이 무엇인지 파악할 수 있기 때문입니다.

이렇게 중요한 것이 기출문제 학습이지만, 정답과 거리가 먼 해설로 공부한다면 오히려 역효과를 낼 수도 있습니다. 또한 수험생 본인이 공부하고 있는 교재의 내용과 전혀 다른 방향으로 기술된 해설이라면 기존 공부와 별도로 최신 기출문제 풀이를 다시 공부해야 하는 어려움이 생기게 됩니다.

《마스터 소방기술사 기출문제 풀이 02》는 2020~2021년에 출제된 120~125회 소방기술사 필기시험 문제의 풀이를 적중률 높은 수험서인 《NEW 마스터소방기술사》의 내용 중심으로 만들었고, 수많은 자료 분석과 저자의 실무 경험을 통해 최대한 정답에 가깝게 하였습니다. 문제풀이의 분량도 실전에서 쓸 수 있는 수준에 맞추었습니다.

수험생 여러분은 이 기출문제 풀이를 통해 실전에서 써야 할 답안의 수준과 분량을 파악하여 기본서를 어떻게 요약 정리하며 공부해 두어야 하는지 파악할 수 있을 것입니다. 연계 온라인 강좌인 《마스터 실전반 2》를 수강하게 되면 이러한 기출문제의 출제의도를 파악하고, 실전에서 필요한 답안을 쓰기 위해 어떤 방식으로 공부할지 깨닫게 될 것입니다.

차례

CHAPTER 03 제122회 기출문제 풀이

CHAPTER 04 제123회 기출문제 풀이

CHAPTER 05 제124회 기출문제 풀이

CHAPTER 06 제125회 기출문제 풀이

CHAPTER 00

소방기술사 기출문제 분석

Ⅰ. 화재역학

1. 소방화학

[화학 법칙]

122-1-6 이상기체 운동론의 5가지 가정과 보일(Boyle)의 법칙, 샤를(Charles)의 법칙, 게이뤼삭(Gay-Lussac)의 법칙에 대하여 설명하시오.

[연소반응, 화학평형, 반응속도]

125-1-1 프로판 70 %, 메탄 20 %, 에탄 10 %로 이루어진 탄화수소 혼합기의 연소하한을 구하시오.
(단, 각각의 연소하한은 프로판 2.1 %, 메탄 5.0 %, 에탄 3.0 %이다.)

125-1-8 무차원수 중 Damkohler 수(D)에 대하여 설명하고, Arrhenius식과 관계를 설명하시오.

123-1-2 가연성 혼합물의 연료와 공기량을 결정하는 방법에서 당량비(Equivalence Ratio, Φ)의 정의와 당량비(Φ) >1, 당량비(Φ) $=1$, 당량비(Φ) <1일 경우 혼합기 상태에 대하여 설명하시오.

2. 연소공학

[연소의 3요소]

124-4-6 단열압축에 대하여 설명하고 아래 조건의 경우 단열압축하였을 때 기체의 온도(℃)를 구하시오.

〈조건〉
- 단열압축 이전의 기체 : 25 ℃ 1기압
- 단열압축 이후의 기체 : 20기압
- 여기서 정적비열 $C_v=1$ [cal/g ℃], 정압비열 $C_p=1.4$ [cal/g ℃]이다.

120-1-1 연소의 4요소에 해당하는 연쇄반응과 화학적 소화(할로겐 화합물)를 단계별 반응식으로 설명하시오.

120-4-1 화재를 다루는 분야에서는 열에너지원(Heat Energy Source)의 제어가 중요하다. 열에너지원을 화학적, 전기적 및 기계적 열에너지로 구분하여 설명하시오.

[연소범위]

122-1-13 화학물질의 위험도를 정의하고, 아세틸렌을 예를 들어 설명하시오.

[기체의 연소]

121-4-5 가연성 혼합기의 연소속도(Burning Velocity)에 영향을 미치는 인자에 대하여 설명하시오.

[화재성장의 3요소]

122-2-6 화재 시 아래의 제한된 조건하에서 화염의 열유속($\dot{q}''$)의 값을 비교하고 각각 연료에 대한 위험성의 상관관계를 설명하시오.

구분	질량감소유속 $\dot{m}''$[g/m²s]	연소면적 A[m²]	유효연소열 ΔH_c[kJ/g]	기화열 L[kJ/g]
폴리스티렌	38	0.785	39.85	1.72
가솔린	55	0.785	43.70	0.33

[Fire Plume]

125-4-1 그림은 천정열기류(Ceiling Jet)에 관한 계산 모델이다. 다음 물음에 답하시오.

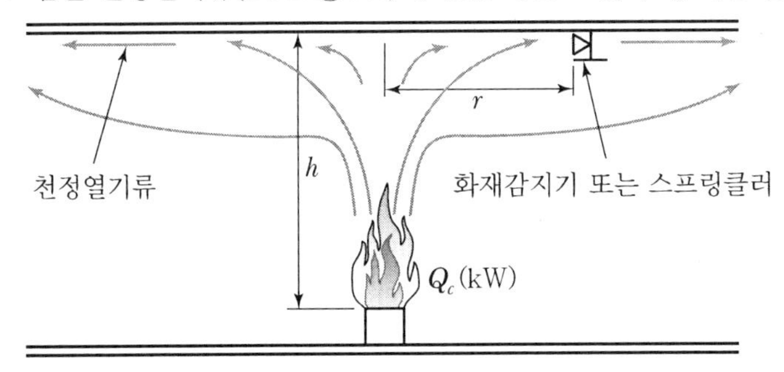

1) 천정열기류(Ceiling Jet)의 정의
2) 화재플럼 중심축으로부터 거리 r만큼 떨어진 위치에서의 기류 온도와 속도
3) 화재플럼 중심축에서 2.5 m 떨어진 위치에 72 ℃ 스프링클러 헤드가 설치되어 있다고 가정할 때 감열여부 판단
(화재크기 1000 kW, 층고 4.0 m, 실내온도 20 ℃)

124-1-8 화재플럼(fire plume)의 발생 메커니즘(mechanism)과 활용방안을 설명하시오.

122-4-6 가솔린의 증발속도와 가솔린 화재에서의 화재플룸(Fire Plume) 속도를 비교하여 설명하시오.
(단, 가솔린은 최고 연소유속으로, 가솔린 증기 밀도는 공기의 2배로, 화재플룸의 높이는 1 m로 가정한다.)

[액체의 연소]

121-1-1 액체가연물의 연소에 영향을 미치는 인자에 대하여 설명하시오.

[고체의 연소]

121-3-2 자연발화의 정의, 분류, 조건 및 예방방법에 대하여 설명하시오.

3. 열전달

[열전달 메커니즘]

125-1-5 형태계수와 방사율에 대하여 설명하시오.

124-2-2 액체의 비등영역을 구분하고 비등곡선에 대하여 설명하시오.

120-2-1 열전달 메카니즘의 형태를 실내화재에 적용시켜 기술하고 화재 방지대책에 관하여 설명하시오.

[열역학]

120-1-2 비열(Specific Heat)의 종류와 공기의 비열비(Specific Heat Ratio)에 대하여 설명하시오.

4. 방화공학

123-1-4 최소산소농도(MOC, Minimum Oxygen Concentration)를 설명하고, 다음과 같은 데이터로 부탄가스의 최소산소농도를 추정하시오. 또한 불활성화(Inerting)의 정의 및 방법에 대하여 설명하시오.

5. 방폭공학

[폭발 방지대책]

125-1-9 착화파괴형 폭발과 누설착화형 폭발에 대한 예방대책에 대하여 설명하시오.

123-2-1 전기 설비를 위험 장소 및 사용 환경이 열악하여 화재 및 폭발의 우려가 있는 장소에서 사용하는 경우의 방폭형 소방 전기 기기에 대하여 아래 기호의 정의를 설명하고 이와 관련된 사항을 설명하시오.
(1) Ex d IIB T6
(2) IP2X, IP54, IP67

II. 소방기계기초

1. 유체역학

[기본 개념]

125-1-6 절대압력과 게이지압력의 관계에 대하여 설명하고, 진공압이 500 mmHg일 때, 절대압력(P_a)을 계산하시오.(단, 대기압은 760 mmHg이다.)

122-1-5 유체에서 전단력(Shearing Force)과 응력(Stress)에 대하여 설명하시오.

120-4-4 유체유동과 관련 있는 무차원수의 필요성과 주요 무차원수에 대하여 설명하시오.

[배관의 손실]

121-1-12 Hagen–Poiseuille식과 Darcy–Weisbach식을 이용하여 층류흐름의 마찰계수를 유도하시오.

121-3-3 수계 배관에서 돌연확대 및 돌연축소 되는 관로에서의 부차적 손실계수(k)가 돌연확대는 $k=\left[1-\left(\frac{D_1}{D_2}\right)^2\right]^2$, 돌연축소는 $k=\left(\frac{A_2}{A_o}-1\right)^2$ 임을 증명하시오.

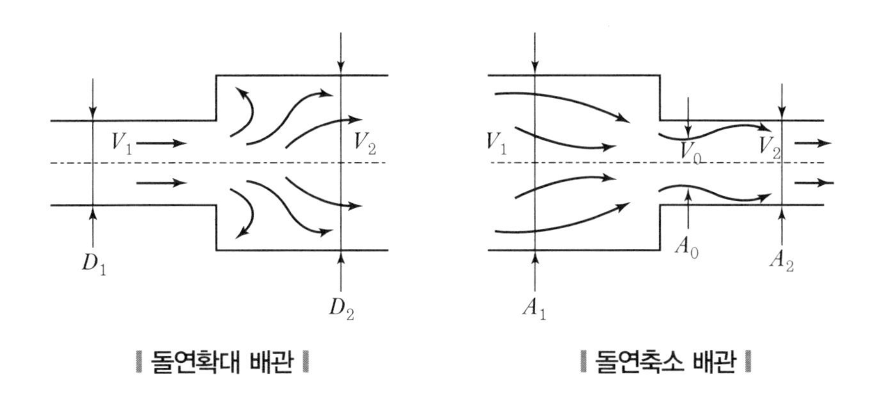

‖ 돌연확대 배관 ‖ ‖ 돌연축소 배관 ‖

[공식의 단위 환산]

125-3-3 $Q = 0.6597 \times d^2 \times \sqrt{p}$ 을 유도하고, 옥내소화전과 스프링클러설비의 K-factor에 대하여 설명하시오.

2. 배관재료

[배관 및 부속류]

122-2-2 소화설비의 배관에서 사용하는 게이트(Gate)밸브, 글로브(Globe)밸브, 체크(Check)밸브의 특징에 대하여 설명하시오.

120-4-6 소방청 및 한국소방시설협회에서 발표한 소방공사 표준시방서에 명기된 소방설비별 배관 적용을 옥내(실내, 입상, 수평), 옥외(공동구, 매설) 및 설비별로 구분하여 설명하고, 사용압력이 1.2 MPa 이상과 미만일 경우 배관재질의 적용에 대하여 설명하시오.

[부식, 동파방지, 기밀시험, 플러싱]

122-1-8 소방설비 배관 및 부속설비의 동파를 방지하기 위한 보온방법에 대하여 설명하시오.

[감압밸브]

122-3-1 소화배관의 과압발생 시 감압방법의 종류와 각각의 특징에 대하여 설명하시오.

4. 소방펌프

[흡입 및 토출 측 배관]

122-1-9 옥내소화전설비에서 압력 챔버(Chamber) 설치기준과 역할에 대하여 설명하시오.

[펌프의 기동 및 정지, 압력세팅, 선정기준, 성능시험]

123-4-2 소방펌프 유지관리 시험 시 다음 사항에 대하여 설명하시오.
(1) 체절운전(무부하 운전) 시험방법
(2) NFPA 25에서 전기모터 펌프는 최소 10분 동안 구동하는 이유
(3) NFPA 25에서 디젤 펌프는 최소 30분 동안 구동하는 이유

120-2-3 소화펌프 성능시험방법 중 무부하운전, 정격부하운전, 최대부하운전에 대한 작동시험방법 및 시험 시 주의사항에 대하여 설명하시오.

[펌프의 제 현상 : NPSH, 캐비테이션, 수격, Air Lock]

125-3-4 수계소화설비의 배관에서 발생할 수 있는 공동현상과 관련하여 다음 사항에 대하여 설명하시오.
1) 공동현상의 정의
2) 펌프 흡입관에서 공동현상 발생조건 및 영향요인
3) 펌프 흡입측 배관에서 공동현상 방지를 위한 화재안전기준 내용

122-2-1 소화배관에서 수격(Water Hammer)현상 시 발생하는 충격파의 특징 및 방지대책에 대하여 설명하시오.

121-1-3 소화설비용 충압펌프가 빈번하게 작동하는 주요 원인과 대책을 설명하시오.

120-3-4 소화펌프에서 발생할 수 있는 공동현상(Cavitation)의 발생원인, 판정방법 및 방지대책에 대하여 설명하시오.

Ⅲ. 수계 소화설비

1. 수계 일반

[소화기구, 자동소화장치]

124-1-13 상업용 주방자동소화장치의 설치기준과 소화시험 방법에 대하여 설명하시오.

[기타 소화설비 : 드렌처, 강화액, 방수총]

124-3-5　방화지구내 건축물에 설치하는 드렌처설비의 설치대상, 수원의 저수량, 가압송수장치, 작동방식에 대하여 설명하시오.

[내진설계기준]

124-1-4　소화설비의 수원 및 가압송수장치 내진설계 기준에 대하여 설명하시오.

124-2-6　내진설계기준의 수평력(F_{pw})과 세장비(λ)를 설명하고, 압력배관용탄소강관 25A의 세장비가 300이하 일 때 버팀대 최대길이(cm)를 구하시오.
(단, 25A(Sch 40)의 외경 34.0 mm, 배관의 두께 3.4 mm $\lambda = \frac{L}{r}$ 를 이용하고, 여기서 r : 최소 회전반경($\sqrt{\frac{I}{A}}$), I : 버팀대단면 2차모멘트, A : 버팀대의 단면적)

120-1-7　소방시설 중 수원과 제어반, 가압송수장치(전동기 또는 내연기관에 따른 펌프)의 내진설계기준에 대하여 설명하시오.

[연결송수관, 연결살수, 연소방지설비 및 소화수조]

124-1-10　연결송수관설비의 방수구 설치기준을 설명하시오.

2. 스프링클러설비

[설비의 종류]

125-2-3　건식유수검지장치에 대하여 다음 사항을 설명하시오.
1) 작동원리
2) 시간지연
3) 시간지연을 개선하기 위한 NFPA 제한사항

[배관 및 부대장치]

120-3-6　습식 및 건식 스프링클러설비의 시험장치를 기술하고, NFPA 13과 비교하여 개선방안에 대하여 설명하시오.

[스프링클러 헤드의 설계 개념]

122-1-2 스프링클러헤드의 RTI(Response Time Index)와 헤드 감도시험방법에 대하여 설명하시오.

[스프링클러헤드의 종류]

125-2-2 화재조기진압용 스프링클러설비에 대하여 다음 사항을 설명하시오.
1) 화재감지특성과 방사특성
2) 설치기준 및 설치 시 주의사항

123-3-4 특수제어 모드용(CMSA : Control Mode Specific Application) 스프링클러의 개요, 특성과 장 · 단점에 대하여 설명하고 표준형 / ESFR 스프링클러와 비교하시오.

122-3-5 ESFR(Early Suppression Fast Response) 헤드 설치장소의 구조기준 및 헤드의 특징에 대하여 설명하시오.

121-4-6 스프링클러헤드를 감지특성에 따라 분류하고 방사특성에 대하여 설명하시오.

120-4-2 ESFR 스프링클러헤드는 표준형 스프링클러헤드보다 화재초기에 작동하여 화재를 조기 진압한다. 이를 결정하는 3가지 특성요소에 대하여 설명하시오.

[ESFR 및 간이 스프링클러설비]

122-2-5 ESFR(Early Suppression Fast Response) 헤드 설치장소의 구조기준 및 헤드의 특징에 대하여 설명하시오.

121-1-13 국가화재안전기준에서 정하는 화재조기진압용 스프링클러의 설치제외와 물분무헤드의 설치제외에 대하여 설명하시오.

3. 물분무 및 미분무 설비

[물분무 소화설비의 특성, 소화원리]

125-3-1 물분무소화설비와 관련하여 다음 사항에 대하여 설명하시오.
1) 소화원리
2) 적응 및 비적응장소
3) NFSC 104에 따른 수원의 저수량 기준
4) NFSC 104에 따른 헤드와 고압기기의 이격거리

[미분무 소화설비 – NFPA 750]

122-1-3 미분무소화설비에서 발생할 수 있는 클로깅(Clogging) 현상과 이 현상을 방지할 수 있는 방법에 대하여 설명하시오.

[미분무 소화설비 – 화재안전기준]

124-1-6 미분무소화설비의 설계도서 작성시 고려사항에 대하여 설명하시오.

4. 포 소화설비

[포 혼합장치]

125-2-1 포소화약제 공기포 혼합장치의 종류별 특징에 대하여 설명하시오.

121-4-1 공기포 소화약제의 혼합 방식에 대하여 설명하시오.

Ⅳ. 가스계 및 분말 소화설비

1. 가스계 소화설비

[CO_2 소화설비]

122-4-1 이산화탄소소화설비 호스릴방식의 설치장소 및 설치기준에 대하여 설명하시오

[할로겐화합물 및 불활성기체 : 소화약제]

124-1-12 ERPG(Emergency Response Planning Guideline) 1, 2, 3에 대하여 설명하시오.

120-1-5 할로겐화합물 및 불활성기체 소화약제를 적용할 수 없는 위험물에 대하여 설명하시오.(단, 소화성능이 인정되는 경우 예외이기는 하나 이 내용은 무시한다.)

[할로겐화합물 및 불활성기체 : 소화설비]

125-3-2 할로겐화합물 및 불활성기체소화설비 배관의 두께 계산식에 대하여 설명하시오.

[저장용기]

122-1-10 할로겐화합물 및 불활성기체소화설비 구성요소 중 저장용기의 설치장소 기준과 할로겐화합물 및 불활성기체 소화약제의 구비조건을 설명하시오.

120-3-5 이산화탄소 소화설비의 소화약제 저장용기 등의 설치장소에 관한 기준을 서술하고 각 항목마다 근거를 설명하시오.

[가스계 약제량 계산]

125-1-10 이산화탄소 소화약제의 심부화재와 표면화재에 대한 선형상수값을 각각 구하시오.

123-4-3 이산화탄소 소화설비를 전역방출방식으로 설치하려고 한다. 다음 조건을 참조하여 각 물음에 답하시오.

〈조건〉
- 기압 : 1 atm
- 온도 : 10 ℃
- 설계농도 : 65 %
- 용도 : 목재가공품창고
- 체적 : 400 m^3
- 이산화탄소 저장용기 : 45 kg 고압용기
- 개구부는 화재시 자동 폐쇄된다.
- 소화약제 방출시간을 설계농도 도달시간으로 가정한다.
- 기타 다른 조건은 무시한다.

(1) 자유유출(Free Efflux) 상태에서 목재가공품 창고의 소화에 필요한 소화약제량을 구하시오.
(2) 필요한 이산화탄소 저장용기 수량과 저장하는 소화약제량을 구하시오.
(3) 소화약제 방출시간을 구하시오.

[설계농도유지시간과 도어팬테스트]

121-3-5 전역방출방식 가스계소화설비의 신뢰성을 확보하기 위하여 실시하는 Enclosure Integrity Test의 종류와 수행절차에 대하여 설명하시오.

[가스계 – 설계프로그램]

125-1-11 가스계 소화설비 설계프로그램의 유효성 확인을 위한 방출시험기준(방출시간, 방출압력, 방출량, 소화약제 도달 및 방출종료시간)에 대하여 설명하시오.

[가스계 – 종합문제]

123-2-2 이산화탄소소화설비에 대하여 다음 사항을 설명하시오.
(1) 배관의 구경 산정 기준(이산화탄소의 소요량이 시간 내에 방사될 수 있는 것)
(2) 방출시간(가스계소화설비 설계프로그램의 성능인증 및 제품검사의 기술기준)
(3) 배출설비
(4) 과압배출구(Pressure vent) 소요면적(m^2) 산출(식) 및 작동성능시험

V. 연기 및 제연설비

1. 연기

[연기의 유해성]

■ 생리적 유해성

124-1-2 독성에 관한 하버(Haber, F.)의 법칙에 대하여 설명하시오.

120-1-3 인체의 열 스트레스 조건에서 상대습도와 인내 한계시간과의 관계를 설명하시오.

■ 시각적 유해성

125-1-2 감광계수와 가시거리의 관계에 대하여 설명하시오.

[연기의 유동]

■ 연돌효과

122-4-4 (초)고층 건축물의 화재 시 연돌효과(Stack Effect)의 발생원인 및 문제점을 기술하고, 연돌효과 방지대책을 소방측면, 건축계획측면, 기계설비측면으로 각각 설명하시오.

2. 제연설비

[제연의 개요 + 거실 제연]

■ 연기제어의 개념

122-1-11　자연배연과 기계배연을 비교하여 설명하시오.

120-3-1　건축물 화재 시 연기제어 목적, 연기제어 기법 및 연기의 이동형태에 대하여 설명하시오.

■ 플러그홀링 현상

121-1-4　Plug-holing의 발생원인과 방지대책에 대하여 설명하시오.

■ 거실제연설비

124-4-4　거실제연설비의 공기유입 및 유입량 관련 화재안전기준을 NFPA 92와 비교하여 차이를 설명하시오.

[부속실 제연]

■ 차압(누설량, 누설틈새)

121-2-3　특정소방대상물에 스프링클러가 설치되지 않는 경우, NFSC 501A에 의한 부속실 제연설비의 최소 차압은 40 Pa 이상으로 정하고 있으나, NFPA 92의 경우에는 천장 높이에 따라 최소(설계)차압의 기준이 다르게 적용된다. 천장 높이가 4.6 m일 때를 기준으로 하여 NFPA 92에 따른 차압 선정의 이론적 배경을 설명하시오.

■ 화재안전기준 및 기술기준

125-2-4　부속실 제연설비에 대하여 다음 사항을 설명하시오.
1) 국내 화재안전기준(NFSC 501A)과 NFPA 92A 기준 비교
2) 부속실 제연설비의 문제점 및 개선방안

123-1-7　제연시스템에 적용하고 있는 기술기준에 따른 방화댐퍼, 플랩댐퍼, 자동차압조절댐퍼 및 배출댐퍼에 대하여 작동 및 성능기준에 대하여 각각 설명하시오.

120-2-6　특별피난계단의 계단실 및 부속실(비상용승강기 승강장 포함) 제연설비의 국가화재안전기준(NFSC)에 따른 급기의 기준, 외기취입구의 기준, 급기구의 기준, 급기송풍기의 기준에 대하여 설명하시오.

[송풍기]

■ 성능곡선, 직병렬운전

122-3-3 송풍기의 특성곡선을 설명하고, 직렬운전 및 병렬운전 시 송풍기의 용량이 동일한 경우와 다른 경우를 구분하여 설명하시오.

[제연덕트]

124-1-3 장방형덕트의 Aspect Ratio와 상당지름 환산식에 대하여 설명하시오.

[제연설비 성능시험]

123-1-10 최근 고층 건축물이 많아지면서 내부 화재 시 연기에 대한 재해도 증가 추세이다. 소방 감리자가 건축물의 준공을 앞두고 확인해야 할 사항 중 특별피난계단의 계단실 및 부속실 제연설비의 기능과 성능을 시험하고 조정하여 균형이 이루어지도록 하는 과정에 대하여 설명하시오.

[제연 모델링]

120-2-2 연기유동에 대한 Network 모델의 유형에 대하여 설명하시오.

[제연 실무 관련]

123-3-3 대규모 건축물의 지하주차장 화재 시 공간특성 및 환기설비를 이용한 연기제어 방안과 연기특성을 고려한 성능평가 시험에 대하여 설명하시오.

Ⅵ. 소방전기설비

1. 화재경보설비

[수신기 및 중계기]

■ P형, 경계구역 등

123-3-1 전통시장 화재에 대하여 다음 사항을 설명하시오.

가. 전통시장 화재의 특성(취약성)

나. 전통시장 화재알림시설 지원사업 목적 및 대상

다. 개별점포 및 공용부분 화재알림시설 설치기준 및 구성도(전통시설 화재알림시설 설치사업 가이드라인)

■ R형 멀티플렉싱 및 네트워크

125-4-4 R형 수신기와 관련하여 다음에 대하여 설명하시오.
1) 다중전송방식
2) 차폐선 시공방법

123-3-2 하나의 단지내에 각 단위공장별로 산재된 자동화재탐지설비의 수신기를 근거리통신망(LAN)을 활용하여 관리하고자 한다. LAN의 Topology(통신망의 구조)중 RING형, STAR형, BUS형의 특징 및 장 · 단점을 설명하시오.

123-4-6 다음 각 물음에 답하시오.
(1) 일반감지기와 아날로그감지기의 주요특성을 비교하시오.
(2) 인텔리전트(intelligent) 수신기의 기능, 신뢰도, 네트워크 시스템의 Peer to Peer와 Stand Alone 기능에 대하여 설명하시오.

■ IoT 및 무선통신

123-2-3 최근 전통시장에는 IoT기반의 무선통신 화재감지기를 많이 설치하고 있다. 무선통신 화재감지시스템의 구성요소와 이를 실현하기 위한 필수기술(또는 필수요소)에 대하여 설명하시오.

■ Class와 Level(배선)

121-1-7 NFPA 72에서 정하는 Pathway Survivability를 Level별로 구분하여 설명하시오.

■ 수신기와 감시제어반

122-1-4 화재수신기와 감시제어반을 비교하여 설명하시오.

[열감지기]

■ 감지원리

125-1-4 펠티에효과(Peltier Effect)와 제벡효과(Seebeck Effect)에 대하여 각각 설명하시오.

123-1-5 열감지기의 작동원리 중 샤를의 법칙(Charles'Law)을 활용한 감지기의 작동원리에 대하여 설명하시오.

121-3-4 화재감지기의 감지소자로 적용되는 서미스터(Thermistor)의 저항변화 특성을 저항–온도 그래프를 이용하여 종류별로 설명하고 서미스터가 적용된 감지기의 작동 메커니즘에 대하여 쓰시오.

■ **감지기 설치기준**

125-4-3 연기의 시각적 특성 및 감지기와 관련하여 다음에 대하여 설명하시오.
1) 감광율, 투과율, 감광계수 정의
2) '자동화재탐지설비 및 시각경보장치의 화재안전기준(NFSC 203)'에서 부착높이 20 m 이상에 설치되는 광전식 중 아나로그 방식의 감지기에 대해 공칭감지농도 하한값이 5 % 미만인 것으로 규정하고 있는데, 그 의미에 대하여 설명하시오.

123-1-6 자동화재탐지설비 및 시각경보장치의 화재안전기준(NFSC 203)에서 감지기 설치 위치로 천장 또는 반자의 옥내에 면하는 부분에 설치를 규정한 기술적인 사유를 화재공학적인 측면에서 설명하시오.

[연기감지기]

121-4-3 공기흡입형 감지기의 설계 및 유지관리 시 고려사항에 대하여 설명하시오.

[불꽃감지기 및 특수감지기]

125-3-5 불꽃감지기의 종류와 원리, 설치 및 유지관리 시 고려사항에 대하여 설명하시오.

[배선]

123-4-1 옥내소화전설비에서 정하는 내화배선과 내열배선의 기능, 사용전선의 종류에 따른 배선 공사방법 및 성능검증을 위한 시험방법을 설명하고 내열배선의 성능검증방법 중 적절한 검증방법을 설명하시오.

121-2-6 NFSC 102 별표1에 의한 내화배선의 공사방법을 설명하고, 내화배선에 1종 금속제 가요전선관을 사용할 수 없는 이유와 내화전선을 전선관 내에 배선할 수 없는 이유에 대하여 설명하시오.

2. 소방전기설비

[유도등, 유도표지, 피난유도선]

123-1-12 퍼킨제(Purkinje) 현상과 이를 응용한 유도등에 대하여 설명하시오.

[비상조명, 속보, 비상콘센트 설비 등]

124-3-3 화재안전기준에서 명시한 비상조명등의 조도 기준을 KS표준 및 NFPA와 비교하여 설명하시오.

120-1-6 자동화재속보설비의 데이터 및 코드전송에 의한 속보방식 3가지를 설명하시오.

3. 비상전원

[비상전원수전설비]

120-3-2 소방시설용 비상전원수전설비의 설치기준에 대하여 다음의 내용을 설명하시오.
- 인입선 및 인입구 배선의 경우
- 특별고압 또는 고압으로 수전하는 경우

[비상발전기 및 전동기]

125-1-7 유도전동기의 원리인 아라고원판의 개념도를 도시하고, 플레밍의 오른손 법칙과 왼손 법칙에 대하여 각각 설명하시오.

124-4-2 소방시설 등의 전원과 관련하여 다음 사항을 설명하시오.
1) 스프링클러설비의 상용전원회로 설치 기준
2) 소방부하 및 비상부하의 구분
3) 부하용도와 조건에 따른 자가발전설비 용량 산정방법

4. 일반전기

[전기 일반]

120-4-3 소방시설에서 절연저항 측정방법을 기술하고, 국가화재안전기준(NFSC)에서 정한 절연내력과 절연저항을 적용하는 소방시설에 대하여 설명하시오.

[전압강하 및 허용전류]

125-2-6 다음 물음에 대하여 기술하시오.
1) 전압강하식 $e = \frac{0.0356\,LI}{A}$ [V]의 식을 유도하고, 단상2선식 · 단상3선식 · 3상3선식과 비교하시오.

2) P형 수신기와 감지기 사이의 배선회로에서 종단저항 10 kΩ, 릴레이저항 85 Ω, 배선회로저항 50 Ω이며, 회로전압이 DC 24V일 때 다음 각 전류를 구하시오.

가) 평상시 감지전류 [mA]

나) 감지기가 동작할 때의 전류 [mA]

3) 다음 P형 발신기 세트함의 결선도에서 ①~⑦의 명칭을 쓰고 기능을 설명하시오.

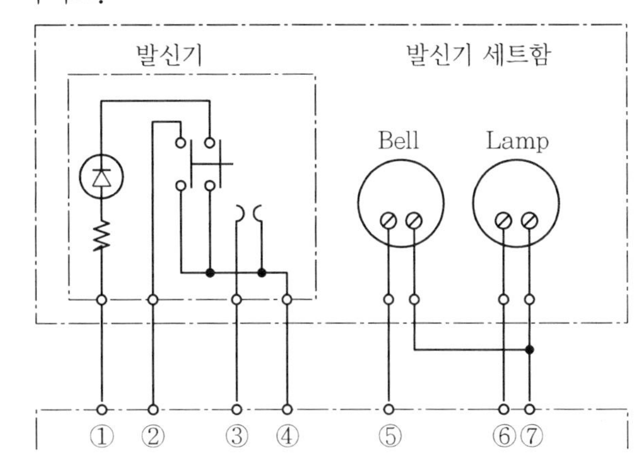

121-1-8 단상 2선식 회로의 전압강하 계산식을 유도하시오.

5. 전기화재

[전기화재 원인]

122-1-7 트래킹(Tracking) 화재의 진행 과정과 방지대책에 대하여 설명하시오.

120-2-4 정전기 대전현상에 대하여 기술하고, 위험물을 고무 타이어가 있는 탱크로리, 탱크차 및 드럼 등에 주입하는 설비의 경우 "정전기 재해예방을 위한 기술상의 지침"에서 정한 정전기 완화조치에 대하여 설명하시오.

[정전기]

122-3-4 정전기의 대전을 방지하기 위한 전압인가식 제전기의 종류와 제전기 사용상의 유의 사항에 대하여 설명하시오.

[접지]

122-2-4 접지(Earth)설비에 대하여 다음을 설명하시오.
가. 접지의 목적
나. 접지목적에 따른 분류
다. 접지공사 종류별 접지저항값, 접지선 굵기, 적용대상

Ⅶ. 건축방재

1. 실내화재의 성상

[화재 단계]

122-3-6 구획실 화재(환기구 크기 : 1 m×2 m)에서 플래시오버 이후 최성기 화재(800 ℃로 가정)의 에너지 방출률을 구하시오.
(단, 연료가 퍼진 바닥면적 12 m^2, 가연물의 기화열 2 kJ/g, 평균 연소열 ΔH_c= 20 kJ/g, Stefan Boltzmann 상수(σ)=5.67×10^{-8}W/m^2K^4이다.)

120-1-11 일반건축물 화재 시 Flame Over(Roll Over) 현상에 대하여 설명하시오.

[화재가혹도, 화재하중]

122-1-12 구획 내 전체화재에 사용하는 화재하중 설정에 대하여 설명하시오.

2. 건축방화

[방화구획, 대피공간, 방화문, 방화셔터, 내화충전(내화채움)]

■ **내화구조**

125-4-5 건축물 내화설계에 있어서 시방위주 내화설계에 대한 문제점과 성능위주 내화설계 절차에 대하여 설명하시오.

■ **방화구획**

124-4-5 「건축물의 피난 · 방화구조 등의 기준에 관한 규칙」에 의한 방화구획 설치기준을 설명하시오.

121-3-6 건축법령에 의한 방화구획 기준에 대하여 다음의 내용을 설명하시오.
1) 대상 및 설치기준
2) 적용을 아니하거나 완화적용할 수 있는 경우
3) 방화구획 용도로 사용되는 방화문의 구조

120-1-10 건축물 방화구획 시 사전 확인사항과 방화구획을 관통하는 부분에 내화충전 적용이 미흡한 사유를 설명하시오.

■ **대피공간, 하향식 피난구**

123-2-5 건축법령에서 규정하고 있는 다음 사항에 대하여 설명하시오.
(1) 대피공간의 설치기준 및 제외 조건
(2) 방화판 또는 방화유리창의 구조
(3) 발코니 내부마감재료 등

■ **방화문, 방화셔터, 방화댐퍼, 관통부틈새**

125-1-12 아래에 열거된 FIRE STOP의 설치장소 및 주요특성에 대하여 설명하시오.
① 방화로드 ② 방화코트 ③ 방화실란트 ④ 방화퍼티 ⑤ 아크릴 실란트

[건축물 마감재료]

■ **마감재료 성능기준**

121-2-1 건축법령상 건축물 실내에 접하는 부분의 마감재료(내장재)를 난연성능에 따라 구분하고, 마감재료의 성능기준과 시험방법에 대하여 설명하시오.

121-3-1 샌드위치 패널의 종류별 특징과 화재위험성, 국내 · 외 시험기준에 대하여 설명하시오.

121-1-10 커튼월 Type 건축물의 화재확산 방지구조에 대하여 설명하시오.

[연소우려 부분 등 기타 기준]

■ **건축물 관리법**

124-3-4 건축물관리법령에서 정한 건축물 구조형식에 따른 화재안전성능 보강공법에 대하여 다음을 설명하시오.
1) 필수적용 및 선택적용 항목
2) 1층 상부 화재확산방지구조 적용공법에 대한 시공기준

3. 건축피난

[피난계획]

123-1-13 대피(피난)행동시 인간의 심리 특성에 대하여 설명하시오.

120-1-12 Fail Safe와 Fool Proof의 개념과 소방에서 적용 예를 들어 설명하시오.

[피난안전구역]

125-1-3 초고층 및 지하연계 복합건축물 재난관리에 관한 특별법과 관련하여 다음을 설명하시오.
1) 피난안전구역 소방시설
2) 피난안전구역 면적산정기준

120-1-4 초고층 및 지하연계 복합건축물 재난관리에 관한 특별법 시행령에서 규정하고 있는 피난안전구역 설치기준 등에 대하여 설명하시오.(단, 선큰의 기준은 제외한다.)

[피난용, 비상용 승강기]

125-4-6 피난용 승강기와 관련하여 다음 사항을 설명하시오.
1) 피난용 승강기의 필요성 및 설치대상
2) 피난용 승강기의 설치 기준 · 구조 · 설비

124-1-7 비상용승강기 대수를 정하는 기준과 비상용승강기를 설치하지 아니할 수 있는 건축물의 조건에 대하여 설명하시오.

[직통계단, 대지 안의 통로 등]

123-3-5 건축법령상 특별피난계단의 구조와 특별피난계단 부속실의 배연설비 구조에 대하여 설명하시오.

121-1-9 건축법령에서 정하는 소방관 진입창의 설치기준에 대하여 설명하시오.

[NFPA 101]

120-2-5 NFPA 101의 피난계획 시 인명안전을 위한 기본 요구사항과 국내 건축물에서 피난관련 법령의 문제점 및 개선방안에 대하여 설명하시오.

4. 방재대책

[일반건축물]

■ 초고층

124-2-3 초고층 및 지하연계 복합건축물 재난관리에 관한 특별법령에 따라 재난예방 및 피해경감계획의 수립 시 고려해야 할 사항에 대하여 설명하시오.

123-3-6 초고층 및 지하연계 복합건축물 재난관리에 관한 특별법 법령에서 규정하고 있는 다음 사항에 대하여 설명하시오.
1) 종합재난관리체제의 구축 시 포함될 사항
2) 재난예방 및 피해경감계획 수립, 시행 등에 포함되어야 하는 내용
3) 관리주체가 관계인, 상시근무자 및 거주자에 대하여 각각 실시하여야 하는 교육 및 훈련에 포함되어야 할 사항

■ 지하, 대규모, 필로티 등

124-3-1 지하구의 화재안전기준이 2021년 1월 15일부터 시행되었다. 다음에 대하여 설명하시오.
1) 지하구의 화재안전기준 제정 · 개정 배경
2) 지하구의 화재특성
3) 소방시설 등의 설치기준

[공사현장]

123-4-4 단열재 설치 공사 중 경질 폴리 우레탄폼 발포시(작업 전, 중, 후) 화재예방 대책에 대하여 설명하시오.

122-3-2 최근 정부에서는 지난 4월 발생한 이천 물류센터 공사현장 화재사고 이후 동일한 사고가 다시는 재발하지 않도록 건설현장의 화재사고 발생위험 요인들을 분석하여 건설현장 화재안전대책을 마련하였다. 다음 각 사항에 대하여 설명하시오.
가. 건설현장 화재안전 대책의 중점 추진방향
나. 건설현장 화재안전 대책의 세부 내용을 건축자재 화재안전기준 강화 측면과 화재위험작업 안전조치 이행 측면 중심으로 각각 설명

122-4-2 임시소방시설의 화재안전기준 제정이유와 임시소방시설의 종류별 성능 및 설치기준에 대하여 설명하시오.

■ **물류창고**

125-2-5 최근 자주 발생하는 물류창고의 화재에 대하여 화재확산 원인과 개선방안을 설명하시오.

[특수시설]

■ **ESS**

123-1-8 최근 에너지저장장치(ESS : Energy Storage System)를 활용한 전기저장시설의 화재가 빈발하여 화재사고 예방 및 피해 확산 방지를 위해 전기저장시설의 화재안전기준 제정(안)이 예고되었다. 이에 따른 스프링클러설비 및 배출설비 설계 시 고려사항에 대하여 설명하시오.

■ **도로터널**

124-4-3 도로터널의 화재안전기준 중 다음 소방시설의 설치기준에 대하여 설명하시오.
1) 비상경보설비와 비상조명등
2) 제연설비
3) 연결송수관 설비

■ **변압기화재**

124-2-1 변압기 화재, 폭발의 발생과정과 안전대책에 대하여 설명하시오.

[산림, 임야, 지진화재 및 방화]

121-2-5 임야화재의 대표적인 발화원인과 화재원인별 조사방법에 대하여 설명하시오.

Ⅷ. 위험물

[위험물 법령]

■ **위험물 용어 정의**

124-3-6 위험물 안전관리법령에서 명시한 알코올류에 대하여 다음을 설명하시오.
1) 알코올류의 정의(제외기준 포함)
2) 알코올류의 종류별 분자구조식, 위험성, 저장 · 취급방법

123-1-11 위험물안전관리법에서 규정한 인화성액체, 산업안전보건법에서 규정한 인화성액체, 인화성가스, 고압가스안전관리법에서 규정한 가연성가스의 정의에 대하여 각각 설명하시오.

121-1-2 위험물안전관리법상 다음 용어의 정의를 쓰시오.
1) 위험물
2) 지정수량
3) 제조소
4) 저장소
5) 취급소

■ 위험물제조소등의 구조

123-4-5 위험물안전관리법령상 제조소의 위치 · 구조 및 설비의 기준에 대한 다음 내용에 대하여 설명하시오.
(1) 건축물의 구조
(2) 배출설비
(3) 압력계 및 안전장치

121-2-2 위험물안전관리법령 상에서 정하는 위험물제조소의 안전거리에 대하여 설명하시오.

121-4-2 위험물안전관리법령상 옥내탱크저장소의 위치 · 구조 및 설비의 기준 중 다음에 대하여 설명하시오.
1) 표시 및 표지
2) 게시판
3) 게시판의 색
4) 압력탱크에 설치하는 압력계 및 압력장치
5) 밸브없는 통기관의 설치기준

120-1-8 위험물제조소의 위치 · 구조 및 설비기준에서 다음 내용을 설명하시오.
(1) 안전거리
(2) 보유공지(방화상 유효한 격벽 포함)
(3) 정전기 제거설비

■ 위험물제조소등의 안전시설

124-1-1 위험물안전관리법령에서 정하는 「수소충전설비를 설치한 주유취급소의 특례」 상의 기준 중 충전설비와 압축수소의 수입설비(受入設備)에 대하여 설명하시오.

■ 기타

124-2-4 위험물안전관리에 관한 세부기준 중 탱크안전성능검사에 대하여 발생할 수 있는 용접부의 구조상 결함의 종류 및 비파괴 시험방법에 대하여 설명하시오.

120-1-13 위험물안전관리법령에서 정한 예방규정 작성대상 및 예방규정에 포함되어야 할 내용에 대하여 설명하시오.

Ⅸ. 성능위주설계 위험성 평가, 화재조사

1. 성능위주설계

[성능위주설계 - 소방청고시 기준]

125-1-13 화재 및 피난시뮬레이션의 시나리오 작성기준 상 인명안전 기준에 대하여 설명하시오.

124-4-1 「소방시설 등의 성능위주설계 방법 및 기준」에서 정하고 있는 화재 및 피난시뮬레이션의 시나리오 작성에 있어 인명안전 기준과 피난가능시간 기준에 대하여 설명하시오.

123-1-9 국내 소방법령에 의한 성능위주설계 방법 및 기준에 대하여 다음 사항을 설명하시오.
1) 성능위주설계를 하여야 하는 특정소방대상물
2) 성능위주설계의 사전검토 신청서 서류

2. 위험성평가

[PSM, 장외영향평가]

123-1-1 고용노동부 고시의 「사업장 위험성평가에 관한 지침」에 따른 위험성 평가방법 및 위험성 평가 절차에 대하여 설명하시오.

120-3-3 장외영향평가서 작성 등에 관한 규정에서 장외영향평가의 정의, 업무절차 및 장외영향평가서의 작성방법에 대하여 설명하시오.

[위험성 평가]

122-4-5 어떤 빌딩이 스프링클러설비와 소방서에 자동으로 울리는 알람 시스템에 의해 화재에 대해 보호되고 있다. 다음 조건에 따라 화재진압 실패 확률을 결함수 분석에 의해 계산하고 스프링클러설비와 알람시스템을 설치하는 이유를 설명하시오.
(단, 연간 화재발생 확률은 0.005회이고, 만약 화재가 발생한다면 스프링클

러가 작동할 확률은 97 %이고, 소방서에서 알람이 울릴 확률은 98 %이며, 스프링클러에 의해 효과적으로 화재를 진압할 확률은 95 %이다. 또한 소방서에서 알람이 울리면 소방관은 성공적으로 99 %의 화재진압을 할 수 있다.)

121-1-11 위험성 평가기법 중 위험도 매트릭스(Risk Matrix)에 대하여 설명하시오.

3. 화재조사

124-3-2 액체가연물의 연소에 의한 화재패턴에 대하여 설명하시오.
1) 일반적인 특징
2) 종류 5가지

122-2-3 전기적 폭발의 개념과 발생원인 및 예방대책에 대하여 설명하시오.

122-1-1 화재 패턴(Pattern)의 개념과 패턴의 생성 원리에 대하여 설명하시오.

121-2-5 임야화재의 대표적인 발화원인과 화재원인별 조사방법에 대하여 설명하시오.

120-1-9 전기적 폭발을 내부적 원인과 외부적 원인으로 구분하여 설명하시오.

X. 소방법령 및 실무

1. 소방기본법

122-4-3 특수가연물의 정의, 품명 및 수량, 저장 및 취급기준, 특수가연물 수량에 따른 소방시설의 적용에 대하여 설명하시오.

122-2-5 소방안전관리대상물의 소방계획서 작성 등에 있어서 소방계획서에 포함되어야 하는 사항을 설명하시오.

2. 화재예방, 소방시설의 설치 · 유지 및 안전관리에 관한 법률

■ **방염**

125-3-6 방염에 대한 다음 사항을 설명하시오.
1) 방염 의무 대상 장소
2) 방염대상 실내장식물과 물품
3) 방염성능기준

124-1-5 방염대상물품 중 얇은 포와 두꺼운 포에 대하여 아래 내용을 설명하시오.
1) 구분 기준
2) 방염성능 기준

■ **건축허가 동의**

121-1-5 소방시설법령상 건축허가등의 동의대상에 대하여 설명하시오.

■ **임시소방시설**

122-4-2 임시소방시설의 화재안전기준 제정이유와 임시소방시설의 종류별 성능 및 설치기준에 대하여 설명하시오.

121-1-6 소방시설법령상 "인화성 물품을 취급하는 작업 등 대통령령으로 정하는 작업"에 대하여 설명하시오.

■ **소방시설법 기타**

123-1-3 소방시설 법령에서 규정하고 있는 특정소방대상물의 증축 또는 용도변경 시의 소방시설기준 적용의 특례에 대하여 각각 설명하시오.

120-4-5 화재예방, 소방시설 설치 · 유지 및 안전관리에 관한 법령에서 정한 소방특별조사에 대하여 다음의 내용을 설명하시오.
(1) 조사목적
(2) 조사시기
(3) 조사항목
(4) 조사방법

3. 소방시설공사업법

125-4-2 소방공사감리 업무수행 내용에 대하여 다음을 설명하시오.
1) 감리 업무수행 내용
2) 시방서와 설계도서가 상이할 경우 적용 우선순위
3) 상주공사 책임감리원이 1일 이상 현장을 이탈하는 경우의 업무대행자 자격

124-2-5 소방시설공사업법령에서 정한 소방시설공사 감리자 지정대상, 감리업무, 위반사항에 대한 조치에 대하여 설명하시오.

124-1-11 소방시설공사의 분리발주 제도와 관련하여 일괄발주와 분리발주를 비교하고, 소방시설 공사 분리도급의 예외규정에 대하여 설명하시오.

121-4-4 소방시설공사업법 시행령 별표4에 따른 소방공사 감리원의 배치기준 및 배치기간에 대하여 설명하시오.

4. 다중이용업 특별법

124-1-9 다중이용업소의 안전관리에 관한 특별법령에 따른 다중이용업소 화재위험평가의 정의, 대상, 화재위험유발지수에 대하여 설명하시오.

123-2-6 다중이용업소에 설치 · 유지하여야 하는 안전시설 중 ①소방시설의 종류와 ②비상구의 설치유지 공통기준에 대하여 설명하시오.

5. 소방 실무 및 기타

[소방 설계, 감리 실무]

123-2-4 건축물 소방시설의 설계는 설계 전 준비를 포함한 ①기본계획 ②기본설계 ③실시설계 3단계로 구분된다. ②항의 기본설계 단계에서 수행되어야 할 주요 설계업무를 항목별로 설명하시오.

121-2-4 건축물설계의 경제성 등 검토(VE : Value Engineering)에 대하여 다음 내용을 설명하시오.

1) 실시대상
2) 실시시기 및 횟수
3) 수행자격
4) 검토조직의 구성
5) 설계자가 제시하여야 할 자료

CHAPTER 01

제 120 회 기출문제 풀이

120회 기출문제 1교시

1 연소의 4요소에 해당하는 연쇄반응과 화학적 소화(할로겐 화합물)를 단계별 반응식으로 설명하시오.

문제 1] 연쇄반응과 화학적 소화의 단계별 반응식

1. 연쇄반응의 메커니즘

1) 개시(Initiation)

$H_2 + O_2 \rightarrow 2OH\cdot$

가연물과 산소로부터 2개의 활성라디칼 생성

2) 전파(Propagation)

$OH\cdot + H_2 \rightarrow H_2O + H\cdot$

활성 라디칼의 타입이 OH· 에서 H·로 변하며, 라디칼의 수는 유지

3) 분기(Branching)

$\cdot O\cdot + H_2 \rightarrow OH\cdot + H\cdot$

$H\cdot + O_2 \rightarrow OH\cdot + \cdot O\cdot$

활성라디칼 수의 증가로 폭발적으로 성장하며 급속한 반응 발생

4) 종결(Termination)

$H\cdot + O_2 + M \rightarrow \cdot HO_2 + M$

$H\cdot \rightarrow \frac{1}{2}H_2$

라디칼의 수가 감소하며, 전체 연소가 종결

2. 화학적 소화

1) 할론 소화약제의 화학적 소화

① 소화약제의 열분해

RX → R· + X·

여기서, X· : Cl· 또는 Br·

② 가연물과의 반응 : 할로카본 물질(HX) 생성

X· + RH → R· + HX

③ 활성라디칼 포착에 의한 연쇄반응 억제(H· 및 OH· 포착)

HX + H· → H_2 + X·

HX + OH· → H_2O + X·

2) 할로겐화합물 소화약제의 소화

CF_3CFH → $CFCF_3$ + HF ↑

활성라디칼(H·, OH·)을 포착하지 못하고, HF가 생성되므로 화학적 소화 효과 없음

3. 결론

1) 할로겐 원소 중 Br, I, Cl을 포함하는 소화약제는 화학적 소화 효과를 가짐

2) F를 주성분으로 하는 할로겐화합물 Clean Agent는 화학적 소화 효과가 없으며, 열분해 등에 의한 냉각소화가 주된 소화원리이다.

2 비열(Specific Heat)의 종류와 공기의 비열비(Specific Heat Ratio)에 대하여 설명하시오.

문제 2] 비열의 종류와 비열비

1. 비열

1) 단위질량당 열저장능력

단위질량에 가해진 열량과 이에 따른 온도변화의 비율

2) 종류

① 정적비열(c_v)

- 일정한 체적에서 1 kg 물질의 온도를 1 ℃ 상승시키는 데 필요한 열량
- 공기의 정적비열 : 0.171 kcal/kg · ℃

② 정압비열(c_p)

- 일정한 압력에서 1kg 물질의 온도를 1℃ 상승시키는 데 필요한 열량
- 공기의 정압비열 : 0.24 kcal/kg · ℃
- 열용량(C) = 질량 × 정압비열($C = mc_p$)

2. 공기의 비열비

1) 비열비

① 정압비열과 정적비열의 비

② $k = \dfrac{c_p}{c_v}$

2) 공기의 비열비

$$k = \frac{c_p}{c_v} = \frac{0.24}{0.171} = 1.4$$

3) 단열압축

$$\frac{T_2}{T_1}=\left(\frac{P_2}{P_1}\right)^{\frac{\gamma-1}{\gamma}}$$

→ 공기의 경우 $\frac{T_2}{T_1}=\left(\frac{P_2}{P_1}\right)^{\frac{1.4-1}{1.4}}=\left(\frac{P_2}{P_1}\right)^{0.2587}$: 단열압축 시 계의 온도 상승

❸ 인체의 열 스트레스 조건에서 상대습도와 인내 한계시간과의 관계를 설명하시오.

문제 3] 열 스트레스 조건에서의 상대습도

1. 개요

1) 화재 시 인체에 대한 열적 영향

① 열응력

② 화상

③ 고온가스 흡입

2) 열응력(Heat Stress)

① 고온, 열류량 또는 이의 조합 상태에 노출되었을 때, 체온조절이 되지 않아 인체 내부에 열이 축적되는 것

② 열응력은 체온이 41 ℃ 이상이 되면 발생되며, 땀 · 호흡 등에 의한 방열량보다 열흡수가 커서 발생

[인체 축적 에너지양] = [신진대사 에너지 방출량] + [복사 및 열전도량] − [발한에 의한 증발에너지 손실량] − [호흡에너지 손실량]

2. 상대습도와의 관계

1) 고온에 노출될 경우 땀 배출과 혈액 순환으로 열을 발산시켜 체온을 유지

→ 건조 공기 내에서는 60 ℃ 이상의 온도에서도 열발산으로 어느 정도 견딜 수 있음

2) 그러나 상대습도가 높아지면 땀의 증발에 영향을 미쳐 인내 한계시간이 짧아짐 (방열 불량)

3) 상대습도와 노출한계시간

   ① 건조공기 중에서 121 ℃를 초과하면 피부 통증(화상)이 발생

   ② 121 ℃ 미만에서는 고열(Heat Stroke)만 발생

   ③ 노출한계시간은 건조한 공기에 비해 습한 공기 중에서 짧아지며, 약 50 ℃로 한계온도가 낮아짐

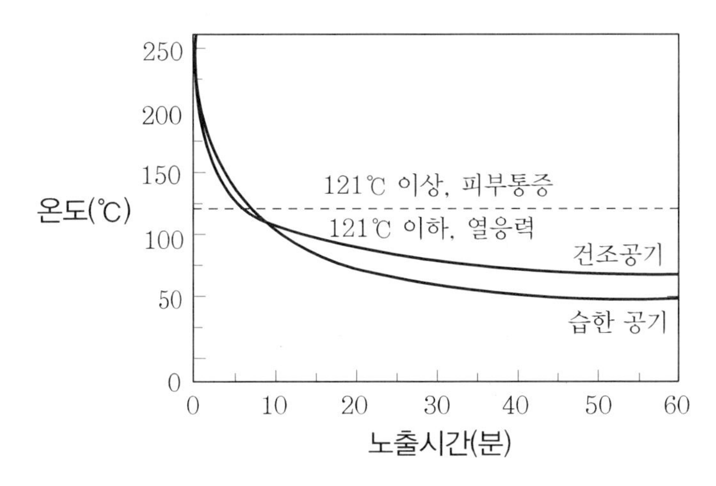

3. 결론

1) 화재실에서는 연쇄반응과 주수에 의한 수증기 발생으로 상대습도가 증가한다.

2) 소방청 고시 인명안전기준의 한계온도인 60 ℃는 건조한 공기에서의 기준이므로, 상대습도에 따른 영향을 추가로 고려해야 한다.

4 초고층 및 지하연계 복합건축물 재난관리에 관한 특별법 시행령에서 규정하고 있는 피난안전구역 설치기준 등에 대하여 설명하시오.(단, 선큰의 기준은 제외한다.)

문제 4) 피난안전구역 설치기준

1. 대상 및 면적

1) 16~29층 지하연계복합건축물

① 거주밀도가 1.5 명/m^2을 초과하는 지상층

② 해당 층의 사용형태별 면적 합의 1/10에 해당하는 면적을 피난안전구역으로 설치

2) 초고층건축물등의 지하층이 다음 용도로 사용되는 경우

① 문화 및 집회, 판매, 운수, 업무, 숙박 및 유원시설업

② 피난안전구역 면적 = (수용인원 × 0.1) × 0.28 m^2

2. 적용시설

1) 배연설비

2) 관리사무소, 방재센터 등과 긴급 연락 가능한 경보 및 통신시설

3) 높이 : 2.1 m 이상

4) 기타 소방기준에서 정하는 소방 등 재난관리를 위한 설비

5) 예비전원에 의한 조명설비

6) 불연재료로 내부 마감

7) 건축물 내부에서 피난안전구역으로 통하는 계단은 특별피난계단 구조로 함

8) 식수공급용 급수전 1개소 이상

9) 비상용승강기를 승하차할 수 있는 구조로 할 것

10) 직상 · 직하층 단열재 : 건축설비기준에 적합할 것

3. 피난용도 표지

1) 출입구 상부 벽 또는 측벽의 눈에 잘 띄는 곳에 "피난안전구역" 문자를 적은 표시판을 설치할 것
2) 출입구 측벽의 눈에 잘 띄는 곳에 해당 공간의 목적과 용도, 다른 용도로 사용하지 아니할 것을 안내하는 내용을 적은 표시판을 설치할 것

5 할로겐화합물 및 불활성기체 소화약제를 적용할 수 없는 위험물에 대하여 설명하시오.(단, 소화성능이 인정되는 경우 예외이기는 하나 이 내용은 무시한다.)

문제 5] 적용할 수 없는 위험물

1. Clean Agent를 적용할 수 없는 위험물

1) 제3류 위험물(자연발화성 및 금수성 물질)
   칼륨, 나트륨, 알킬알루미늄, 알킬리튬, 황린 등

2) 제5류 위험물(자기반응성물질)
   유기과산화물, 질산에스테르류, 히드록실아민 등

2. 상기 위험물에 Clean Agent를 적용할 수 없는 이유

1) NFPA 2001에서 사용할 수 없는 경우
   ① 공기가 없는 장소에서 산화할 수 있는 셀룰로오스 질산염 및 화약과 같은 물질
   ② 리튬, 나트륨, 칼륨, 마그네슘 등과 같은 반응성 금속
   ③ 금속 수소화물(실란 등 대부분 자연발화성 가스)
   ④ 유기과산화물 및 히드라진 등 자연발열, 분해가능 물질
   → 국내 Clean Agent의 화재안전기준은 NFPA 2001을 준용한 것

2) 제3류 및 제5류 위험물의 소화특성

가스계 소화약제의 소화 메커니즘(산소제거, 냉각, 화학작용)으로 소화가 효과적으로 이루어지지 않는다.

① 반응성 금속(제3류 위험물)과 할로겐원소는 격렬히 반응하며, 금속화재용 소화약제를 적용해야 함

② 제5류 위험물은 다량의 물로 냉각해야 하며, 질식소화 효과가 없고 할로겐은 냉각효과가 낮음

3. 결론

산화에틸렌, 실란 등과 같이 할로겐과 발화 폭발하는 가스류에 대한 Clean Agent 적용 제한기준을 추가할 필요가 있다고 판단된다.

6 자동화재속보설비의 데이터 및 코드전송에 의한 속보방식 3가지를 설명하시오.

문제 6] 데이터 및 코드전송에 의한 속보방식

1. ETHERNET

1) 공용인터넷망을 통하여 소방방재청이 지정한 IP와 PORT로 TCP/UDP 접속(전송)을 한다.

① IP : sokbo.korea119.go.kr

② PORT : 27492(TCP) 27494(UDP)

2) 전송 패킷은 "나"항의 규칙을 따른다.

3) 패킷 크기 : 제한은 없으나 1,400 byte 이내로 권장

4) 전송방식 : TCP, UDP

2. CDMA

1) CDMA－DATA 모뎀을 이용하여 각 이동통신사에 PPP접속을 하고, 접속완료 시 모뎀은 공용IP로 할당받아야 한다.
2) 공용인터넷망을 통하여 소방방재청이 지정한 IP와 PORT로 TCP/UDP 접속(전송)을 한다.
   ① IP : sokbo.korea119.go.kr
   ② PORT : 27492(TCP) 27494(UDP)
3) 전송 패킷은 "나"항의 규칙을 따른다.
4) 패킷 크기 : 제한은 없으나 1,400 byte 이내로 권장
5) 전송방식 : TCP, UDP

3. PSTN

1) PSTN－다이얼모뎀을 이용하여 소방방재청이 지정한 번호로 ASYNC 접속할 수 있다. 다만, 이 방식은 시스템 구성 전 지정번호 설치 및 이용 등을 승인받은 후 설치하여야 한다.
2) 전송 패킷은 "나"항의 규칙을 따른다.
3) "나"항의 기본 프로토콜 구조 중 데이터 영역과 TAIL 필드 사이에 CRC8(1 byte)를 문자형 2 byte로 표현한다.
4) 패킷 크기 : 최대 255 byte
5) 전송방식 : 9,600 bps Serial 통신

4. 재전송 규약

119 서버로부터 처리결과 메시지를 20초 이내 수신받지 못할 경우에는 10회 이상 재전송할 수 있어야 한다.

7 소방시설 중 수원과 제어반, 가압송수장치(전동기 또는 내연기관에 따른 펌프)의 내진설계기준에 대하여 설명하시오.

문제 7] 내진설계기준

1. 수원

1) 슬로싱 현상을 방지하기 위해 수조 내부에 방파판을 설치

① 두께 1.6 mm 이상의 강철판 또는 이와 동등 이상의 강도 · 내열성 및 내식성이 있는 금속성의 것

② 하나의 구획부분에 2개 이상의 방파판을 설치하는 경우 수직방향의 움직임을 방지할 수 있는 버팀대를 설치

2) 건축물과 일체로 타설되지 아니한 소화수조 및 저수조는 지진에 의하여 손상되거나 과도한 변위가 발생하지 않도록 할 것

→ 콘크리트 수조가 아닌 경우 구조 확인이 필요함

2. 제어반

1) 벽면에 설치하는 경우

직경 8 mm 이상의 고정용 볼트를 4개 이상 고정할 것

2) 바닥에 설치하는 경우

지진하중에 의해 전도되지 않도록 설치할 것

3) 수계소화설비에 사용되는 수신기 및 중계기

지진발생 시 전도되지 않도록 설치할 것

3. 실내 바닥면에 설치하는 가압송수장치

1) 가동중량 1,000 kg 이하인 설비

① 바닥면에 고정되는 길이가 긴 변의 양쪽 모서리에 직경 12 mm 이상의 앵커볼트로 고정

② 앵커볼트의 근입 깊이는 10 cm 이상

2) 가동중량 1,000 kg 이상인 설비

① 바닥면에 고정되는 길이가 긴 변의 양쪽 모서리에 직경 20 mm 이상의 앵커볼트로 고정

② 앵커볼트의 근입 깊이는 10 cm 이상

3) 펌프와 연결되는 입상배관과의 연결부

배관에 대한 내진설계 방법을 따를 것

4) 방진 지지장치가 있어 앵커볼트로 지지 및 고정할 수 없는 경우 다음 기준에 따른 내진 스토퍼를 설치할 것

① 정상운전 중에 접촉하지 않도록 스토퍼와 본체 사이에 내진 스토퍼를 설치

② 스토퍼는 제조사에서 제시한 허용하중이 설비에 가해지는 수평지진하중 이상을 견딜 수 있는 것으로 설치

기출분석
120회-1
121회
122회
123회
124회
125회

8 위험물제조소의 위치 · 구조 및 설비기준에서 다음 내용을 설명하시오.

(1) 안전거리

(2) 보유공지(방화상 유효한 격벽 포함)

(3) 정전기 제거설비

문제 8] 위험물제조소의 기준

1. 안전거리

1) 건축물의 외벽에서 제조소의 외벽까지의 수평거리

2) 거리 기준

주거용 시설	10 m 이상	고압가스 등	20 m 이상
학교 등	30 m 이상	특고압가공전선 (35,000 V 이하)	3 m 이상

유형 · 지정문화재	50 m 이상	특고압가공전선 (35,000 V 초과)	5 m 이상

3) 불연재료로 된 방화상 유효한 담 또는 벽을 기준에 맞게 설치할 경우 : 안전거리 단축 가능

① 높이 : 2~4 m

② 재질 : 내화 또는 불연재료

2. 보유공지

1) 보유공지 기준

지정수량의 10배 이하	3 m 이상
지정수량의 10배 초과	5 m 이상

2) 제조소 작업에 지장이 생길 우려가 있는 경우 방화상 유효한 격벽을 설치하여 보유공지 제외 가능

① 방화벽 : 내화구조(제6류 : 불연재료 가능)

② 출입구, 창 등의 개구부

- 최소 크기로 할 것
- 자동폐쇄식의 갑종방화문 설치

③ 방화벽 양단 및 상단이 외벽, 지붕에서 50 cm 이상 돌출되어야 함

3. 정전기 제거설비

1) 대상

위험물 취급 시 정전기가 발생할 우려가 있는 설비

2) 정전기 제거설비의 적용방법

① 접지에 의한 방법

② 공기 중의 상대습도를 70% 이상으로 하는 방법

③ 공기를 이온화하는 방법

9 전기적 폭발을 내부적 원인과 외부적 원인으로 구분하여 설명하시오.

문제 9] 전기적 폭발의 원인

1. 전기적 폭발

1) 전기적 원인에 의해 고열이 발생하여 도체나 절연물이 순식간에 증발하며 체적이 팽창되면서 압력이 급격히 상승하는 것
2) 고열을 발생시키는 전기적 원인 : 아크, 줄열

2. 내부적 원인

1) 변압기 내 절연유의 증발로 절연이 파괴되는 경우
2) 부하 사용이 급격히 증가하는 경우
3) 접점에서 발생한 아크가 신속히 제거되지 않은 경우

3. 외부적 원인

1) 화재에 노출된 전선 피복의 손상으로 합선되는 경우
2) 크레인 및 고가사다리 작업 중 고압선에 접촉하는 경우
3) 고압선 접속부 탈락에 의해 전선이 지면에 접촉하는 경우
4) 습기에 의해 절연이 파괴되어 지락되는 경우
5) 고압시설에 동, 식물이 접촉하는 경우
6) 고압시설에서 어떤 원인으로 전압이 상승하고, 이로 인해 공기를 통한 아크방전이 지속되는 경우
7) 낙뢰가 전기시설에 피격되는 경우

⑩ 건축물 방화구획 시 사전 확인사항과 방화구획을 관통하는 부분에 내화충전 적용이 미흡한 사유를 설명하시오.

문제 10] 방화구획 사전 확인사항과 내화충전 적용이 미흡한 사유

1. 방화구획 시 사전 확인사항

1) 연면적 확인
2) 층별 방화구획 확인
3) 방화구획의 면적 확인 : 방화구획 도면 참조
4) 방화구획의 재료 확인 : 내화구조에 적합한 재료
5) 방화셔터 설치위치 및 구조 확인
6) 방화문 종류 및 구조 확인
7) 층간 방화구획 대상 확인
   ① 승강기 승강로 구획
   ② PS, EPS, TPS의 벽 또는 바닥 구획
   ③ 층을 관통하는 덕트 및 배관 등
8) 방화구획선에 위치한 관통부의 충전재료 및 방법 확인
9) 커튼월 마감재료 확인 : 내화구조 여부
10) 관통부별 재료 확인

2. 내화충전 적용이 미흡한 사유

1) 설계도서에서의 누락
2) 발주자의 설계변경에 대한 부정적 반응
3) 시공자의 내화충전재료에 대한 이해 부족
4) 고가로 인한 시공비용 부담 가중
5) 제품의 다양성 부족
6) 관리감독 소홀

11 일반건축물 화재 시 Flame Over(Roll Over) 현상에 대하여 설명하시오.

문제 11] Flame Over 현상

1. 개요

1) 미연소 열분해 생성물이 천장 하부에 축적되어 층을 이루면서 그 농도가 연소하한계(LFL)까지 상승했을 때, 점화되면서 연소하는 현상
2) 화염 선단이 천장 아래를 굴러가는 것처럼 보이므로 롤오버(Rollover)라고도 함

2. 발생 메커니즘

1) 실내 화재가 공기부족 상태로 된다.
2) 산소가 부족하여 미연소 열분해생성물이 상부층에 축적되기 시작한다.
3) 상부층에 미연소 연소생성물이 계속 쌓이면서 연소범위(LFL)의 농도까지 상승한다.
4) 화염과 접촉하면서 착화된다.
5) 상부층의 아래쪽에 고농도의 산소가 존재하여 경계부에서 화염영역을 형성한다.
6) 미연소된 가연성 혼합기체가 있는 부분에서 착화되고, 가연성 가스 또는 산소가 소진될 때까지 화염이 확산된다.

3. 발생 조건

1) 상부층이 두꺼워지고 가시도 감소
2) 상부층에 불완전 연소생성물 증가
3) 상부층 온도가 증가하면서 미연소 가스의 온도가 AIT까지 상승
(소방관은 상부층이 강하하며 방출하는 열을 느낄 수 있음)
4) 상부층에서 난류혼합이 발생

4. 플래시오버와의 차이점

1) 비교적 빠르게 발생했다가 사라지는 좀 더 국부적이고 과도적인 현상
2) 플래시오버만큼 위험하지는 않음

⑫ Fail Safe와 Fool Proof의 개념과 소방에서 적용 예를 들어 설명하시오.

문제 12] Fail Safe와 Fool Proof

1. Fail－Safe

1) 1가지가 고장으로 실패하더라도 다른 수단에 의해 안전이 확보되도록 하는 것

2) Fail－Safe의 예

① 2방향 이상의 피난로 확보

② 피난 실패자를 위한 보조적 피난기구 설치

③ 소화설비의 자동＋수동 기동 장치

④ 경보설비의 감지기 · 발신기 설치

2. Fool－Proof

1) 저지능인 자도 식별 가능하도록 간단명료하게 설치할 것

2) 피난 시 인간행동 특성에 부합하도록 설계하는 것

3) Fool－Proof의 예

① 간단 명료한 피난 통로, 유도등 · 유도표지 등

② 소화설비, 경보설비에 위치 표시, 사용법 부착

③ 피난 방향으로 개방되는 Panic Bar 타입의 출입문

⑬ **위험물안전관리법령에서 정한 예방규정 작성대상 및 예방규정에 포함되어야 할 내용에 대하여 설명하시오.**

문제 13] 예방규정 작성대상 및 포함할 사항

1. 개요

화재예방과 재해 발생 시의 비상조치를 위해 제조소등의 관계인이 당해 제조소등의 사용 시작 전에 예방규정을 작성하여 제출함

2. 작성대상

구분	취급하는 위험물의 배수
제조소	10배 이상
옥외저장소	100배 이상
옥내저장소	150배 이상
옥외탱크저장소	200배 이상
암반탱크저장소	전체
이송취급소	전체
일반취급소	1) 10배 이상 2) 4류 위험물만을 50배 이하로 취급하는 다음 장소는 제외 ① 보일러, 버너 등 위험물을 소비하는 장치로 이루어진 일반취급소 ② 위험물을 용기에 옮겨 담거나 차량에 고정된 탱크에 주입하는 일반취급소

3. 예방규정에 포함할 사항

1) 위험물의 안전관리업무를 담당하는 자의 직무 및 조직에 관한 사항
2) 안전관리자가 여행 · 질병 등으로 인하여 그 직무를 수행할 수 없을 경우 그 직무의 대리자에 관한 사항

3) 자체소방대를 설치하여야 하는 경우에는 자체소방대의 편성과 화학소방자동차의 배치에 관한 사항
4) 위험물의 안전에 관계된 작업에 종사하는 자에 대한 안전교육 및 훈련에 관한 사항
5) 위험물시설 및 작업장에 대한 안전순찰에 관한 사항
6) 위험물시설 · 소방시설 그 밖의 관련 시설에 대한 점검 및 정비에 관한 사항
7) 위험물시설의 운전 또는 조작에 관한 사항
8) 위험물 취급작업의 기준에 관한 사항
9) 이송취급소에 있어서는 배관공사 현장책임자의 조건 등 배관공사 현장에 대한 감독체제에 관한 사항과 배관주위에 있는 이송취급소 시설 외의 공사를 하는 경우 배관의 안전확보에 관한 사항
10) 재난 그 밖의 비상시의 경우에 취하여야 하는 조치에 관한 사항
11) 위험물의 안전에 관한 기록에 관한 사항
12) 제조소등의 위치 · 구조 및 설비를 명시한 서류와 도면의 정비에 관한 사항
13) 그 밖에 위험물의 안전관리에 관하여 필요한 사항

120회 기출문제 2교시

1 열전달 메카니즘의 형태를 실내화재에 적용시켜 기술하고 화재 방지대책에 관하여 설명하시오.

문제 1] 열전달 메커니즘의 형태 및 화재 방지대책

1. 열전달 메커니즘의 형태

1) 전도 : 온도가 다른 물질의 접촉에 따른 열전달
2) 대류 : 고온 유체의 운동에 의한 주변 물체로의 열전달
3) 복사 : 화염 등 고온 물질로부터의 전자기파 이동에 의한 열전달

2. 실내화재에서의 열전달

1) 고분자 가연물 착화(전도 → 대류)

① 줄열, 아크 등 점화원으로부터 열전도에 의해 가연물이 가열되어 열분해
② 가연물의 전면연소로 확대되어 자연대류 열전달에 의해 열전달

2) 화재플룸 및 Ceiling Jet 형성(대류)

① 화재플룸 형성 및 온도차로 인한 유체(열기류)의 운동
② 공기 가열 → 팽창 → 밀도 저하 → 부력이 발생되어 고온열, 연기가 포함된 기류 상승
③ 열기류가 천장에 부딪혀 Ceiling Jet 형성

3) 상부층 연료 예열

① Ceiling Jet에 의해 대류 열전달되어 화재실 상부에 위치한 가연물 예열
② 천장부에 위치한 감지기 및 스프링클러헤드도 고온 열기류의 대류 열전달에 의해 가열됨

4) 2, 3번 가연물로의 연소확대(전도 또는 복사)

① 최초 착화물품과 인접한 위치의 2, 3번 가연물로 열전달되어 착화됨

② 직접 접촉 시 전도, 이격된 상태에서는 화염에서의 복사 열전달에 의해 가열

5) 고온 연기층에 의한 플래시오버 발생

① 천장부에 축적된 고온 연기층에 의한 복사 열전달에 의해 화재실 내의 대부분 가연물에 동시 착화

② 플래시오버 발생에 의해 화재실 내 전체 가연물 연소

6) 구획실 벽면 열전달 및 인접실 연소확대

① 구획실 벽면에 위치한 가연물의 열전도에 의해 벽면이 가열

② 벽면 가열로 인해 전도 및 복사 열전달로 인접실 가연물에 착화되어 연소확대

7) 내화구조의 기능 상실

① 내화구조 벽체, 기둥 등으로의 열전달에 의해 내화부재 온도 상승(내화부재 내부는 전도 열전달)

② 지속적 열전달에 의한 강도 저하, 차열 및 차염 성능 저하로 내화구조의 기능 상실

3. 화재 방지대책

화재예방은 크게 물질조건(가연물 제어)과 에너지조건(점화원 관리)으로 구분할 수 있으며, 열전달 관점에서는 열전달 매체의 제한을 통해 화재발생 및 성장을 방지할 수 있다.

1) 열전달 억제

① 점화원 관리

② 가연물의 최소화

③ 2, 3번 착화 물품이 될 수 있는 실내마감재의 불연화

④ 천장부 열기류 배출(감지기 및 제연설비)

⑤ 열확산율이 낮은 재료로 구획

2) 초기 화재제어 및 연소확대 방지

① 스프링클러 설비 조기작동에 의한 열방출률 제어

② 방화구획 철저

2 연기유동에 대한 Network 모델의 유형에 대하여 설명하시오.

문제 2] 네트워크 모델의 유형

1. 일반적인 연기이동 모델링의 종류

1) 존 모델

연기층과 공기층으로 구분하며, 화재실 내에 1개 이상의 제어량을 분석

2) 필드 모델

화재실을 수많은 격자(Field)로 분할하며, 무수히 많은 제어량을 분석

3) 네트워크 모델

① 화재실마다 1개의 제어량을 이용

② 많은 실을 연결하여 화재실로부터 멀리 떨어진 공간의 상태를 예측

③ 연기유동에 대한 Network 모델로 CONTAM이 주로 사용됨

④ 고층건축물의 연기유동 해석에 적합
(존 모델과 필드 모델은 아트리움, 쇼핑몰 등 대형공간의 연기해석에 이용)

2. 네트워크 모델의 유형

1) 특징

① 건물을 여러 개의 구획(Node, 실)과 수직공간(계단실, 기타 샤프트)으로 나누고 각 Node는 균일한 압력과 온도를 가진 것을 가정

② 각 Node는 누설경로(틈새)와 수직 샤프트를 통해 연결됨(네트워크)

③ 각 Node 사이의 압력차로 누설경로를 통해 연기가 흐르며, 이는 압력차의 함수

④ 화재는 시간에 따른 함수로서 온도와 연기의 이동특성이 표현된다.

2) 네트워크 모델의 실례

① BRI 모델(일본) 및 BRE 모델(영국)

- 구획된 건물에서의 연기이동에 대한 정상상태 모델과 전이모델
- 정상상태 모델

- Full－Scale 화재시험으로 검증한 모델
- 정상상태에서 공기흐름과 압력을 예측
- 연기농도는 시간의 함수로 예측
- 화재실의 온도, 연기밀도가 결과값으로 도출됨

• 전이 모델
- 정상상태 모델에 동적 효과가 부가된 것
- 건물 내 모든 Node에 대하여 시간에 따른 공기 유동, 압력, 연기농도 및 온도를 예측
- 연기농도 및 온도 예측을 위해 편미분 방정식을 사용

② NIST 모델(미국)
• 가장 많이 사용하는 CONTAM이 이에 해당됨
• 제연 시뮬레이션 프로그램 중 유일하게 FDS(전산 유체동역학) 모델과 함께 사용 가능
• 제연설비의 가압 및 배기 분석이 가능함(제연설비 분석에 활용)
• 구획 간의 연기유동을 예측할 수 있으므로, 거주가능조건을 계산할 수 있음

③ NRCC의 IRC 모델
• 정상상태의 공기 유동과 압력을 예측
• 연기농도는 시간의 함수로 예측
• 개방된 공간을 가진 건물에서 계단실과 승강장에 인접한 전실에 주로 적용

④ TNO 모델(네덜란드)
• 연기이동에 대한 동역학 모델
• 전이공기의 흐름, 압력, 온도 및 연기농도 예측
• 온도변화에 따른 유동방정식의 유동계수를 연속적으로 변화시켜 화재성장에 의한 유동량 변화를 반영함

3) 네트워크 모델의 동향

① NRCC의 공기유동 프로그램 개발(1973)
② ASCOS (1982년) : 1980~90년대 제연설계용으로 사용
③ AIRNET : 1990년 왓슨에 의해 개발
ASHRAE의 조사 결과 제연 분석에 적절한 알고리즘을 가지고 있는 것으로 판명

④ CONTAM 개발

- AIRNET 알고리즘의 업그레이드 버전으로 개발
- 정교한 그래픽으로 데이터 입력이 용이함

3 소화펌프 성능시험방법 중 무부하운전, 정격부하운전, 최대부하운전에 대한 작동시험방법 및 시험 시 주의사항에 대하여 설명하시오.

문제 3] 소화펌프 성능시험방법 및 주의사항

1. 소방 펌프의 성능시험 절차(NFPA 25)

1) 성능시험을 위한 세팅

① 펌프 토출 측 개폐밸브 폐쇄

② 성능시험배관의 개폐밸브 개방

③ 릴리프밸브는 닫지 않음(소방 펌프 기동 시 배관 보호)

2) 펌프의 자동기동 및 고장 체크

① 소방 펌프 압력감지배관 또는 압력챔버의 배수밸브 개방

② 소방 펌프의 글랜드 패킹 점검(초당 1방울 정도 누설)

③ 릴리프 밸브가 정상적으로 작동하는지 확인

3) 체절운전 성능 측정

① 소방 펌프의 흡입, 토출 측 압력을 측정하여 기록

② 모터의 회전수 기록

4) 정격운전 성능 측정

① 성능시험배관의 유량조절밸브를 서서히 개방시키면서, 유량계의 유량이 정격유량이 되도록 함

② 이때의 압력계와 연성계의 압력 기록

5) 최대운전

① 펌프 흡입 측 압력이 NFPA 20의 기준을 만족하는지 확인

② 정격유량의 150%가 되도록 유량조절밸브를 더욱 개방

③ 이때의 압력계와 연성계의 압력 기록

6) 소방 펌프의 정지

① 성능시험배관의 유량조절밸브를 천천히 닫음(수격 방지)

② 10분 운전 후 펌프 수동 정지

7) 소방 펌프 신호 확인

기동신호가 동력제어반 및 감시제어반에 정상적으로 통보되었는지 확인

8) 복구 및 결과 분석

① 밸브를 개방하고, 자동기동 상태로 복구

② 소방 펌프의 성능시험 합격 여부를 결정

2. 성능시험 중 주의사항

1) 순환 릴리프밸브 폐쇄 금지

NFPA 25에 따라 최소유량운전이 되도록 릴리프 개방 유지

2) 펌프의 과열, 진동에 대한 지속적인 확인

① 펌프 작동 중 비정상적인 진동, 소음 또는 고장 징후가 있는지 확인

② 성능시험 중 과열 여부 체크

3) 성능시험배관의 밸브는 천천히 개폐(수격 방지)

4) 펌프의 최소운전시간 이상 운전상태 지속

3. 소방펌프 성능시험의 요구 기준

NFPA 25에서는 소방 펌프의 성능시험 결과로 다음 2가지 요건을 확인하도록 규정

1) 소방펌프 자체 성능(Net Performance)의 허용 가능 여부

① 소방펌프 설치 시의 기준

• 체절운전 : 토출량이 0인 상태로 운전 시의 압력은 정격압력의 140%를 넘지

않을 것
- 정격운전 : 정격토출량으로 운전 시의 압력은 정격압력일 것
- 최대운전 : 정격토출량의 1.5배의 유량으로 운전 시의 압력은 정격압력의 65% 이상일 것

② 정기 점검에서의 요구기준

소방펌프 자체 성능시험 결과가 제조사 기준 소방펌프 성능곡선의 요구기준과 같거나 성능저하가 5 % 이내일 것

2) 소방펌프의 총용량(Gross Performance)

성능시험 결과 소방 펌프의 총용량이 설치된 수계소화설비의 소요용량보다 작지 않아야 함

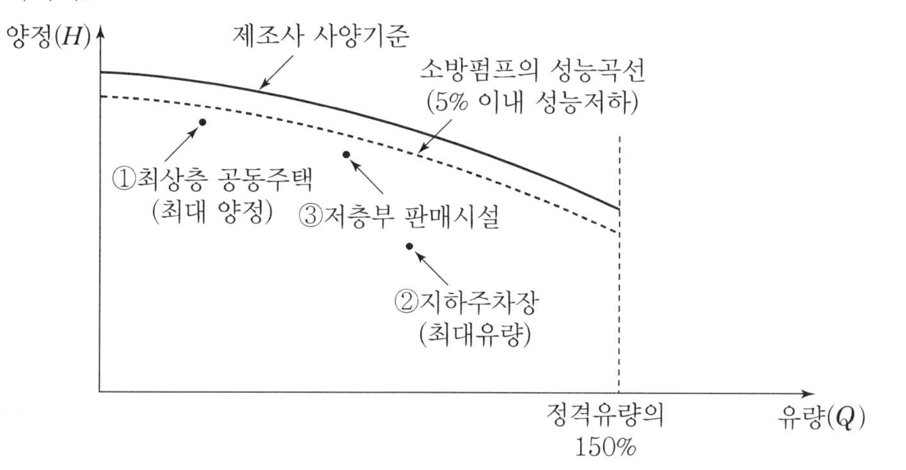

‖ 소방펌프 성능시험 결과 검토 ‖

4 정전기 대전현상에 대하여 기술하고, 위험물을 고무 타이어가 있는 탱크로리, 탱크차 및 드럼 등에 주입하는 설비의 경우 "정전기 재해 예방을 위한 기술상의 지침"에서 정한 정전기 완화조치에 대하여 설명하시오.

문제 4] 정전기 대전현상 및 완화조치

1. 정전기 대전현상

1) 대전

① 물체에 발생한 전하가 물질에 축적되는 것

② 영향인자 : 물질의 도전율, 습도, 온도

→ 대전량이 크면, 스파크도 커져 발화되기 쉬움

2) 정전기 대전현상의 종류

마찰대전, 박리대전, 유동대전, 충돌대전, 분출대전, 유도대전, 비말대전, 적하대전, 침강대전, 부상대전, 동결대전

3) 고체의 대전

① 일반 고체의 대전

- 섬유, 고무, 인쇄 공장 등에서 재료가 롤러 사이를 통과할 때, 재료와 롤러 간의 마찰에 의해 생기는 대전
- 벨트컨베이어 등에 쌓인 분체가 낙하할 때 벨트와 분체 간의 마찰에 의해 발생되는 대전 현상

② 분체의 대전

분체를 Spout나 파이프 등을 사용해서 이송시킬 때, 분체와 Spout 간의 마찰로 인해 대전됨

4) 액체의 대전

① 액체가 파이프나 탱크 벽체, 필터 등의 고체 표면 또는 다른 액체의 표면을 유동하여 발생하는 대전현상

② 영향요소

액체의 종류, 유속, 전하 분리면의 성질, 온도, 수분 등

5) 기체의 대전

① 순수 기체는 고체나 액체 표면과 접촉하여 유동해도 대전되지 않음

② 그러나 파이프나 설비 속의 스케일로부터의 불순물이 혼입되어 기체가 파이프 등에서 유동될 때 대전현상이 발생 가능

2. 위험물 주입 시의 정전기 완화조치

1) 운반체와 주입 파이프 간에 전위차가 없도록 상호 본딩접지를 할 것

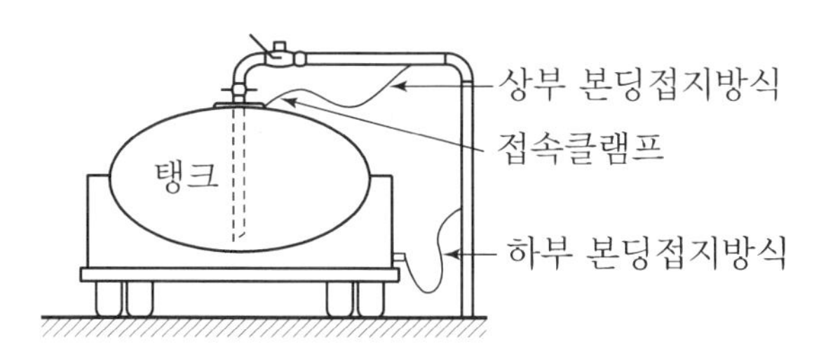

2) 하부 주입방식의 경우
   ① 저속 유지 또는
   ② 표면 와류생성을 최소화하기 위하여 위쪽으로 분출되는 현상을 완화시킬 수 있는 기구를 부착하여 사용할 것
3) 주입파이프의 모든 금속제 부분은 전기적으로 접속되어야 하며 플랜지 접속부분이 있을 경우 플랜지 좌우배관을 본딩시킨다.(예외 : 하부 주입방식의 경우)
4) 본딩되지 않은 금속체가 탱크 중에 들어가지 않도록 하여야 하며, 주입 전에 탱크 내부를 점검하여 본딩되지 않은 금속체가 탱크 안에 있는지 확인할 것
5) 미크론 단위의 입자를 제거하는 필터를 통해 주입될 때에는 주입 후 30초 이상의 정전기 정치시간을 둘 것
6) 도전성 첨가제를 사용할 때에는 유속제한이나 정전기 등의 제한을 두지 않아도 좋으나 본딩 및 접지를 할 것

5 NFPA 101의 피난계획 시 인명안전을 위한 기본 요구사항과 국내 건축물에서 피난관련 법령의 문제점 및 개선방안에 대하여 설명하시오.

문제 5) 피난계획 시 기본 요구사항과 관련법령 문제점, 개선방안

1. 기본 요구사항

1) 하나의 안전장치에만 의존하지 않고 적당한 안전을 제공할 것
2) 용도의 크기, 형태 및 특성을 고려하여 적합한 수준의 인명안전을 제공할 것
3) 예비 또는 이중 피난설비를 제공할 것

4) 피난경로가 명확하고, 장애물이 없고 잠기지 않을 것
5) 혼동이 생기지 않도록 피난구 및 피난로가 명확하게 표시하고, 효과적인 사용을 위해 필요한 신호를 제공할 것
6) 적절한 조명시설을 제공할 것
7) 화재를 조기 경보하여 거주자가 즉각적으로 대응할 수 있도록 할 것
8) 요구 시스템은 상황 인식을 가능하고 향상시킬 수 있을 것
9) 수직개구부를 적절히 밀폐시킬 것
10) 적용되는 설치기준을 따를 것
11) 모든 요구 특성들이 적절히 작동할 수 있도록 유지될 것

2. 국내 피난 관련 법령의 문제점 및 개선방안

항목	문제점	개선방안
단일방향 피난	제한적인 양방향 피난로 기준	특수한 경우에만 단일방향 피난 허용
피난기구	• 피난로로 허용(완강기) • 11층 이상 미적용	완강기 등 사용하기 어려운 피난기구를 제외하고 재해약자도 사용 가능한 피난방법만을 허용
성능위주설계	• 성능위주피난설계 제한적 적용 • 시뮬레이션 검증방법 부재	• 전면적 성능위주피난설계 도입 • 검증절차 마련
방화문	차열성능 미적용 (대피공간 출입문 외)	차열성 방화문 적용 확대
피난안전구역	획일적인 수량, 면적 기준 (수용인원, 용도 무관)	수용인원, 용도 등을 고려한 기준 마련
피난경로의 수	용도, 바닥면적에 따른 산출	수용인원에 따른 피난용량 개념 도입
피난용승강기	승용승강기 중 1대	수용인원, 피난자 특성에 따른 대수 기준 도입
대피공간	안방 등을 통한 대피공간 설치 및 불법 전용	대피공간에 양방향 피난기준 도입 (NFPA 101에서는 체류형 피난시설을 허용하지 않음)
막다른 부분	Dead－End 제한규정 부재	막다른 부분 제한 도입

6 특별피난계단의 계단실 및 부속실(비상용승강기 승강장 포함) 제연설비의 국가화재안전기준(NFSC)에 따른 급기의 기준, 외기취입구의 기준, 급기구의 기준, 급기송풍기의 기준에 대하여 설명하시오.

문제 6) 제연설비 기준

1. 급기

1) 부속실 단독제연

① 동일 수직선상 모든 부속실은 하나의 전용 수직풍도에 의해 동시에 급기할 것

② 단, 동일 수직선상에 2대 이상의 급기송풍기가 설치되는 경우 수직풍도를 분리하여 설치 가능

2) 계단실, 부속실 동시제연

계단실에 대해서는 그 부속실의 수직풍도에 의해 급기 가능(덕트를 겸용 가능함)

3) 계단실 단독제연

전용 수직풍도를 설치하거나 계단실에 급기풍도 또는 급기송풍기를 직접 연결하여 급기하는 방식

4) 전용송풍기

하나의 수직풍도마다 전용의 송풍기에서 급기할 것

5) 비상용 승강기의 승강장을 제연하는 경우

비상용 승강기의 승강로를 급기풍도로 사용 가능함

2. 외기취입구

1) 옥외로부터 외기를 취입하는 경우

① 외기취입구는 연기 또는 공해물질 등으로 오염된 공기를 취입하지 않는 위치에 설치할 것

② 타 배기구로부터 수평거리 5 m 이상, 수직거리 1 m 이상의 낮은 위치에 설치할 것

2) 외기취입구를 옥상에 설치하는 경우
옥상 외곽면으로부터 수평거리 5 m 이상, 외곽면의 상단에서 하부로 수직거리 1 m 이하의 위치에 설치할 것
3) 외기취입구는 빗물과 이물질이 유입되지 않은 구조로 할 것
4) 취입공기가 옥외의 풍속 · 풍향에 따라 영향을 받지 않는 구조로 할 것

3. 급기구

1) 설치위치

① 수직풍도와 직접 면하는 벽체 또는 천장에 고정
② 옥내와 면하는 출입문에서 가능한 한 먼 위치에 설치할 것

2) 설치간격

계단실 · 부속실 동시 제연 또는 계단실 단독 제연의 경우
① 계단실 매 3개 층 이하의 높이마다 설치할 것
② 계단실 높이가 31 m 이하로서 계단실 단독 제연방식은 하나의 계단실에만 급기구 설치 가능

4. 급기송풍기

1) 송풍능력

제연구역에 대한 급기량의 1.15배 이상일 것
→ 풍도에서의 누설 실측 및 조정을 하는 경우 제외함

2) 송풍기

① 풍량조절댐퍼 : 송풍기에 설치하여 풍량을 조절할 것
② 풍량을 실측할 수 있는 유효한 조치를 할 것
③ 인접장소의 화재로부터 영향을 받지 않고, 접근이 용이한 곳에 설치할 것
④ 옥내의 화재감지기의 동작에 의해 작동될 것
⑤ 송풍기와 연결되는 캔버스는 내열성이 있는 것으로 할 것(석면재료 제외)

120회 기출문제 3교시

1 건축물 화재 시 연기제어 목적, 연기제어 기법 및 연기의 이동형태에 대하여 설명하시오.

문제 1] 연기제어의 목적, 기법 및 연기의 이동형태

1. 연기제어의 목적

1) 화재실 연기배출

거주가능시간 연장을 위해 화재실 내에서 발생하는 연기를 배출하고 급기

2) 피난로 및 피난공간 확보

특별피난계단, 피난용 승강기 및 피난안전구역으로의 연기유입을 차단하기 위해 급기가압에 의한 차연

3) 소화활동 지원

소방대의 소화활동을 위해 비상용 승강기로의 연기유입 차단

2. 연기제어 기법

1) 희석

① 피난이나 소화활동에 지장이 없는 수준의 농도로 연기를 제어하는 방식

② 자연적으로 확산되는 연기를 공기와 혼합시키는 방식

③ 통로배출방식 : (화재실로의 공기공급) + (공기와 연기 배출)

2) 배연

① 연기를 화재실 외부로 배출하여 연기층 강하 및 확산을 방지하는 방법

② 효과적인 배연을 위해 충분한 깊이의 연기층을 형성해야 하고, 급기도 함께 실시

3) 차연

① 안전구역에 신선한 공기를 급기하여 차압을 형성하여 연기침입을 방지하는 방식
② 계단실 가압, 승강기 또는 승강장 가압, 샌드위치 가압(Zoned Smoke Control) 방식 등

4) 축연

① 아트리움과 같은 대공간에서 천장부에 연기를 축적시켜 연기강하를 방지하는 방식
② 천장부 Smoke Hatch 설치를 통해 연기배출을 함께 적용하면 효과적

5) 방연

① 칸막이, 출입문 등을 이용한 연기확산 방지
② 출입문을 닫으면 연기확산이 현저히 감소되고, 화재실로의 공기유입 감소

6) 연기층 강하 방지

배연구를 천장에 설치하고, 급기구를 하부에 설치하여 연기층 강하 방지

7) Air Flow(기류 형성)

터널, 지하철, 아트리움 연결부 등에 공기기류를 형성하여 연기를 밀어내는 방식

3. 연기의 이동형태

1) 화재플룸 발생

연소에 의한 부력으로 상승기류가 형성되고, 상승과정에서 공기가 유입되어 질량유량 ($\dot{m}$) 증가

2) 천장제트 및 연기층 형성

천장에 도달한 연기가 수평으로 흐름방향을 바꿔 흐르며, 천장부에 연기층 축적

3) 화재실 외부 연기 유출

연기층이 두꺼워져 개구부를 통해 연기가 유출되며, 공기 혼입에 따른 연기온도 저하로 연기층 부피가 증가

4) 연돌효과에 의한 확산

계단실, 승강로, EPS, TPS 등 수직관통부를 통해 연기가 고층부분으로 확산

5) 공조설비 및 상부층 바람에 의한 확산

공조설비에 의한 내부 기류 및 상부층 유리창 파손으로 인한 바람 유입 등으로 연기 확산

6) 엘리베이터 피스톤효과

엘리베이터 이동에 따른 피스톤효과에 의해 승강로를 통한 연기 확산

2 소방시설용 비상전원수전설비의 설치기준에 대하여 다음의 내용을 설명하시오.

(1) 인입선 및 인입구 배선의 경우

(2) 특별고압 또는 고압으로 수전하는 경우

문제 2] 비상전원수전설비 설치기준

1. 인입선 및 인입구 배선의 설치기준

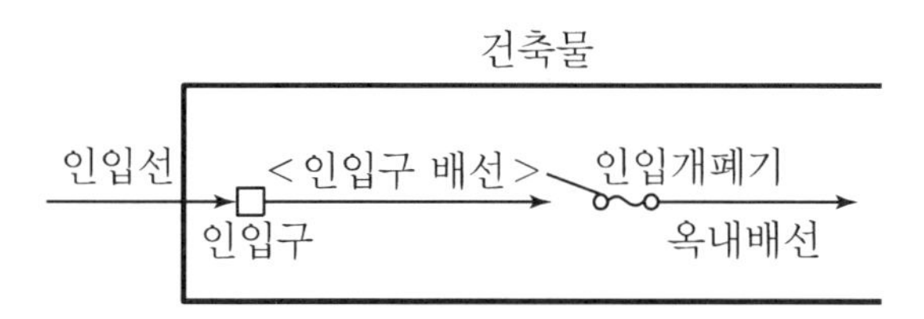

1) 인입선 : 해당 건물에 화재가 발생한 경우에도 화재에 의한 손상을 받지 않도록 설치할 것 → 즉, 지중매입을 원칙으로 함
2) 인입구 배선 : 내화배선을 할 것

2. 특별고압 또는 고압으로 수전하는 경우의 설치기준

1) 공통기준

① 일반회로에서의 연소 확대를 차단할 것

- 일반회로 배선과 불연성 벽으로 구획 또는
- 15 cm 이상 이격 설치

② 일반회로의 고장에 영향을 받지 않을 것

일반회로의 과부하, 지락, 단락사고  영향 없이 계속해서 소방회로에 전원공급

③ 소방시설용 표지

소방회로용 개폐기 및 과전류 차단기에 표시

④ 전기회로 결선

- 전용변압기에서 소방부하 공급
  - ㉠ 일반회로 과부하, 단락의 경우 CB_{10}(또는 PF_{10})이 CB_{12}(또는 PF_{12}) 및 CB_{22}(또는 F_{22})보다 먼저 차단되지 않을 것
  - ㉡ CB_{11}(또는 PF_{11})의 용량 CB_{12}(또는 PF_{12})와 동등 이상의 차단용량일 것

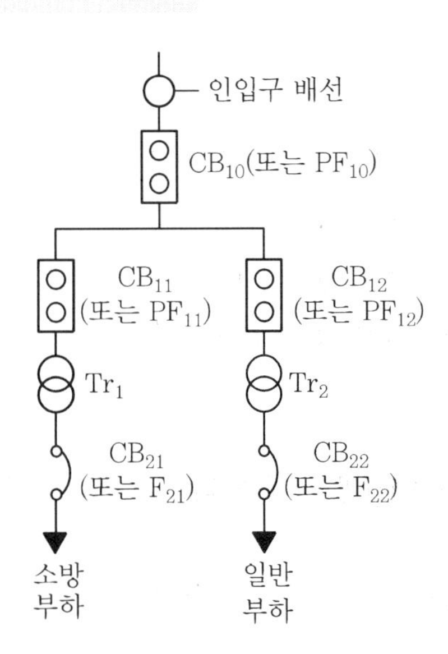

- 공용변압기에서 소방부하공급
  - ㉠ 일반회로 과부하, 단락 시 CB_{10}(또는 PF_{10})이 CB_{22}(또는 F_{22}) 및 CB(또는 F)보다 먼저 차단되지 않을 것
  - ㉡ CB_{21}(또는 F_{21})의 용량 CB_{22}(또는 F_{22})와 동등이상의 차단용량일 것

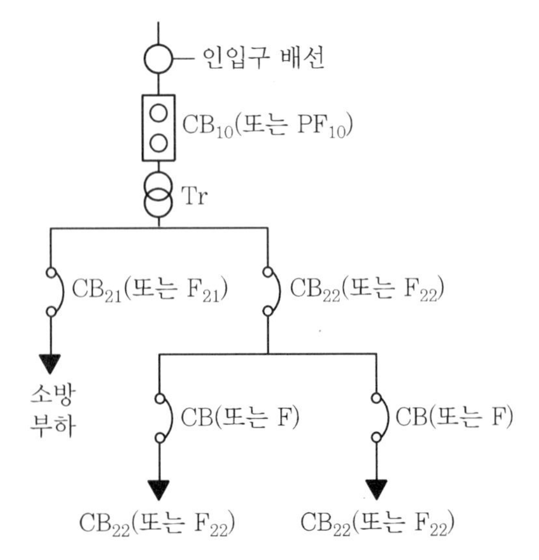

2) 설치방법

① 방화구획형 : 전용의 방화구획 내에 설치

② 옥외개방형

• 옥상에 설치 : 건물화재 시 손상되지 않도록 설치

• 공지에 설치 : 인접건물 화재 시 손상되지 않도록 설치

③ 큐비클형

• 전용 또는 공용 큐비클식

• 공용 방식의 경우 소방회로와 일반회로를 불연재료로 구획

• KS 규격에 적합

• 외함

- 두께 2.3 mm 이상의 강판

- 갑종 또는 을종 출입문 설치

- 인입구, 인출구는 금속관, 금속제 가요전선관을 쉽게 접속할 수 있도록 설치

3 장외영향평가서 작성 등에 관한 규정에서 장외영향평가의 정의, 업무절차 및 장외영향평가서의 작성방법에 대하여 설명하시오.

문제 3] 장외영향평가서

1. 정의

화학사고 발생으로 사업장 주변 지역의 사람이나 환경 등에 미치는 영향을 평가한 것

2. 업무절차

1) 유해화학물질 취급시설을 설치 · 운영하려는 경우 전문기관에 의뢰하여 장외영향평가서를 작성하여 환경부에 제출

2) 환경부에서 다음 사항에 관해 검토하여 위험도 및 적합 여부를 통보

① 사람의 건강이나 주변 환경에 대해 영향을 미치는지 여부

② 화학사고 발생으로 사업장 주변 유출 또는 누출 시 사람의 건강이나 주변 환경에 영향을 미치는 정도

③ 취급시설의 입지가 타 법에 저촉되는지 여부

3) 환경부에서는 검토 결과 필요한 경우 보완, 조정을 요청

3. 작성방법

1) 기본 평가정보

① 취급 화학물질의 목록, 취급량 및 유해성 정보

- 목록 : MSDS, 시설 및 장치별 최대 저장량 등 포함
- 취급량 : 설비별 1일 최대 취급 가능량
- 유해성 정보 : 일반정보(물질명, CAS 번호, 조성농도), 물리 · 화학적 성질, 독성 정보 등을 포함

② 취급시설의 목록, 명세, 공정정보, 운전절차 및 유의사항

- 목록 : 동력기계 목록, 장치 및 설비, 배관 및 개스킷 등 포함
- 취급시설의 명세는 다음 사항을 포함하여 작성
  - 동력기계 정보에 관한 사항
  - 장치 및 설비에 관한 사항
  - 배관 및 개스킷에 관한 사항
  - 공정정보, 운전절차 및 유의사항
    - ㉠ 공정개요, 운전조건, 반응조건 및 비정상 운전조건에서의 연동시스템 등에 관한 사항
    - ㉡ 공정흐름도(PFD)
    - ㉢ 공정배관계장도(P&ID)

③ 취급시설 및 주변지역의 입지정보

- 취급시설 입지정보는 다음 사항을 포함하여 작성
  - 전체 배치도(Overall Layout)
  - 설비배치도(Plot-Plan)
- 주변지역의 입지정보는 사업장 주변지역의 주거용, 상업용, 공공건물 등 시설물의 위치도 및 명세, 주민분포, 자연보호구역 등을 포함하여 작성

④ 기상정보

기상정보는 월별 평균온도, 습도, 대기안정도, 풍향, 풍속과 지표면의 굴곡도 등을 포함하여 작성

2) 장외 평가정보

① 공정 위험성 분석

체크리스트 기법, 상대위험순위 결정 기법, HEA, What-if, HAZOP, FMECA, FTA, ETA, CCA, PHA 중 적정한 기법을 선정하여 작성

② 사고 시나리오, 가능성 및 위험도 분석

- 사고 시나리오 : 기본 평가정보, 공정 위험성 분석 등을 통해 도출된 사고 발생 시나리오를 분석하여 작성
- 사고 가능성 : 동일 또는 유사시설의 사고 발생빈도 등을 분석하여 작성
- 위험도 : 사고 시나리오에 따른 영향과 사고 가능성을 모두 고려하여 분석

③ 사업장 주변지역 영향 평가

- 사고로 인하여 영향을 받는 구역을 설정
- 해당 구역 내 인구수, 총 가구수 사업체, 농작지 등의 현황 작성
- 보호대상 목록, 명세 및 위치도 작성

④ 안전성 확보 방안

- 예상 영향을 최소화할 수 있도록
- 잠재적 위험이 있는 공정 또는 설비의 위험을 제거하거나 감소할 수 있는 일련의 대책을 작성

3) 타 법과의 관계 정보

유해화학물질 취급시설의 입지에 영향을 미치는 신고, 등록, 허가 관련 타 법령 및 규제 내용을 작성

4 소화펌프에서 발생할 수 있는 공동현상(Cavitation)의 발생원인, 판정방법 및 방지대책에 대하여 설명하시오.

문제 4] 공동현상의 원인, 판정방법 및 방지대책

1. 펌프 캐비테이션

1) 펌프 흡입 측 배관에서 국부적으로 압력이 포화증기압 이하로 저하되면 물이 증발하여 기포(Bubble)가 생성되는 과정

2) 이러한 기포가 펌프 내에서 깨지며 소음과 진동을 발생시키고, 임펠러가 손상되어 펌프의 성능이 저하됨

2. 발생원인 → 기포 발생

1) NPSH

① $NPSH_{av} < NPSH_{re}$

② $NPSH_{av}$(유효흡입양정) : $\frac{P_a}{\gamma} \pm H_h - H_f - H_v$

③ $NPSH_{re}$(필요흡입양정) : 펌프 자체의 성능

④ 흡입배관 설계, 시공상의 문제로 $NPSH_{av}$가 너무 작아지면 캐비테이션 발생

2) 불균형한 유동

펌프 흡입 측 10D 이내에 다음과 같은 설치상태로 인해 난류가 발생하여 공기방울 형성

① 축과 평행한 방향 전환

② OS&Y 게이트밸브 외의 밸브 설치

3) Air Pocket 형성(공기 유입)

① 기밀 불량

② 동심 리듀서 적용

3. 판정방법

NPSH 계산에 의해 캐비테이션 발생 여부를 구분

1) $NPSH_{av} > NPSH_{re}$: 발생 안함
2) $NPSH_{av} = NPSH_{re}$: 발생 한계
3) $NPSH_{av} < NPSH_{re}$: 발생

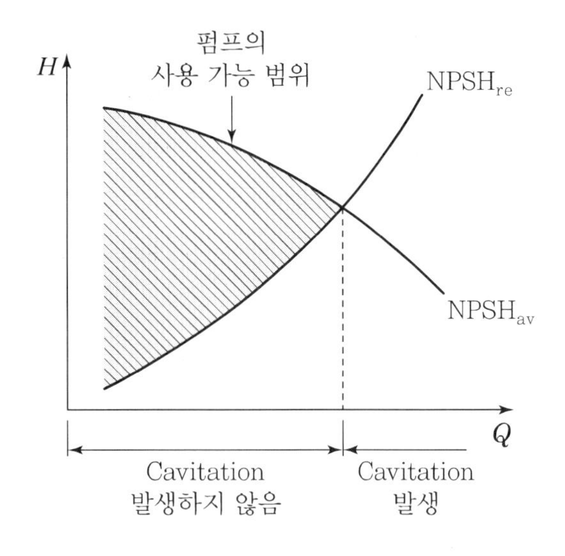

4. 방지대책

1) 펌프 흡입조건 개선

① $NPSH_{av}$ 증대

- 흡입 측 마찰손실수두 감소
  - 배관경 크게 설계
  - 배관길이를 가급적 짧게 설계
  - 불필요한 부속류를 설치하지 않음
  - 조도계수가 큰 배관으로 선정
- 낙차수두 증대 : 수조의 수면 높이를 높게 설계

② $NPSH_{re}$ 감소

- 양흡입 펌프 적용
- $NPSH_{re}$가 작은 펌프 선정
- 시간경과에 따라 성능저하가 적은 우수한 펌프 적용

③ 설계조건

- $NPSH_{av} \geq 1.3 \times NPSH_{re}$(국내 펌프)
- $NPSH_{av} = NPSH_{re} + 1\text{ m}$(UL 인증 펌프)

2) 불균형 유동 및 공기고임 방지

① 흡입 측 플랜지에서 10D 이내에는 다음과 같이 적용

- 축과 평행한 방향전환 없게 시공
- OS&Y 게이트밸브 적용

② 편심리듀서 적용

③ 펌프 케이싱 상부에 공기배출구 설치

④ 직렬 펌프의 경우 5~10초 시차를 두고 기동

⑤ 수조 충수배관은 펌프 흡입구와 이격시키고, 수면 내부까지 연결

⑥ 수직터빈 펌프는 Pump Bowl Assembly가 Pumping Water Level보다 3 m 이상 잠기도록 설계

⑦ 흡입 측 배관의 기밀 유지

5 이산화탄소 소화설비의 소화약제 저장용기 등의 설치장소에 관한 기준을 서술하고 각 항목마다 근거를 설명하시오.

문제 5) CO_2 소화약제 저장용기 등의 설치장소 기준

1. 방호구역 외의 장소에 설치할 것. 다만, 방호구역 내에 설치할 경우에는 피난 및 조작이 용이하도록 피난구 부근에 설치하여야 한다.

1) 저장용기는 화재에 노출되지 않는 위치에 보관해야 함(화재에 의한 손상방지)

2) 따라서 기본적으로 저장용기는 방호구역 외의 장소에 별도에 용기 저장실을 설치함이 원칙

3) 저장용기의 수량이 적고 단일 방호구역인 것과 같이 특별한 경우 별도의 저장실을 설치하는 것이 현실적으로 불합리한 사례가 발생하므로 이러한 경우 피난 및 조작이 용이하도록 방호구역 출입구 부근에 위치하도록 예외 규정을 둠

4) NFPA 12에는 저장용기를 방호구역에 가능한 한 가까이 위치시키되, 방호구역 내 화재 또는 폭발에 노출되지 않도록 설치하도록 규정

2. 온도가 40 ℃ 이하이고, 온도변화가 적은 곳에 설치할 것

1) CO_2는 40 ℃부터 온도 상승에 따라 압력이 급격히 증가하므로 이를 방지하기 위해 일본 소방법 기준을 준용

2) NFPA 12에서는 전역방출방식은 -18~55 ℃, 국소방출방식은 0~50 ℃로 규정함

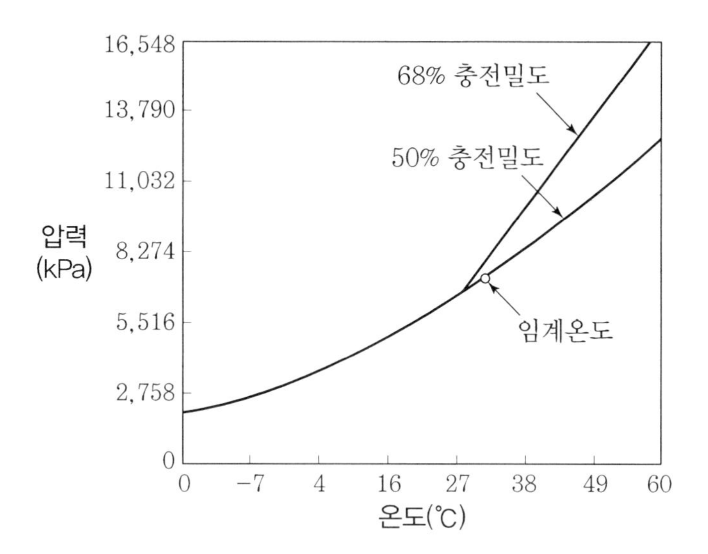

3. 직사광선 및 빗물이 침투할 우려가 없는 곳에 설치할 것

1) CO_2 소화약제의 저장용기가 직사광선에 노출되어 의해 온도가 올라가면 압력이 급격하게 상승하여 폭발 또는 방출 시 과압 우려가 있으므로 직사광선에 노출될 우려가 없는 곳에 설치
2) CO_2 소화약제의 저장용기에 빗물이 침투하면 용기나 설비부품의 부식에 의해 수명이 단축되고 오작동의 우려가 있으므로 빗물 등의 접촉을 차단할 수 있는 곳에 설치

4. 방화문으로 구획된 실에 설치할 것

1) CO_2 소화약제 저장용기는 방화문으로 구획된 별도의 공간에 설치하여 화재로 인한 위해나 오작동이 없도록 설치해야 함
2) 저장용기실의 방화문은 갑종 또는 을종 방화문으로 언제나 닫힌 상태를 유지하거나, 화재로 인한 연기 또는 불꽃에 의해 자동적으로 닫히는 구조여야 함

5. 용기의 설치장소에는 해당 용기가 설치된 곳임을 표시하는 표지를 할 것

출입자가 주의할 수 있도록 용기 설치장소에 해당 이산화탄소 소화약제의 저장실임을 표시하는 표지판을 설치해야 함

6. 용기 간의 간격은 점검에 지장이 없도록 3 cm 이상의 간격을 유지할 것

1) CO_2 소화약제 소화설비는 법적인 규정에 따라 정기 점검을 받아야 하므로 용기 사이의 간격은 약제량 측정, 저장용기 교체 등 이동 및 분리 작업을 용이하도록 3 cm 이상의 간격을 두는 것임
2) 현장 적용 시 저장용기의 노즐보호용 캡이나 간격고정용 부속장치 등을 활용하여 간격을 균일하게 유지

7. 저장용기와 집합관을 연결하는 연결배관에는 체크밸브를 설치할 것. 다만, 저장용기가 하나의 방호구역만을 담당하는 경우에는 그러하지 아니하다

1) 한 개의 저장용기설비가 여러 개의 방호구역을 담당하는 다중 방호구역 설비의 경우 소화약제가 집합관에 연결된 다른 방호구역으로 방출되는 것을 방지하기 위해 체크밸브를 설치
2) 하나의 방호구역만을 담당하는 경우 제외기준을 두고 있으나, 저장용기의 누기, 파손 등으로 교체가 필요하여 저장용기를 제거한 경우에 화재 시 그 연결배관을 통해 소화약제가 방출될 수 있으므로 하나의 방호구역만을 방호하는 경우도 체크밸브는 필요함

6 습식 및 건식 스프링클러설비의 시험장치를 기술하고, NFPA 13과 비교하여 개선방안에 대하여 설명하시오.

문제 6] 스프링클러설비의 시험장치

1. 개요

유수검지장치가 설치된 습식 · 건식 스프링클러설비의 가지배관 말단에 설치하여 스프링클러를 시험하는 장치

2. 시험밸브의 설치목적

1) 주된 목적

① 습식 : 화재경보시험

압력스위치 작동 → 방호구역 내 경보 발신 및 수신반 점등 경보

② 건식 : 시험밸브 개방 후, 60초 이내에 소화수가 방출되는지 확인

2) 부가적인 목적

① 방수압, 방수량 측정

② 펌프의 기동

3. 시험밸브의 구성

1) 가장 먼 가지배관의 구경과 동일한 배관 끝에 개방형 헤드 설치
(NFPA 기준에서는 헤드와 동일 유량을 방출하는 오리피스와 Sight Glass를 연결할 수 있음)

2) Test 밸브 : 건식설비의 경우에는 응축수 배출을 위해 2개의 밸브로 설치함이 바람직함

3) 물받이통 및 배수관 : 배수로 인한 피해를 방지하기 위함

4) 압력계 : 원칙적으로는 설치할 필요가 없지만, 설치할 경우에는 수격에 의한 파손 방지를 위해 루프형 신축 이음쇠로 연결해야 함

4. NFPA 13에서의 시험밸브의 설치기준

1) 습식 스프링클러 설비

① 1개 헤드로의 유수량으로 경보장치가 작동할 수 있도록 민감한지 확인하기 위함

② 설비의 가장 먼 위치에 시험밸브를 설치할 경우, 시험마다 2차 측 배관에 산소가 유입되어 배관에 부식 위험 증가

③ 방수지점은 쉽게 관찰할 수 있는 장소로서, 옥외 또는 배수관 등 수손피해 우려가 없는 장소로 선정

④ 시험밸브는 수리학적으로 가장 먼 위치가 아닌 2차 측 배관의 어떤 지점에도 적용할 수 있다고 규정하고 있음

2) 건식 스프링클러 설비

① 설치목적은 헤드 개방 후 소화수 방수까지의 시간을 측정하기 위함

② 시험밸브로의 분기관은 25 mm 이상으로 말단에는 내식성 오리피스를 설치

③ 시험밸브의 설치목적상 수리학적으로 가장 먼 위치의 말단에 설치

④ 차단밸브와 플러그를 설치해서 공기누설이 방지되도록 함

5. 개선방안

1) 설치위치

① 습식 설비의 경우 가장 먼 위치의 가지배관 말단에 설치하면 부식의 위험이 높음

② 따라서 설치위치를 설비 2차 측의 유수검지장치에서 가까운 부분으로 개선할 필요가 있음

2) 건식 설비의 시험밸브

① 건식 설비의 배관은 부식의 우려가 높으므로, 내식성 오리피스를 설치하는 것으로 개선 필요

② 공기누설 방지를 위해 차단밸브 및 플러그 설치 필요

3) 시험배관의 구경

① 현재 가지배관의 구경과 동일하게 설치하도록 규정

② ESFR 등과 같이 가지배관이 80A 이상인 경우에는 매우 큰 구경의 시험밸브를 설치하게 됨

③ 습식, 건식 설비의 시험배관의 목적상 가지배관 구경과 동일하게 할 필요는 없음 (배관경이 작으면 더 보수적인 시험 가능)

120회 기출문제 4교시

기출분석
120회-4
121회
122회
123회
124회
125회

1 화재를 다루는 분야에서는 열에너지원(Heat Energy Source)의 제어가 중요하다. 열에너지원을 화학적, 전기적 및 기계적 열에너지로 구분하여 설명하시오.

문제 1) 열에너지원의 종류

1. 개요

1) 화재에서의 열에너지원은 가연성 물질의 발화, 연소에 필요한 점화원으로 작용함

2) 점화원은 크게 화학적 · 전기적 · 기계적 점화원으로 분류하며, 이러한 점화원 관리는 화재예방 및 소화에 매우 중요

2. 열에너지원의 종류

1) 화학적 점화원

① 용해열 : 어떤 물질이 액체에 용해될 때 발생되는 열

② 자연발화열

- 자체반응인 흡습, 산화, 분해, 흡착, 발효, 중합 등에 의해 발생되는 열의 축적
- 이러한 열의 축적으로 해당 물질의 자연발화온도(AIT) 이상이 되면 발화

③ 연소열

- 물질의 연소에 의해 발생되는 열
- 물질의 종류에 따라 연소열은 다르며, 연소열이 클수록 연소가 쉽게 확산

④ 분해열

- 화합물이 분해될 때 발생되는 열
- 흡열반응으로 생성된 불안정한 물질이 분해되며 열이 발생
- 아세틸렌, 에틸렌 등과 같이 분해반응이 발열반응인 물질이 해당됨

2) 전기적 점화원

① 저항열

- 전류가 흐를 때, 저항에 의하여 발생되는 열
- 도체에 전류가 흐르면 전기저항으로 인해 전기에너지 중 일부가 열로 변함

② 아크열

- 흘러가는 전류를 갑작스럽게 차단하면, 관성에 의해 아크가 발생됨 (스위치 ON/OFF 또는 접점이 느슨해지는 것 등)
- 전류가 흐르는 회로나 개폐기 등이 우발적으로 접촉하거나 접점이 느슨해져 전류가 끊길 때 발생하는 열
- 아크열의 온도는 매우 높으므로, 방출되는 열이 가연물을 점화시킬 수 있음

③ 낙뢰 : 낙뢰에 의해 연소가 발생될 수 있음

④ 정전기 : 정전기에 의한 전하 축적과 방전으로 연소가 발생될 수 있음

⑤ 유도열

- 도체 주위에 변화되는 자장이 존재하면 전위차가 발생하고, 이 전위차로 인해 전류의 흐름이 발생함
- 전류에 따른 저항으로 인해 발열하는 것은 저항열과 같지만 발열의 원인이 다름

⑥ 누전열 : 전류가 누설되어 이에 따라 열축적되어 발화

⑦ 유전열

- 전기절연물이더라도 실제로는 완전한 절연능력을 갖지 못하므로, 누설전류가 발생함
- 이러한 누설전류에 의해 발생하는 열

3) 기계적 점화원

① 마찰열 : 벨트와 회전부 간의 마찰 등의 경우와 같이 심한 마찰은 열을 발생시킴

② 스파크 : 충돌, 충격 등에 의하여 불꽃이 발생되어 발화될 수 있음

③ 단열압축 : 밸브의 급격한 개방, 탱크 내 위험물의 갑작스런 투입 등으로 압축될 경우 열이 발생되어 발화될 수 있음

$$\frac{T_2}{T_1} = \left(\frac{P_2}{P_1}\right)^{\frac{\gamma-1}{\gamma}}$$

여기서, γ : 비열비$\left(\dfrac{c_p}{c_v}\right)$

→ 단열압축에 의해 온도 T_2가 상승하면 발화 가능

2 ESFR 스프링클러헤드는 표준형 스프링클러헤드보다 화재초기에 작동하여 화재를 조기 진압한다. 이를 결정하는 3가지 특성요소에 대하여 설명하시오.

문제 2) ESFR의 3가지 특성요소

1. High-Piled Storage에서의 화재의 문제점

1) 급속히 성장하는 Fire Plume의 강한 상승기류로 인해 화재 지점에 도달하는 방수량이 감소함

2) Fire Plume 내로 침투한 물입자가 화점도달 전에 증발하거나 먼 곳으로 날리기 때문

3) 이로 인해 화점에 도달하는 방수량이 부족해지게 되어 화재진압이 어려워짐

2. ESFR 스프링클러의 조기 화재진압을 결정하는 3가지 요소

1) 열감도

① 화재 노출 시 헤드 감열부의 감도

② 일반적으로 RTI로 나타내며 작을수록 화재에 민감

③ 표준반응형 헤드의 경우 급속 성장하는 화재에서는 헤드 작동온도에 도달해도 방수가 늦어져 작동시점에는 표시온도보다 훨씬 높은 온도에 도달할 수 있음

④ 이러한 지연으로 인해 화재플룸이 상당히 성장하게 되어 화재진압이 어려워질 수 있음

2) 소요 살수밀도(RDD)

① 화재진압에 필요한 물의 양(lpm/m^2)

② 헤드 작동시점의 화재 크기에 따라 결정됨

③ 화재크기가 클수록 RDD 증가

3) 실제 살수밀도(ADD)

① 헤드에서 방수되어 화점에 실제 도달한 물의 양(lpm/m^2)

② 화재시험 중 연소중인 가연물 상부 수평면에 용기를 올려두고 그 내부에 고이는 물의 양을 측정하여 결정

③ 헤드가 조기 작동하고 실제 방수되는 물의 양이 많을수록 ADD 증가

④ ESFR 스프링클러는 보통 천장에만 설치하는 방식으로 적용하므로 장애물에 의해 차폐되면 ADD가 크게 감소함

4) ADD, RDD와 RTI의 관계

① RDD는 시간 경과에 따라 증가 : 화재가 성장하여 더 많은 양의 물이 필요함

② ADD는 시간 경과에 따라 감소 : 화재성장에 따라 방수된 물이 비산, 증발함

③ 화재진압 영역 : ADD > RDD

④ RTI가 낮을수록 헤드가 조기 작동하므로, RDD는 작아지고 ADD는 커짐
→ 화재진압 가능

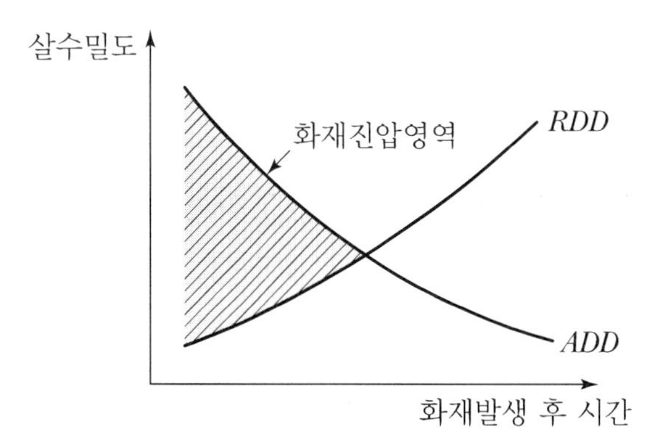

3. 화재진압을 위한 ESFR 스프링클러 설계

1) 조기반응형

충분히 화재진압할 수 있도록 화재규모가 작은 시점에서 헤드가 작동되어야 함
(낮은 RTI 적용으로 RDD 감소)

2) K-factor 큰 헤드

K-factor가 큰 헤드를 적용하여 충분한 살수밀도를 유지함

3) 고압 방수

고압으로 방수하여 화재플룸의 상승기류를 이겨내고 화점에 침투할 수 있도록 해야 함

4) 장애물 고려

장애물의 영향을 최소화하여 헤드로부터 방수된 물이 화점에 도달할 수 있도록 해야 함

3 소방시설에서 절연저항 측정방법을 기술하고, 국가화재안전기준(NFSC)에서 정한 절연내력과 절연저항을 적용하는 소방시설에 대하여 설명하시오.

문제 3] 절연저항 측정방법 및 절연내력과 절연저항 적용 소방시설

1. 개요

1) 절연저항

전류가 도체에서 절연물을 통해 다른 충전부 또는 기기 케이스 등에서 누설되는 경로의 저항

2) 저압전로의 절연성능

전로의 사용전압(V)	DC 시험전압(V)	절연저항(MΩ)
SELV 및 PELV	250	0.5
FELV, 500V 이하	500	1.0
500V 초과	1,000	1.0

[비고] 특별저압(Extra Low Voltage : 2차 전압이 AC 50V, DC 120V 이하)으로 SELV(비접지회로 구성) 및 PELV(접지회로 구성)는 1차와 2차가 전기적으로 절연된 회로, FELV는 1차와 2차가 전기적으로 절연되지 않은 회로

2. 절연저항 측정방법

1) 측정 대상물에 전압(V)을 인가하여 측정대상에 흐르는 누설전류(I)와 인가전압

(V)을 측정하여 다음과 같이 산출

$$\text{절연저항}(\text{M}\Omega) = \frac{\text{인가전압}(V)}{\text{누설전류}(I)} \times 10^{-6}$$

2) 절연저항계 측정

① 전압이 인가되지 않은 것 확인

② 측정전압 위치로 로터리 스위치 전환

③ 흑색 측정 리드를 접지 측에 연결

④ 적색 리드를 피측정물체에 연결

⑤ 측정(Measure) 버튼 누름

⑥ 측정된 표시값을 읽음

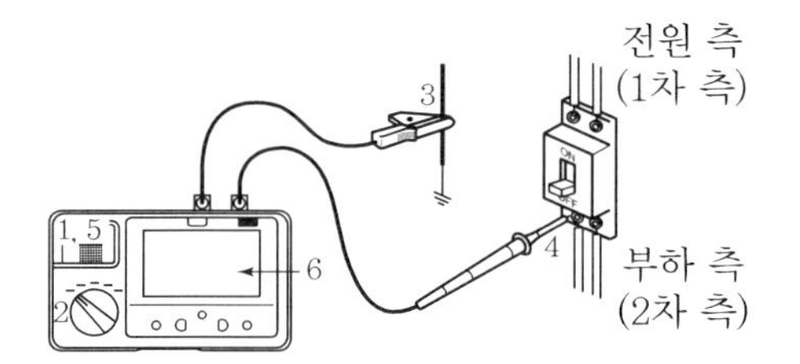

3. 절연내력과 절연저항을 적용하는 소방시설

1) 절연저항을 적용하는 소방시설

① 비상벨설비, 자동식사이렌설비, 비상방송설비, 비상콘센트설비 및 자동화재탐지설비(시각경보기 포함)의 배선

② 절연저항 기준(비상콘센트 제외)

- 전원회로의 전로와 대지 사이 및 배선 상호 간의 절연저항은 전기사업법 제67조에 따른 기술기준이 정하는 바에 의함
- 부속회로의 전로와 대지 사이 및 배선 상호 간의 절연저항은 1경계구역마다 직류 250 V의 절연저항측정기를 사용하여 측정한 절연저항이 0.1 MΩ 이상이 되도록 할 것

③ 비상콘센트설비의 절연저항

절연저항은 전원부와 외함 사이를 500 V 절연저항계로 측정할 때 20 MΩ 이상일 것

2) 절연내력을 적용하는 소방시설

① 비상콘센트설비

② 적용기준

- 전원부와 외함 사이에 정격전압이 150 V 이하인 경우 : 1,000 V의 실효전압을 가하는 시험에서 1분 이상 견디는 것으로 할 것

• 정격전압이 150 V 이상인 경우 : (정격전압×2) + 1,000의 실효전압을 가하는 시험에서 1분 이상 견디는 것으로 할 것 → 150 V 초과로 개정 필요함

4. 결론

1) 최근 개정된 전기설비기술기준(2021년 시행)에 따르면 DC 24 V를 이용하는 소방시설의 절연저항은 0.5 또는 1.0 MΩ 이상이어야 한다.
2) 현행 화재안전기준에서는 비상콘센트설비를 제외한 설비는 예전 전기설비 규정인 0.1 MΩ 이상으로 되어 있다. 따라서 이에 대한 개정이 필요하다.

4 유체유동과 관련 있는 무차원수의 필요성과 주요 무차원수에 대하여 설명하시오.

문제 4] 무차원수의 필요성과 주요 무차원수

1. 개요

1) 무차원수는 2가지 물리적 특성을 비교하여 단위가 없는 수치만으로 표현한 것
2) 무차원수는 그 크기만으로 유체운동의 특성을 판단할 수 있으며, 단위계에 상관없이 동일함

2. 무차원수의 필요성

1) 유체의 운동은 불규칙하여 수학적으로 정확하게 분석하기 어려우므로, 실제의 경우 해석적인 방법과 실험적인 방법을 조합하여 분석하고 있음
2) 유체 운동의 실제 원형(Prototype)은 너무 대규모이거나 매우 작아 분석하기 어려울 수 있음
3) 그러므로 유체역학에서는 차원해석에 의하여 실제 원형보다 작거나 큰 모형(Model)의 실험을 통해 유체 유동을 분석함
   ① 차원해석 : 차원 동차성을 이용하여 관계된 물리량들로부터 무차원수를 찾아내

고, 무차원수 사이의 함수관계를 유도하는 절차

② 역학적 상사 : 원형(p)과 모형(m) 사이에 다음 관계 성립

$$\frac{(\text{중력})_m}{(\text{중력})_p}=\frac{(\text{점성력})_m}{(\text{점성력})_p}=\frac{(\text{압축력})_m}{(\text{압축력})_p}=\frac{(\text{표면장력})_m}{(\text{표면장력})_p}=\frac{(\text{관성력})_m}{(\text{관성력})_p}$$

3. 주요 무차원수

1) Re (레이놀즈 수)

① $\left(\frac{\text{관성력}}{\text{점성력}}\right)_m=\left(\frac{\text{관성력}}{\text{점성력}}\right)_p$

② $Re=\frac{\text{관성력}}{\text{점성력}}=\frac{\rho VD}{\mu}$

2) Fr (프루드 수)

① $\left(\frac{\text{관성력}}{\text{중력}}\right)_m=\left(\frac{\text{관성력}}{\text{중력}}\right)_p$

② $Fr=\frac{\text{관성력}}{\text{중력}}=\frac{V}{\sqrt{gL}}$

3) We (웨버 수)

① $\left(\frac{\text{관성력}}{\text{표면장력}}\right)_m=\left(\frac{\text{관성력}}{\text{표면장력}}\right)_p$

② $We=\frac{\text{관성력}}{\text{표면장력}}=\frac{\rho V^2 L}{\sigma}$

4) Eu (오일러 수)

① $\left(\frac{\text{압축력}}{\text{관성력}}\right)_m=\left(\frac{\text{압축력}}{\text{관성력}}\right)_p$

② $Eu=\frac{\text{압축력}}{\text{관성력}}=\frac{P}{\rho V^2}$

5) C_p (압력계수)

① $\left(\frac{\text{정압}}{\text{동압}}\right)_m=\left(\frac{\text{정압}}{\text{동압}}\right)_p$

② $C_p=\frac{\text{정압}}{\text{동압}}=\frac{\Delta P}{\frac{1}{2}\rho V^2}$

6) Ma (마하 수)

① $\left(\frac{\text{속도}}{\text{음속}}\right)_m=\left(\frac{\text{속도}}{\text{음속}}\right)_p$

② $Ma=\frac{\text{속도}}{\text{음속}}=\frac{V}{a}$

7) Pr (프란틀 수)

① $\left(\frac{\text{저항}}{\text{열전도도}}\right)_m=\left(\frac{\text{저항}}{\text{열전도도}}\right)_p$

② $Pr=\frac{\mu C_p}{k}$

8) Nu (누셀 수)

① $\left(\frac{\text{대류}}{\text{전도}}\right)_m = \left(\frac{\text{대류}}{\text{전도}}\right)_p$ ② $Nu = \frac{\text{대류}}{\text{전도}} = \frac{hl}{k}$

9) Gr (그라쇼프 수)

① $\left(\frac{\text{부력}}{\text{동점성력}}\right)_m = \left(\frac{\text{부력}}{\text{동점성력}}\right)_p$ ② $Gr = \frac{g\beta(\triangle T)L^3}{\nu^2}$

10) Bi (비오트 수)

① $\left(\frac{\text{표면위대류}}{\text{물체로전도}}\right)_m = \left(\frac{\text{표면위대류}}{\text{물체로전도}}\right)_p$ ② $Bi = \frac{hl}{k}$

4. 결론

1) 무차원수는 차원해석을 통한 유체운동의 Modeling이 가능하게 함
2) 열전달, 연기유동, 소화수 및 공기 유동 등과 같은 소방에서의 유체운동 해석에도 이러한 무차원수를 이용한 모델링이 많이 활용되고 있다.

5 화재예방, 소방시설 설치 · 유지 및 안전관리에 관한 법령에서 정한 소방특별조사에 대하여 다음의 내용을 설명하시오.
(1) 조사목적 (2) 조사시기
(3) 조사항목 (4) 조사방법

문제 5] 소방특별조사

1. 조사목적

소방대상물, 관계 지역 또는 관계인에 대하여
1) 소방시설등이 소방 관계 법령에 적합하게 설치 · 유지 · 관리되고 있는지 확인
2) 소방대상물에 화재, 재난 · 재해 등의 발생 위험이 있는지 확인

2. 조사시기

1) 관계인이 실시하는 소방시설등, 방화시설, 피난시설 등에 대한 자체점검 등이 불성실하거나 불완전하다고 인정되는 경우
2) 화재경계지구에 대한 소방특별조사 등 법률에서 소방특별조사를 실시하도록 한 경우
3) 국가적 행사 등 주요 행사가 개최되는 장소 및 그 주변의 관계 지역에 대하여 소방안전관리 실태를 점검할 필요가 있는 경우
4) 화재가 자주 발생하였거나 발생할 우려가 뚜렷한 곳에 대한 점검이 필요한 경우
5) 재난예측정보, 기상예보 등을 분석한 결과 소방대상물에 화재, 재난 · 재해의 발생 위험이 높다고 판단되는 경우
6) 화재, 재난 · 재해, 그 밖의 긴급한 상황이 발생할 경우 인명 또는 재산피해의 우려가 현저하다고 판단되는 경우

3. 조사항목

1) 소방안전관리 업무 수행에 관한 사항
   ① 소방안전관리자 선임사항의 적합성
   (소방안전관리자 선임일자, 자격의 유효성, 실무교육 이수 여부 등)
   ② 소방계획서 작성, 자위소방대 조직 등 법 제20조에서 규정한 사항
   ③ 공공기관 등의 소방안전관리에 관한 사항

2) 작성한 소방계획서의 이행에 관한 사항
   ① 관계인의 소방훈련 및 교육 결과보고서 보존관리사항 확인
   ② 소방시설등 안전관리 점검정비 관련 문서 확인 등

3) 자체점검 및 정기적 점검 등에 관한 사항
   ① 작동기능점검의 점검표 및 배치확인서 보관 여부 확인
   ② 자체점검의 적정성(시설확인 누락 여부, 허위점검 여부)

4) 소방기본법에 따른 화재의 예방조치 등에 관한 사항

5) 불을 사용하는 설비 등의 관리와 특수가연물의 저장 · 취급에 관한 사항

6) 다중이용업 특별법에 따른 안전관리에 관한 사항

① 점검자의 자격, 점검주기, 점검방법 등의 적정성

② 다중이용업 특별법 안전관리 사항의 적합성

7) 위험물안전관리법에 따른 안전관리에 관한 사항

① 정기점검의 적합성 여부

② 그 밖의 위험물안전관리법에 규정된 안전관리에 관한 사항

8) 피난시설, 방화구획 및 방화시설의 유지관리 사항

① 피트층, 파이프덕트 등 건축물의 피난보조공간의 안전유지관리 사항

② 방화구획 관통부 내화충전재 관리사항

③ 옥상광장의 피난 장애물 및 옥상층의 불법 가설물 설치 관련 사항

4. 조사방법

1) 관계인에게 필요한 보고 또는 자료 제출을 명하는 것

2) 소방대상물의 위치 · 구조 · 설비 또는 관리 상황을 조사하는 것

3) 소방대상물의 위치 · 구조 · 설비 또는 관리 상황에 대하여 관계인에게 질문하는 것

6 소방청 및 한국소방시설협회에서 발표한 소방공사 표준시방서에 명기된 소방설비별 배관 적용을 옥내(실내, 입상, 수평), 옥외(공동구, 매설) 및 설비별로 구분하여 설명하고, 사용압력이 1.2 MPa 이상과 미만일 경우 배관재질의 적용에 대하여 설명하시오.

문제 6] 표준시방서의 배관 적용 기준

1. 소방설비별 배관적용

구분	옥내			옥외		
	실내 (세대 내 포함	입상	수평 (피트 내 포함)	공동구	매설	비고
옥내소화전설비, 연결송수관설비, 연결살수설비, 연소방지설비	탄소 강관, 스테인리스 강관, 동관	탄소 강관, 스테인리스 강관, 동관	탄소 강관, 스테인리스 강관, 동관	탄소 강관, 스테인리스 강관, 동관	덕타일 주철관, 소방용합성 수지배관	소방용 합성수지 배관은 세대 내 습식(1종) 및 매설(2종)을 사용함
스프링클러설비, 간이스프링클러설비, 물분무소화설비, 포소화설비	탄소 강관, 소방용합성 수지배관, 스테인리스 강관, 동관	탄소 강관, 스테인리스 강관, 동관	탄소 강관, 스테인리스 강관, 동관	탄소 강관, 스테인리스 강관, 동관	덕타일 주철관, 소방용합성 수지배관	
옥외소화전설비, 상수도소화용수설비	-	-	탄소 강관, 스테인리스 강관, 동관	탄소 강관, 스테인리스 강관, 동관	덕타일 주철관, 소방용합성 수지배관	

2. 사용압력별 배관 적용

구분	사용압력 1.2 MPa 미만	사용압력 1.2 MPa 이상
강관	KS D 3507 배관용 탄소 강관	KS D 3562 압력배관용 탄소 강관 KS D 3583 배관용 아크용접 탄소강 강관
스테인리스 강관	KS D 3595 일반배관용 스테인리스 강관 KS D 3576 배관용 스테인리스 강관	–
동관	KS D 5301 이음매 없는 구리 및 구리 합금관	–
소방용 합성수지배관	소방용 합성수지배관	–
덕타일 주철관	KS D 4311 덕타일 주철관	–

CHAPTER 02

제 121 회 기출문제 풀이

121회 기출문제 1교시

기출분석
120회
121회-1
122회
123회
124회
125회

1 액체가연물의 연소에 영향을 미치는 인자에 대하여 설명하시오.

문제 1) 액체연소의 영향인자

1. 개요

액체의 연소는 액면에서 발생하는 증기가 공기 중 산소와 가연성 혼합기를 형성하여 발생

2. 액체연소에 영향을 미치는 인자

1) 비점

① 액체의 평형증기압이 액체 표면에서의 전압과 같게 될 때의 액면온도 (액체가 비등하게 되는 한계온도)

② 비점이 낮을수록 기화하기 쉬워 연소가 용이함

2) 인화점

① 액면에서의 증발에 의해 형성된 가연성 혼합기가 점화원에 의해 착화될 수 있는 액면 부근의 최저온도
(액면위 가연성 증기 농도가 LFL 이상이 되는 온도)

② 인화점이 낮을수록 연소되기 쉽고, NFPA에서는 이러한 인화점과 비점에 따라 액체의 연소위험성을 분류함

3) 분자량

① 탄화수소 계열의 발화점은 동일 조건에서 분자량이 클수록 낮아짐
→ 헥산(C_6H_{14})이 펜탄(C_5H_{12})보다 발화온도가 낮음

② 분자량이 클수록 연소가 용이함

4) 연소한계

① 연소범위가 넓을수록 연소되기 쉽고, 연소하한계(LFL)가 낮을수록 위험도가 큼

② 온도와 압력이 높아질수록 연소범위가 넓어짐

5) 발화원의 크기

① 발화원이 클수록 연소되기 쉬움

② 화염, 열면, 전기불꽃, 마찰, 단열압축 등

6) 기타

가연물의 양, 예비연소시간, 액면크기, 분출유량 및 압력 등

2 위험물안전관리법상 다음 용어의 정의를 쓰시오.

(1) 위험물 (2) 지정수량

(3) 제조소 (4) 저장소

(5) 취급소

문제 2] 위험물 용어

1. 위험물

1) 인화성 또는 발화성 등의 성질을 가지는 것으로서 대통령령으로 정하는 물품

2) 제1류~제6류 위험물로 분류하며, 연소가 가능한 고체와 액체 위험물에 국한됨

2. 지정수량

1) 위험물의 종류별로 위험성을 고려하여 대통령령이 정하는 수량으로서, 제조소등의 설치허가 등에 있어서 최저의 기준이 되는 수량

2) 지정수량 이상의 위험물을 저장, 취급할 경우에는 위험물안전관리법을 적용해야 함

3. 제조소

위험물을 제조할 목적으로 지정수량 이상의 위험물을 취급하기 위하여 허가를 받은 장소

4. 저장소

1) 지정수량 이상의 위험물을 저장하기 위한 대통령령이 정하는 장소로서 허가를 받은 장소
2) 옥내 · 외 저장소와 탱크저장소(옥내 · 외, 이동, 지하, 간이, 암반 탱크 저장소)로 구분

5. 취급소

1) 지정수량 이상의 위험물을 제조 외의 목적으로 취급하기 위한 대통령령이 정하는 장소로서 허가받은 장소
2) 주유취급소, 판매취급소, 이송취급소, 일반취급소

❸ 소화설비용 충압펌프가 빈번하게 작동하는 주요 원인과 대책을 설명하시오.

문제 3] 충압펌프의 빈번한 작동 원인과 대책

1. 개요

1) 충압펌프는 평상시 소화배관 내의 압력을 일정하게 유지하는 역할을 하는 장치
   → 배관압력 저하시 자동 기동, 정지점 도달시 자동 정지
2) 충압펌프의 빈번한 기동은 소화배관 내의 압력 저하로 인한 것임

2. 주요 원인과 대책

1) 원인

① 배관 부식에 의한 누수 구멍(Hole) 발생 또는 기밀 불량에 의한 누수
② 체크밸브(옥상수조, 송수구배관 등) 불량으로 인한 역류
③ 옥내 · 외 소화전밸브가 완전히 잠기지 않아 누수
④ 펌프 성능시험배관의 개폐밸브가 완전히 잠기지 않음

⑤ 알람밸브, 압력챔버 등의 배수밸브가 일부 개방되어 배수되는 경우

⑥ 압력챔버 내에 상부공기가 모두 배출되어 충압펌프 기동 시 순간적인 압력상승으로 기동, 정지를 반복

⑦ 소화배관 내 잔류한 공기량이 많아 온도에 따른 수축, 팽창으로 소화배관 내에 압력변동이 발생

2) 대책

① 누수 보완

- 구간별로 밸브를 폐쇄하여 누설 발생구간을 찾음
- 누설 발생구간의 누수 요소 확인(부식으로 발생한 구멍, 체크밸브 상태 점검 및 밸브 잠금 상태 확인 등)

② 압력챔버 내 상부공기 확보

압력챔버의 배수밸브를 개방하여 상부 공기 확보

③ 소화배관 내 공기 배출

소화배관의 높은 지점들에 Air Vent를 설치하여 잔류공기 배출

4 Plug-holing의 발생원인과 방지대책에 대하여 설명하시오.

문제 4] 플러그 홀링 원인과 대책

1. 정의 및 문제점

1) 배기용량이 너무 커서 Smoke Layer 내의 연기에 추가하여 Clear Layer의 공기까지 함께 배출하는 현상

2) 이러한 플러그 홀링이 발생되면, 배기설비에 의해 배출되는 연기량이 줄어들어 연기층(Smoke Layer)의 깊이가 증대된다.

3) 아트리움 제연방식과 같은 축연에서 플러그 홀링 현상이 발생하면 배출량 부족으로 인해 연기가 최상층으로 확산됨

2. 발생 여부의 판정방법

1) 그림에서의 h_{DEP}가 h 이상이 될 경우에 발생

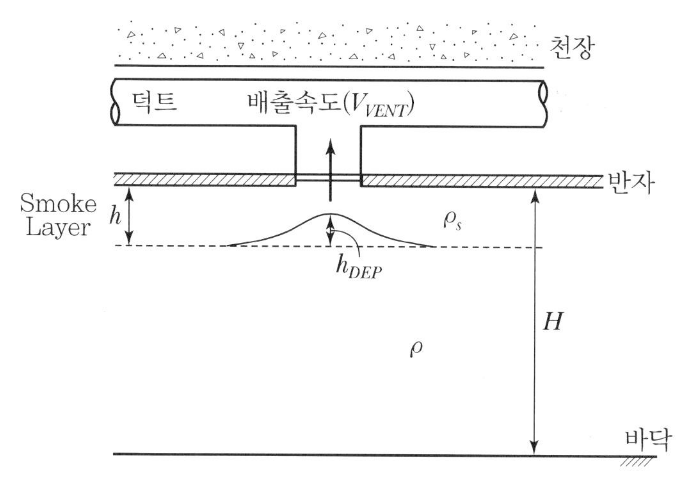

2) 프루드 수를 구하여 발생 여부 추정 가능

$$Fr = \frac{V_{vent} \times A_{vent}}{\left(\frac{(\rho - \rho_s)g}{\rho}\right)^{1/2} \times h^{5/2}}$$

3) 산출된 Fr 수가 임계 Fr 수(1.6) 이상이 될 경우 플러그 홀링 현상이 발생됨 ($Fr \geq 1.6$)

3. 대책

1) 배기구 분할 → 배기구별 배출용량 제한

① 배출구 면적 제한

$$A_{vent} < 0.4 \times \frac{h^2}{\sqrt{\rho / \rho_s}}$$

② 배출구 크기 및 형태

- Smoke Layer의 깊이가 a라면, 배출구 1개의 크기는 $2a^2$ 이하
- 장변 길이가 단변의 2배를 넘는 경우, 단변의 길이는 Smoke Layer 깊이보다 길지 않아야 함

2) 아트리움 제연 시 고층부에 Air Flow 적용

5 소방시설법령상 건축허가등의 동의대상에 대하여 설명하시오.

문제 5) 건축허가등의 동의대상

1. 개요

1) 건축허가등

건축물 등의 신축 · 증축 · 개축 · 재축 · 이전 · 용도변경 또는 대수선의 허가 · 협의 및 사용승인(주택법에 따른 승인 및 사용검사, 학교시설사업 촉진법에 따른 승인 및 사용승인 포함)

2) 건축허가등의 동의

① 건축허가등의 권한이 있는 행정기관은 건축허가등을 할 때 미리 관할 소방서의 동의를 받아야 한다.

② 사용승인에 대한 동의는 소방시설공사의 완공검사증명서를 교부하는 것으로 동의를 갈음할 수 있다.

2. 동의대상

1) 연면적 400 m^2 이상인 건축물

① 학교시설 : 100 m^2 이상

② 노유자시설 및 수련시설 : 200 m^2 이상

③ 정신의료기관 : 300 m^2 이상

④ 장애인 의료재활시설 : 300 m^2 이상

2) 층수가 6층 이상인 건축물

3) 차고 · 주차장 또는 주차용도로 사용되는 시설

① 차고 · 주차장으로 사용되는 바닥면적이 200 m^2 이상인 층이 있는 건축물이나 주차시설

② 자동차 20대 이상을 주차할 수 있는 기계식 주차장

4) 항공기격납고, 관망탑, 항공관제탑, 방송용 송수신탑

5) 지하층 또는 무창층이 있는 건축물로서 바닥면적이 150 m^2(공연장의 경우 100 m^2) 이상인 층이 있는 것

6) 위험물 저장 및 처리 시설, 지하구

7) 노유자시설 중 다음에 해당하는 시설

① 노인 관련 시설

② 아동복지시설

③ 장애인 거주시설

④ 정신질환자 관련 시설

⑤ 노숙인자활시설, 노숙인재활시설 및 노숙인요양시설

⑥ 결핵환자나 한센인이 24시간 생활하는 노유자시설

8) 요양병원(정신병원과 의료재활시설 제외)

6 소방시설법령상 "인화성 물품을 취급하는 작업 등 대통령령으로 정하는 작업"에 대하여 설명하시오.

문제 6] 인화성 물품 취급작업

1. 개요

1) 인화성 물품을 취급하는 작업 등 : 화재위험작업

2) 특정소방대상물의 건축, 대수선, 용도변경 또는 설치 등을 위한 공사현장에서 화재위험작업을 하기 전에 임시소방시설(설치 및 철거가 쉬운 화재대비시설)을 설치하고 유지, 관리해야 함

2. 대상 작업

1) 인화성 · 가연성 · 폭발성 물질을 취급하거나 가연성 가스를 발생시키는 작업

2) 용접 · 용단 등 불꽃을 발생시키거나 화기를 취급하는 작업

3) 전열기구, 가열전선 등 열을 발생시키는 기구를 취급하는 작업

4) 소방청장이 정하여 고시하는 폭발성 부유분진을 발생시킬 수 있는 작업

5) 그 밖에 제1호부터 제4호까지와 비슷한 작업으로 소방청장이 정하여 고시하는 작업

3. 임시소방시설 적용

시설	적용기준	시점
소화기	작업지점 5 m 이내 쉽게 보이는 장소에 능력단위 3 이상인 소화기 2개 이상과 대형소화기 1개를 추가	화재위험작업 종료 시까지
간이소화장치	작업지점 25 m 이내에 설치 또는 배치 (상시 사용 가능 및 동결방지조치)	
비상경보장치	작업지점 5 m 이내에 설치 또는 배치 (상시 사용 가능)	

7 NFPA 72에서 정하는 Pathway Survivability를 Level별로 구분하여 설명하시오.

문제 7) Pathway Survivability

1. 경로 생존능력(Pathway Survivability)의 정의

1) 화재경보설비 및 비상방송설비의 경로(Pathway)에 화재에 의한 영향 발생 시 작동 상태를 유지할 수 있는 생존능력

2) 배선 경로에 적용할 Level은 다음 과정에 따라 결정됨

① 전관 피난 또는 일부층 피난 방식인지 여부

② 건물이 Type 1인지 또는 Type 2인지 여부

③ 설계자의 위험도 분석

2. 단계별 분류기준

1) Level 0

생존능력에 관해 어떤 조건도 요구되지 않는 경로

2) Level 1

① 상호접속 도체, 케이블 또는 기타 물리적 경로는 금속배선관 내에 설치된 경로

② 자동식 스프링클러설비에 의해 방호되는 건물 내에 설치

3) Level 2

다음 중 하나 이상으로 구성되는 경로

① 2시간 내화 CI(Circuit Integrity) 케이블 또는 내화(Fire－Resistive) 케이블

② 2시간 내화 케이블 시스템(전기회로 보호 시스템)

③ 2시간 내화구조로 구획된 지역

④ 관할 기관에 의해 승인된 2시간 내화성능을 가진 대체설비

4) Level 3

자동식 스프링클러설비에 의해 완전히 방호되는 건물 내의 경로로서, 다음 중 하나 이상으로 구성되는 경로

① 2시간 내화 CI(Circuit Integrity) 케이블 또는 내화(Fire－Resistive) 케이블

② 2시간 내화 케이블 시스템(전기회로 보호 시스템)

③ 2시간 내화구조로 구획된 지역

④ 관할 기관에 의해 승인된 2시간 내화성능을 가진 대체설비

8 단상 2선식 회로의 전압강하 계산식을 유도하시오.

문제 8] 단상 2선식 회로의 전압강하 계산식

1. 관계식

$e = IR$

2. 저항 계산

1) 저항(R)

길이에 비례, 전선 단면적에 반비례

$$R = \rho \times \frac{L}{S}$$

2) 고유저항(ρ)

① 연동선 : 1/58

② 연동의 도전율 : 97%

$$\rho = \frac{1}{58} \times \frac{1}{0.97} = 0.0178$$

3. 전압강하 계산식

1) 배선방식 고려(단상 2선식)

$$\rho = 0.0178 \times 2 = 0.0356$$

2) 거리 기준

$$e = IR = I \times \left(0.0356 \times \frac{L}{S}\right) = \frac{0.0356\,LI}{S}$$

9 건축법령에서 정하는 소방관 진입창의 설치기준에 대하여 설명하시오.

문제 9] 소방관 진입창의 설치기준

1. 대상

1) 11층 이하의 층

2) 제외 : 대피공간 등 또는 비상용 승강기를 설치한 아파트

2. 설치기준

1) 설치 개수

① 2층 이상 11층 이하인 층 : 각각 1개소 이상

② 진입창 가운데에서 벽면 끝까지의 수평거리가 40 m 이상인 경우 : 40 m 이내마다 소방관이 진입할 수 있는 창을 추가 설치

2) 설치 위치

소방차 진입로 또는 소방차 진입이 가능한 공터에 면할 것

3) 표식 형태

① 위치 표시(적색 역삼각형)

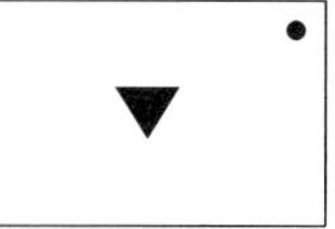

- 창문의 가운데에 지름 20 cm 이상의 역삼각형을 표시
- 야간에도 알아볼 수 있도록 빛 반사 등으로 붉은색으로 표시

② 타격지점 표시

창문의 한쪽 모서리에 타격지점을 지름 3 cm 이상의 원형으로 표시할 것

4) 진입창의 구조

① 창문 크기 : 폭 90 cm 이상, 높이 1.2 m 이상

② 설치높이(실내 바닥면에서 창의 하단) : 80 cm 이내로 할 것

5) 유리의 종류

다음 중 어느 하나에 해당하는 유리를 사용할 것

① 플로트판유리로서 그 두께가 6 mm 이하인 것

② 강화유리 또는 배강도유리로서 그 두께가 5 mm 이하인 것

③ ① 또는 ②에 해당하는 유리로 구성된 이중유리로서 그 두께가 24 mm 이하인 것

⑩ 커튼월 Type 건축물의 화재확산 방지구조에 대하여 설명하시오.

문제 10) 커튼월 타입 건축물의 화재확산 방지구조

1. 커튼월 Type의 화재확산방지구조

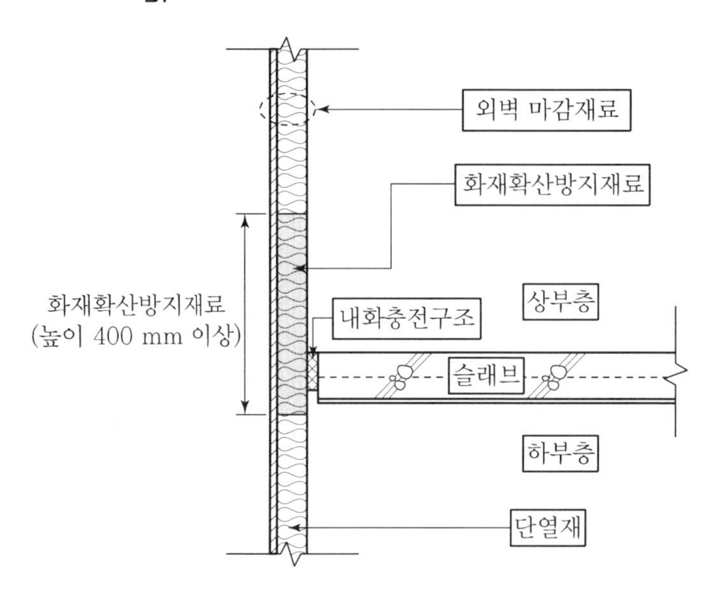

1) 외벽마감재와 지지구조 사이의 공간을 다음 재료로 매 층마다 최소 높이 400 mm 이상 밀실하게 채움
   (예외 : 5층 이하이면서 높이 22 m 미만인 건축물은 매 2개 층마다 설치 가능)

2) 재료
   ① 12.5 mm 이상의 방화석고보드
   ② 6 mm 이상의 석고시멘트판 또는 섬유강화평형시멘트판
   ③ 미네랄울 보온판 2호 이상
   ④ 수직비내력 구획부재의 내화성능시험 결과
      → 15분의 차염성능 및 이면온도가 120 K 이상 상승하지 않는 재료

2. 적용기준

1) 외벽마감을 불연 또는 준불연재료로 제한하는 경우

외벽을 화재확산방지구조 기준에 적합하게 설치 시, 마감재료를 난연재료로 할 수 있음

2) 5층 이하이면서 높이 22 m 미만인 건축물의 경우

외벽을 화재확산방지구조 기준에 적합하게 설치 시, 난연성능이 없는 재료로 마감 가능함

11 위험성 평가기법 중 위험도 매트릭스(Risk Matrix)에 대하여 설명하시오.

문제 11) 위험도 매트릭스

1. 위험도 격자도표(Risk Matrix)

1) X축 : 사고의 크기
2) Y축 : 사고의 빈도
→ 각각 5단계로 나누어 표시

3) 개별 사고의 크기와 빈도를 예측하여 좌표 위에 표시하여 Risk를 등급으로 표시하는 방법

Risk Matrix		심도				
확률		파국적인	위험한	중대한	경미한	무시 가능
		E	D	C	B	A
자주	5	5E	5D	5C	5B	5A
가끔	4	4E	4D	4C	4B	4A
관계가 먼	3	3E	3D	3C	3B	3A
가능성 낮음	2	2E	2D	2C	2B	2A
가능성 거의 없음	1	1E	1D	1C	1B	1A

2. 사고 크기(Severity)의 분류

E등급	파국적 위험을 주는 대상 및 운전
D등급	아주 심각한 위험을 주는 대상 및 운전
C등급	심각한 위험을 주는 대상 및 운전
B등급	제한적 영향을 미치는 위험을 주는 대상 및 운전
A등급	중요하지 않은 위험을 주는 대상 및 운전

3. 사고 빈도(Frequency)의 분류

1	가능성 거의 없음	1,000년에 1회 미만
2	가능성 다소 있음	1회/100~1,000년
3	가능성 있음	1회/10~100년
4	가능성 높음	1회/1~10년
5	매우 가능성 높음	1년에 1회 이상

4. 위험대상순위의 예

1) 5A : 확률은 높지만 결과는 다소 중요하지 않음
2) 4B : 제한적 결과이지만, 3년에 한 번씩 발생
3) 3C : 심각한 결과로서 매우 확률이 높음
4) 2D : 흔치는 않지만, 그 영향은 매우 심각
5) 1E : 확률은 매우 낮지만 그 영향은 매우 파국적임

⑫ Hagen-Poiseuille식과 Darcy-Weisbach식을 이용하여 층류흐름의 마찰계수를 유도하시오.

문제 12] 층류흐름의 마찰계수 유도

1. 마찰손실 계산식

1) Darcy−Weisbach식

$$h_L = f\frac{l}{d}\frac{v^2}{2g}$$

2) Hagen−Poiseuille식

$$h_L = \frac{128\mu l Q}{\pi \gamma d^4}$$

2. 마찰계수 유도

1) 상기 마찰손실수두 계산식을 같게 하면

$$h_L = f\frac{l}{d}\frac{v^2}{2g} = \frac{128\mu l Q}{\pi \gamma d^4}$$

2) f에 대하여 정리

$$f = \left(\frac{128\mu l}{\pi \times \rho g \times d^4}\right) \times \left(\frac{\pi}{4} \times d^2 \times v\right) \times \frac{d}{l} \times \frac{2g}{v^2} = \frac{64 \times \mu}{\rho v d} = \frac{64}{Re}$$

⑬ 국가화재안전기준에서 정하는 화재조기진압용 스프링클러의 설치제외와 물분무헤드의 설치제외에 대하여 설명하시오.

문제 13] ESFR 헤드와 물분무헤드의 설치 제외

1. 화재조기진압용 스프링클러의 설치 제외

1) 제외기준

① 제4류 위험물

② 타이어, 두루마리 종이 및 섬유류, 섬유제품 등 연소 시 화염의 속도가 빠르고 방사된 물이 하부까지 도달하지 못하는 것

2) 제외 이유

① 제4류위험물(인화성 액체)
ESFR 스프링클러에서의 높은 방수압력과 큰 직경을 가진 물입자가 표면을 냉각시키지 못하고 내부로 가라앉기 때문

② 매우 빠르게 성장하는 화재 가연물
ESFR은 천장에만 설치한 설치하는 방식으로 화염속도가 빠른 위험도가 높은 가연물에서는 화재진압이 어려워 천장 및 인랙 스프링클러를 적용해서 가연물에 직접적인 소화수 방수가 이루어지도록 해야 함

2. 물분무헤드의 설치 제외

1) 물에 심하게 반응하는 물질 또는 물과 반응하여 위험한 물질을 생성하는 물질을 저장 또는 취급하는 장소

2) 고온의 물질 및 증류범위가 넓어 끓어넘치는 위험이 있는 물질을 저장 또는 취급하는 장소

3) 운전 시에 표면의 온도가 260 ℃ 이상으로 되는 등 직접 분무를 하는 경우 그 부분에 손상을 입힐 우려가 있는 기계장치 등이 있는 장소

121회 기출문제 2교시

기출분석
120회
121회-2
122회
123회
124회
125회

1 건축법령상 건축물 실내에 접하는 부분의 마감재료(내장재)를 난연성능에 따라 구분하고, 마감재료의 성능기준과 시험방법에 대하여 설명하시오.

문제 1) 건축물 마감재료의 구분, 성능기준 및 시험방법

1. 내부마감재료의 구분

1) 불연재료

불에 타지 아니하는 성질을 가진 재료로서 국토교통부령으로 정하는 기준에 적합한 재료

2) 준불연재료

불연재료에 준하는 성질을 가진 재료로서 국토교통부령으로 정하는 기준에 적합한 재료

3) 난연재료

불에 잘 타지 아니하는 성능을 가진 재료로서 국토교통부령으로 정하는 기준에 적합한 재료

2. 마감재료의 성능기준과 시험방법

1) 불연재료

① 콘크리트 · 석재 · 벽돌 · 기와 · 철강 · 알루미늄 · 유리 · 시멘트모르타르 및 회(시멘트모르타르 또는 회 등 미장재료를 사용하는 경우에 건축공사 표준시방서에서 정한 두께 이상인 것에 한함)

② KS규격에 정하는 바에 의하여 시험한 결과 질량감소율 등이 국토교통부장관이 정하여 고시하는 불연재료의 성능기준을 충족하는 것

- 건축재료의 불연성시험
  - 가열시험 개시 후 20분간 가열로 내의 최고온도가 최종평형온도를 20 K 초과하여 상승하지 않을 것
  - 가열종료 후 시험체의 질량감소율이 30 % 이하일 것
- 가스유해성 시험

  실험용 쥐의 평균행동정지시간이 9분 이상일 것

2) 준불연재료

KS규격에 따라 시험한 결과 가스유해성, 열방출량 등이 국토교통부장관이 정하여 고시하는 준불연재료의 성능기준을 충족하는 것

① 콘칼로리미터 시험

- 가열시험 개시 후, 10분간 총 방출열량이 8 MJ/m^2 이하일 것
- 10분간 최대 열방출률이 10초 이상 연속으로 200 kW/m^2를 초과하지 않을 것
- 10분간 가열 후, 시험체를 관통하는 방화상 유해한 균열, 구멍 및 용융(복합자재인 경우, 심재가 전부 용융, 소멸되는 것을 포함) 등이 없을 것

② 가스유해성 시험을 실시하여 실험용 쥐의 평균행동정지시간이 9분 이상일 것

3) 난연재료

KS규격에 따라 시험한 결과 가스 유해성, 열방출량 등이 국토교통부장관이 정하여 고시하는 난연재료의 성능기준을 충족하는 것

① 시험기준

- 콘칼로리미터 시험
  - 가열시험 개시 후, 5분간 총 방출열량이 8 MJ/m^2 이하일 것
  - 5분간 최대 열방출률이 10초 이상 연속으로 200 kW/m^2를 초과하지 않을 것
  - 5분간 가열 후, 시험체를 관통하는 방화상 유해한 균열, 구멍 및 용융(복합자재인 경우, 심재가 전부 용융, 소멸되는 것을 포함) 등이 없을 것
- 건축물의 내장재료 및 구조의 난연성시험

  가스유해성 시험을 실시하여 실험용 쥐의 평균행동정지시간이 9분 이상일 것

② 시험 없이 난연재료로 인정되는 것

- 복합자재로서 건축물의 실내에 접하는 부분에 12.5 mm 이상의 방화석고보드로 마감한 것

• 건축부재의 내화시험방법에 따라 내화성능 시험을 한 결과, 15분의 차염성능을 가지고, 이면온도가 120 K 이상 상승하지 않은 재료로 마감한 경우

2 위험물안전관리법령 상에서 정하는 위험물제조소의 안전거리에 대하여 설명하시오.

문제 2) 위험물제조소의 안전거리

1. 정의

건축물의 외벽 또는 공작물의 외측으로부터 당해 제조소의 외벽 또는 공작물의 외측 사이의 수평거리

2. 안전거리의 적용

1) 용도별 안전거리

용도	안전거리
주거용	10 m 이상
학교, 병원, 영화상영관, 아동복지시설, 장애인복지시설 등	30 m 이상
유형문화재, 지정문화재	50 m 이상
고압가스, LNG 및 LPG 저장 또는 취급 시설	20 m 이상
특고압가공전선(7,000~35,000 V)	3 m 이상
특고압가공전선(35,000 V 초과)	5 m 이상

2) 안전거리의 단축

불연재료로 된 방화상 유효한 담 또는 벽을 기준에 적합하게 설치할 경우 단축 가능

최대 취급수량	안전거리(m 이상)		
	주거시설	학교 등	문화재
10배 미만	6.5	20	35
10배 이상	7.0	22	38

3. 방화상 유효한 담 또는 벽의 설치기준

1) 담의 높이

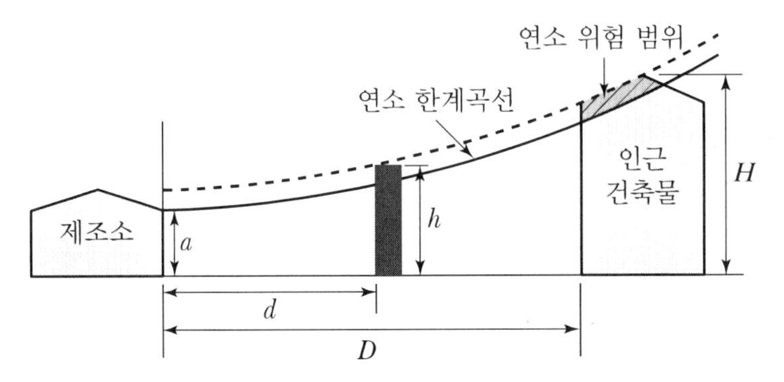

① $H \le pD^2 + a$인 경우 : h=2 m 이상

② $H \ge pD^2 + a$인 경우 : $h = H - p(D^2 - d^2)$ m 이상

③ p의 값

인근 건축물 또는 공작물	p
• 목조 • 방화 또는 내화구조이고, 제조소등에 면한 부분의 개부부에 방화문이 설치되지 않은 경우	0.04
• 방화구조 • 방화 또는 내화구조이고, 제조소등에 면한 부분의 개구부에 을종방화문이 설치된 경우	0.15
• 내화구조이고, 제조소등에 면한 부분의 개구부에 갑종방화문이 설치된 경우	∞

④ 담의 최소높이 : 2 m 이상

⑤ 담의 최대높이 : 4 m로 하고 다음 소화설비로 보강함

설치대상	보강
소형소화기	대형소화기 1개 이상 증설
대형소화기	대형소화기 대신 옥내외소화전, 고정식 소화설비 중 적응 소화설비 설치
옥내 · 외 소화전, 고정식 소화설비	반경 30 m마다 대형소화기 1개 이상 증설

2) 담의 길이

① 제조소등 외벽의 양단(a_1, a_2)을 중심으로 안전거리를 반지름으로 한 원을 그린다.

② 당해 원의 내부에 들어오는 인근 건축물 등의 부분 중 최외측 양단(p_1, p_2)을 구한다.

③ a_1과 p_1을 연결한 선분(L_1)과 a_2와 p_2를 연결한 선분(L_2) 상호 간의 간격을 담의 길이(L)로 한다.

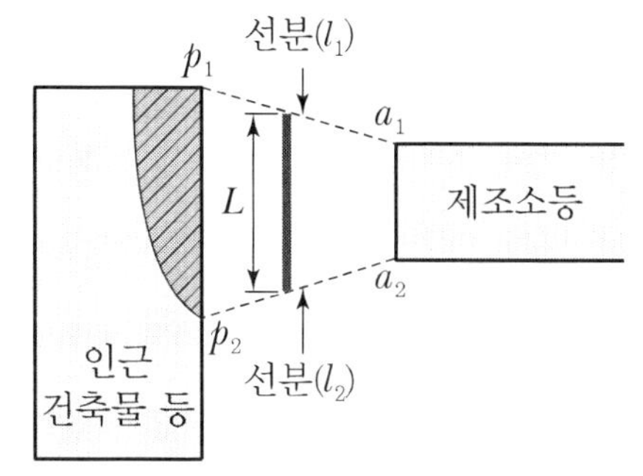

3) 담의 재질

위험물제조소~담까지의 거리	담 또는 벽의 재질
5 m 미만	내화구조
5 m 이상	불연재료
제조소 벽을 높게 하여 방화상 유효한 담을 대체하는 경우	벽의 재질 : 내화구조 (개구부를 설치하지 않을 것)

3 특정소방대상물에 스프링클러가 설치되지 않는 경우, NFSC 501A에 의한 부속실 제연설비의 최소 차압은 40 Pa 이상으로 정하고 있으나, NFPA 92의 경우에는 천장 높이에 따라 최소(설계)차압의 기준이 다르게 적용된다. 천장 높이가 4.6 m일 때를 기준으로 하여 NFPA 92에 따른 차압 선정의 이론적 배경을 설명하시오.

문제 3] NFPA 92에 따른 차압 선정의 이론적 배경

1. NFPA 92의 최소설계차압 기준

구분	반자 높이	차압 기준
스프링클러 설치	N/A	12.5 Pa 이상
스프링클러 미설치	2.7 m	25 Pa 이상
	4.6 m	35 Pa 이상
	6.4 m	45 Pa 이상

1) 국내 기준(평상시 측정 : 40 Pa 이상)에 비해 낮은 차압기준이지만, 거실 내 가스온도가 1,700 ℉(927 ℃)인 부력이 작용하는 상태에서 만족해야 하는 차압임
2) 연돌효과, 바람 등의 설계조건에서도 최소차압을 유지해야 함

2. 천장 높이에 따른 부력 영향

1) 평상시

급기가압 제연설비를 작동시키면 그림과 같이 경계면 높이 전체에 걸쳐 균일한 차압이 발생됨

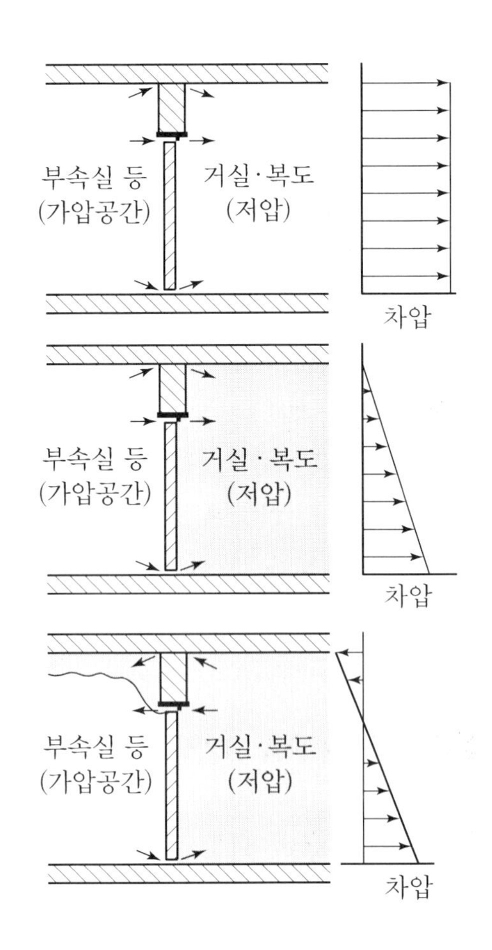

2) 화재 발생에 따른 부력 영향

① 화재 발생 시 고온 연기가 천장부에 축적되나 충분히 큰 설계차압이 유지된다면, 그림과 같이 천장부에서의 차압이 감소되지만 연기유입을 차단할 수 있다.

② 설계차압이 너무 낮을 경우, 급기가압에 실패하여 연기가 부속실로 유입될 수 있다.

③ 따라서 NFPA 92에 따라 제연설비를 설계할 경우에는 화재에 따른 부력 영향을 고려해야 한다.

3. 천장 높이가 4.6 m일 경우의 이론적 배경

1) 부력에 따른 압력차

$$\Delta P = 3,460\left(\frac{1}{T_o} - \frac{1}{T_i}\right)h$$

2) 부력을 고려한 최소설계차압

$$\Delta P_{\min} = \Delta P_{SF} + 3460\left(\frac{1}{T_o} - \frac{1}{T_i}\right)h$$

여기서, ΔP_{SF} : 안전율(바람, 송풍기, 기압 변화 등 고려)

3) 천장높이가 4.6 m일 경우 최소설계차압

① 조건

- T_i : 927 ℃ + 273 = 1,200 K
- T_o : 20 ℃ + 273 = 293 K
- 중성대 : 부속실 높이의 1/3 지점(임의의 선택)
- ΔP_{SF} : 7.5 Pa

② 최소설계차압

$$\Delta P_{\min} = \Delta P_{SF} + 3,460\left(\frac{1}{T_o} - \frac{1}{T_i}\right)h = 7.5 + 3,460 \times \left(\frac{1}{293} - \frac{1}{1,200}\right) \times 3.07$$

$$= 7.5 + 27.4 = 35 \text{ Pa}$$

4. 결론

1) 국내 차압기준은 영국의 BS EN 기준을 준용한 것으로 평상시 기준으로 측정하는 차압이다.

2) NFPA 92 기준은 화재 시를 기준으로 한 것이며, 실제 부력, 연돌효과, 바람 등을 고려해 계산하면 국내 기준의 급기량보다 크다.

기출분석
120회
121회-2
122회
123회
124회
125회

4 건축물설계의 경제성 등 검토(VE : Value Engineering)에 대하여 다음 내용을 설명하시오.

(1) 실시대상
(2) 실시시기 및 횟수
(3) 수행자격
(4) 검토조직의 구성
(5) 설계자가 제시하여야 할 자료

문제 4] VE(건축물설계의 경제성 등 검토)

1. 설계VE 실시대상

1) 총공사비 100억 원 이상인 건설공사의 기본설계, 실시설계
2) 총공사비 100억 원 이상인 건설공사로서 실시설계 완료 후 3년 이상 지난 뒤 발주하는 건설공사
3) 총공사비 100억 원 이상인 건설공사로서 공사시행 중 총공사비 또는 공종별 공사비 증가가 10% 이상 조정하여 설계를 변경하는 사항
4) 그 밖에 발주청이 설계단계 또는 시공단계에서 설계VE가 필요하다고 인정하는 건설공사

2. 실시시기 및 횟수

구분	실시시기	실시횟수
일반	기술자문회의 또는 설계심의회의를 하기 전 적기로 판단하는 시점	기본설계, 실시설계 각각 1회 이상
일괄입찰공사	실시설계 적격자 선정 후	실시설계단계 1회 이상
민간투자사업	우선협상자 선정 후	기본설계 1회 이상
	실시계획승인 이전	실시설계 1회 이상

구분	실시시기	실시횟수
기본설계기술제안 입찰공사	입찰 전	기본설계 1회 이상
	실시설계 적격자 선정 후	실시설계 1회 이상
실시설계 완료 후 3년 이상 경과한 후 발주하는 공사	공사 발주 전	설계VE 실시
시공단계	발주청, 시공자가 필요하다고 인정하는 시점	설계의 경제성 등 검토

3. 수행자격

1) 건설사업관리용역사업자
2) 발주청 소속직원(시공자가 수행할 경우 시공사 직원 및 설계VE 대상 공종의 하수급인 포함)
3) 설계VE 검토 업무의 수행경력이 있거나, 이와 유사한 업무(연구용역 등)를 수행한 자
4) VE 전문기관에서 인정한 최고수준의 VE 전문가 자격증 소지자
5) 기타 발주청이 필요하다고 인정하는 자

4. 검토조직의 구성

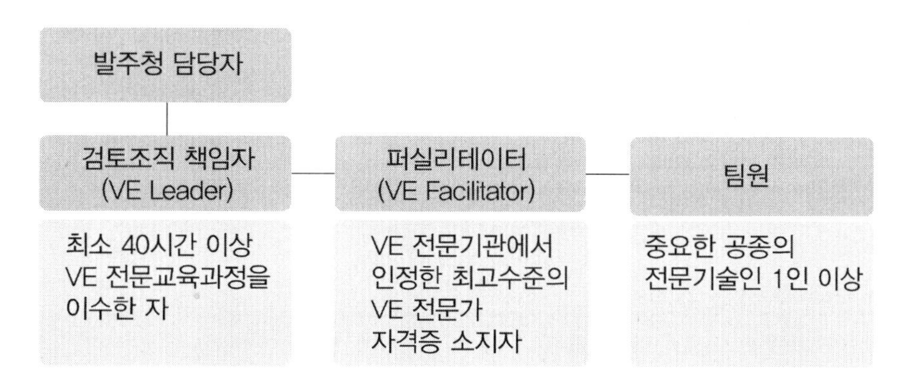

1) 발주청 소속직원으로만 구성하는 경우 : 외부전문가 1인 이상 포함
2) 설계VE는 발주청이 주관하여 실시

5. 설계자가 제시하여야 할 자료

1) 설계도(설계도 작성이 안 된 경우 스케치로 대체)
2) 지형도 및 지질자료
3) 주요 설계기준
4) 표준시방서, 전문시방서, 공사시방서 및 설계업무 지침서
5) 사업내역서, 공사비산출서
6) 관련 법규 등에 기초한 협의 및 허가수속 등의 진행상황
7) 기타 검토조직이 필요하다고 인정하여 요구하는 자료

5 임야화재의 대표적인 발화원인과 화재원인별 조사방법에 대하여 설명하시오.

문제 5] 임야화재 원인 및 화재조사방법

1. 개요

1) 임야화재는 산림이나 초원에서 발생하는 화재를 말함
2) 임야화재의 발화성은 가연물의 크기 및 특성(밀도, 배열, 온도 등), 상대습도(수분함유량), 기름 및 미네랄 함유량, 기상조건, 지형 등에 영향을 받음

2. 발화원인별 화재조사

1) 자연적 원인

① 낙뢰

- 나무기둥을 쪼갠 흔적
- 섬전암(뿌리부분에서의 모래 용융에 의한 유리 같은 덩어리)

→ GPS와 낙뢰정보를 활용하여 화재조사

② 자연발화

- 생물학적, 화학적 반응에 의한 자연발화

• 건초, 곡물, 먹이, 나무조각 더미 등이 분해되며, 고온다습한 날씨에서 발생

2) 인적 원인

① 캠핑

• 캠핑장은 완전연소해도 원형으로 놓인 돌, 재가 많은 구덩이, 나무가 쌓여 있는 흔적 등이 남음

• 버려진 음식용기, 텐트막대, 금속 밧줄고리 등 발견

② 흡연

흡연에 의한 화재는 다음과 같은 상황이어야 발생

• 습도 : 가연물 수분이 25 % 이하로 메마른 상태

• 가연물 : 썩은 나무같이 가늘거나 가루상태일 것

• 담배꽁초 필터와 재 또는 성냥이 발견될 수도 있음

③ 잔해 연소

• 주거지의 쓰레기 소각, 폐기물 처리장에서 발생

• 바람이 부는 경우 소각장소로부터 먼 곳에서 발화 가능

• 소각로, 연소통 등에 대한 목격자 조사와 소각규정 준수 여부 확인

④ 햇빛과 유리의 굴절

• 특정 유리나 빛나는 물체에 의한 수렴화재 발생

• 금속 캔의 경우에는 화재원인이 될 가능성 낮음

⑤ 방화

• 2곳 이상의 사람의 왕래가 많은 곳에서 발생

• 담배, 밧줄, 고무줄, 테이프, 양초 및 전선 등 확인

⑥ 소각작업

자원관리를 목적으로 승인된 계획에 따라 의도적으로 발생시킨 화재

⑦ 기계류 및 차량

• 기계류 고장, 과열, 연료 누설, 마찰 등에 의한 발화

• 전력 또는 동력 장비를 가연성 식물 근처에서 사용할 경우에 발생

⑧ 철로

• 철로의 잡초 제거를 위한 소각작업에 의한 화재

• 기관차 배기탄소, 브레이크 마찰 등에 의해 발생 가능

⑨ 불장난

- 어린이의 호기심과 부주의에 의한 화재
- 성냥, 라이터 또는 기타 발화장치가 집, 학교, 운동장, 캠프장 및 나무가 많은 지역에서 발견

⑩ 불꽃놀이

대부분 불꽃은 금속이나 나무로 된 심이 있는데, 이것이 발화지점 인근에서 발견될 수 있음

3) 공공시설

① 전기시설

- 전선이 나무와 접촉하여 발화
- 전기 펜스가 가연성 물질의 발화를 일으킴

② 석유 및 가스 채굴

- 채굴을 위한 작업 중 담배, 장비, 전기에 의한 화재
- 유정 폭발 또는 송유관 누설에 의한 화재

6 NFSC 102 별표1에 의한 내화배선의 공사방법을 설명하고, 내화배선에 1종금속제 가요전선관을 사용할 수 없는 이유와 내화전선을 전선관 내에 배선할 수 없는 이유에 대하여 설명하시오.

문제 6] 내화배선 공사

1. 내화배선의 공사방법

1) 450/750V 저독성 난연가교 폴리올레핀 절연전선 등을 사용한 경우의 공사방법

① 공사방법

- 전선 수납 : 금속관 · 2종 금속제 가요전선관 또는 합성수지관 내
- 내화구조에 매설 : 내화구조로 된 벽 또는 바닥 등에 벽 또는 바닥의 표면으로부터 25 mm 이상의 깊이로 매설해야 함

② 전선을 노출 설치해도 내화배선이 되는 경우

- 배선을 내화성능을 갖는 배선전용실 또는 배선용 샤프트 · 피트 · 덕트 등에 설치하거나
- 배선전용실 또는 배선용 샤프트 · 피트 · 덕트 등에 다른 설비의 배선이 있는 경우 이로부터 15 cm 이상 떨어지게 하거나 소화설비의 배선과 이웃하는 다른 설비의 배선 사이에 배선지름(배선의 지름이 다른 경우에는 가장 큰 것을 기준으로 한다)의 1.5배 이상 높이의 불연성 격벽을 설치

2) 내화전선을 사용하는 경우

① 공사방법 : 케이블공사의 방법에 따라 설치할 것

② 내화전선의 내화성능

- 버너의 노즐에서 75 mm의 거리에서 온도가 750±5 ℃인 불꽃으로 3시간 동안 가열한 다음, 12시간 경과 후 전선 간에 허용전류용량 3 A의 퓨즈를 연결하여 내화시험전압을 가한 경우 퓨즈가 단선되지 아니하는 것
- 소방청장이 정하여 고시한 소방용 전선의 성능인증 및 제품검사의 기술기준에 적합할 것

2. 1종 금속제 가요전선관을 사용할 수 없는 이유

1) 내화배선은 내화구조의 벽 또는 바닥에 일정 깊이 이상으로 매설하거나, 그와 동등 이상의 내화효과가 있는 방법으로 시공해야 함

2) 1종 금속제 가요전선관은 내수성을 갖지 못하므로, 전기설비기술기준 및 내선규정에서 전개된 장소 또는 점검할 수 있는 은폐된 장소로서 건조한 장소에 한하여 사용할 수 있다.

→ 내수성이 없어 내화구조의 벽 또는 바닥에 매설 불가

3) 이에 비해 2종은 내수성을 가지고 있으므로, 내화구조의 벽 또는 바닥에 매설할 수 있다.

3. 내화전선을 전선관 내에 배선할 수 없는 이유

1) 내화전선은 노출공사에 적합하게 제조된 것이며, 절연물의 절연내력은 온도가 높아질수록 급격히 저하되는 성질이 있다.

2) 관로 내부는 통풍이 잘 되지 않으므로 화재로 인해 전선관 내부의 공기가 일단 가열되면 공기온도가 다시 낮아지기는 매우 어렵다.

3) 따라서, 내화전선을 전선관 내부에 배선할 경우는 외부의 충격으로부터 보호될 수 있겠지만, 관로 내의 온도가 케이블의 허용온도보다 상승할 경우 절연내력이 급격하게 저하될 위험이 있기 때문에 전선관 내에 배선하지 않는다.

4) 화열에 직접 노출되지 않는 내화구조 벽, 바닥에 매립하는 경우에는 내화전선을 전선관 내부에 배선할 수 있다.

121회 기출문제 3교시

1 샌드위치 패널의 종류별 특징과 화재위험성, 국내 · 외 시험기준에 대하여 설명하시오.

문제 1] 샌드위치 패널의 특징, 화재위험성 및 국내 · 외 시험기준

1. 샌드위치 패널의 종류별 특징

1) 발포폴리스티렌 패널

① 심재로 발포폴리스티렌을 사용하고, 외부 표면재는 도장용융아연도금강판을 특수 열중합방식으로 일체화시킨 패널

② 단열성능이 뛰어나고 경량이며, 자체강도와 내구성 우수

③ 화재 시 심재가 쉽게 용융되며 연소가스가 발생되고, 화염전파가 용이하여 위험함

2) 우레탄폼 패널

① 우레탄을 사용한 심재와 표면재인 도장용융아연도금강판을 연속적으로 발포시킴과 동시에 접착시키는 자기 접착방식을 통해 만들어진 패널

② 단열성능, 구조성능, 난연성, 내열성, 절연성 등의 성능이 우수

③ 유기질 단열심재이므로 화재에 의해 내부 심재가 용융하면서 연소하여 유독가스가 발생됨

3) 글라스울 패널

① 심재로 무기질계 재료인 유리섬유를 사용하고, 표면재로는 도장용융아연도금강판을 특수 열중합방식에 의해 일체화시킨 패널

② 단열효과가 높고 화재 시 불에 타지 않으며 유독가스의 발생이 없음

③ 방화구획과 내화구조에 시공이 가능한 내화구조로 지정됨

- 두께 50 mm 이상 : 30분 내화성능
- 두께 100 mm 이상 : 1시간 내화성능

4) 미네랄울 패널

① 규산칼슘계의 광석을 1,500~1,700 ℃의 고열로 용융 액화시켜 고속회전 원심 공법으로 만든 순수한 무기질 섬유를 단열재로 사용한 것

② 사용온도가 650 ℃로 내화성이 매우 뛰어남

③ 글라스울 패널과 마찬가지로 내화구조 지정 패널임

2. 화재위험성

1) 가연성 단열재

① 발포폴리스티렌, 우레탄폼을 심재로 사용하는 샌드위치 패널

② 고열에 의한 심재 용융, 강판의 변형과 이로 인한 급격한 화염 전파 및 심한 유독가스 배출로 인명피해 발생의 주된 원인이 됨

③ 화재 시 불연성 철판으로 인해 패널 내부로 주수 불가능

2) 플래시오버의 가능성

① 샌드위치 패널의 단열성으로 열축적이 용이하여 플래시오버가 단시간 내에 발생

② 천장부 고온연기층에 배출장치 적용이 필요함

3. 국내외 시험기준

1) 국내 시험기준

① 불연재료 : 불연성 시험(KS F ISO 1182)

② 준불연재료 : 콘칼로리미터 시험(KS F ISO 5660－1)

③ 난연재료 : 콘칼로리미터 시험(KS F ISO 5660－1)

④ 공통적으로 가스유해성 시험 수행

→ 국내의 경우 소형 시편 위주의 시험으로 실 규모의 화재안전성능을 평가하기에 상당히 미흡한 시험기준임

2) 해외 시험기준

① ISO 13784－1(Room Corner Test for Sandwich Panel Building Systems)

② 샌드위치 패널로 조립한 소형 연소실의 내부 모서리를 직접 불꽃에 노출시켜 플래시오버, 인접구역 화재확대, 구조물 붕괴 및 화재가스와 연기 발생 등을 평가함

→ 국내와 달리 실대규모의 화재시험으로 샌드위치 패널의 화재위험성 평가에 적합함

2 자연발화의 정의, 분류, 조건 및 예방방법에 대하여 설명하시오.

문제 2] 자연발화의 정의, 분류, 조건 및 예방방법

1. 정의

1) 가연물, 산소가 확보된 상태에서 외부의 점화원 없이 가연물 내부에서 발생된 열의 축적에 의해 AIT 이상으로 가열되어 발화하는 현상

2) 자연발화 과정

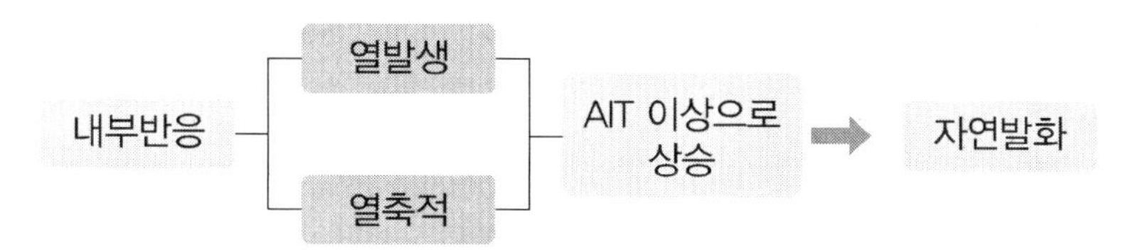

① 온도상승에 따라

- 열발생 : 온도에 대하여 지수함수 관계(급격히 증가)
- 열손실 : 온도에 대하여 선형적 함수 관계(완만하게 증가)

② CAT(임계주위온도)

- 주위 온도가 높으면 열손실이 감소함
- 주위 온도가 CAT 이상일 경우 발생된 열에 의한 열축적이 방열을 초과하여 자연발화 될 수 있음

2. 분류

1) 고온가열

① 방열이 큰 조건에서의 자연발화

② 방열이 크므로, 발열온도가 높아야 자연발화 가능

③ 고온가열에 의해 자연발화 되는 물질

- 자연발화성 및 금수성 물질
- 혼합, 혼촉에 의해 발열하는 물질

2) 저온출화

① 방열이 불량한 상태의 자연발화

② 방열이 작으므로, 상온보다 약간 높은 온도(저온)에서 발화

③ 저온출화 되는 물질

요오드가 높은 건성유를 함유한 섬유류 등

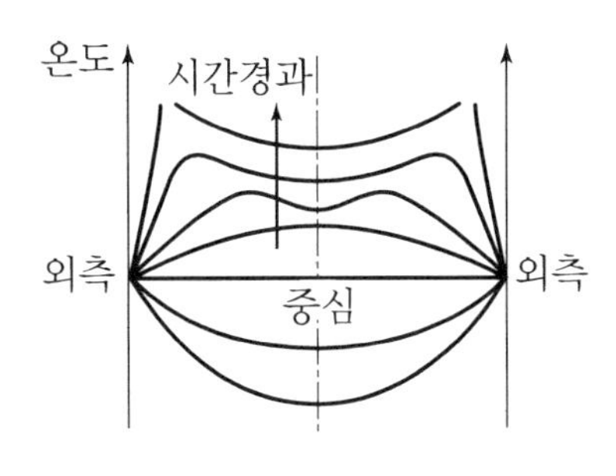

‖ 고온출화시 계 내의 온도분포 ‖

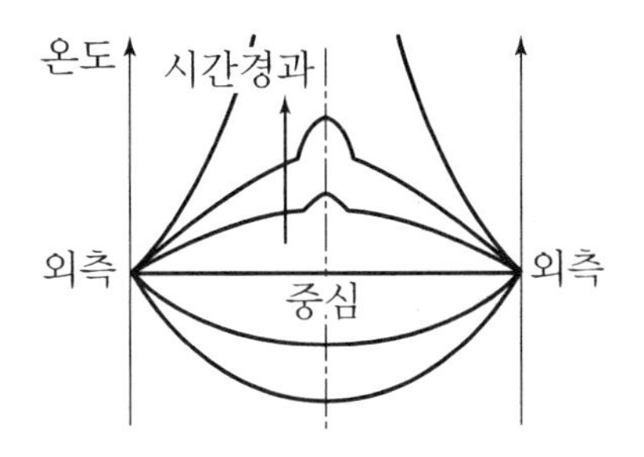

‖ 저온출화시 계 내의 온도분포 ‖

3. 자연발화의 조건

1) 열의 발생

① 주위 온도가 높으면 반응속도가 지수 함수적으로 증가하며 열발생

② 발열량이 클수록 열축적량도 증가

③ 수분이 촉매역할을 하여 반응속도가 가속

④ 표면적이 클수록 반응부(공기접촉부)가 증가하여 열발생 용이

⑤ 발열반응에 정촉매 작용하는 물질이 존재 시 반응 가속

2) 열의 축적

① 열전도도가 낮은 물질일수록 열축적 용이

② 단열성이 높은 저장방식일 경우 열축적 용이

③ 통풍이 불량한 장소에서는 열축적 용이

4. 예방대책

1) 열축적의 방지

통풍, 환기, 저장방법의 개선

2) 고온다습한 환경의 생성 방지

① 반응속도를 높이는 온도의 상승을 방지

② 수분은 물질에 따라 반응에 촉매작용을 하므로, 건조유지

3) 보호액 속에 저장

① 황린 : 물속(공기 접촉 방지)

② Na, K : 석유 속(물 접촉 방지)

③ 알킬알루미늄 : 밀폐 저장

4) 기름이 다공성 가연물에 섞여 방치되지 않도록 넝마, 종이, 옷감, 톱밥 등을 방치하여 쌓아두지 않는다.

3 수계 배관에서 돌연확대 및 돌연축소 되는 관로에서의 부차적 손실계수 (k)가 돌연확대는 $k=\left[1-\left(\frac{D_1}{D_2}\right)^2\right]^2$, 돌연축소는 $k=\left(\frac{A_2}{A_o}-1\right)^2$ 임을 증명하시오.

문제 3] 돌연확대 및 돌연축소 관로의 부차적 손실계수

1. 돌연확대관

1) 베르누이 방정식

① 그림의 ①지점과 목 부분의 단면적이 같음

② 목 부분과 ②지점 간에 베르누이 방정식을 적용

$$\frac{p_1}{\gamma}+\frac{v_1^2}{2g}+z_1=\frac{p_2}{\gamma}+\frac{v_2^2}{2g}+z_2+h_L$$

$z_1=z_2$이므로

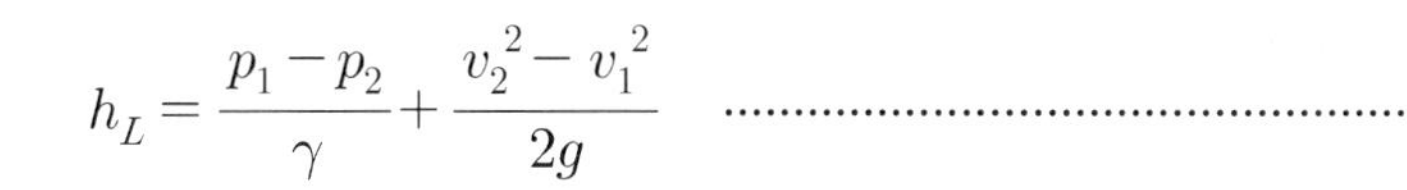

$$h_L=\frac{p_1-p_2}{\gamma}+\frac{v_2^2-v_1^2}{2g} \quad \cdots\cdots ①식$$

2) $p_1 - p_2$ 계산

① 수평관의 힘의 평형

$$\sum F = p_1 A_1 - p_2 A_2 = p_1 A_2 - p_2 A_2 = (p_1 - p_2) A_2 \quad \cdots\cdots ②식$$

② 운동량 방정식

$$\sum F = \rho Q (v_2 - v_1) = \rho A_2 v_2 (v_2 - v_1) \quad \cdots\cdots ③식$$

③ ②식 = ③식이므로

$$(p_1 - p_2) A_2 = \rho A_2 v_2 (v_2 - v_1)$$

$$p_1 - p_2 = \rho v_2 (v_2 - v_1) \quad \cdots\cdots ④식$$

3) ④식을 ①식에 대입

$$h_L = \frac{\rho v_2 (v_2 - v_1)}{\rho g} + \frac{v_2^{\,2} - v_1^{\,2}}{2g} = \frac{2v_2^{\,2} - 2v_1 v_2 + v_1^{\,2} - v_2^{\,2}}{2g}$$

$$= \frac{v_1^{\,2} - 2v_1 v_2 + v_2^{\,2}}{2g} = \frac{(v_1 - v_2)^2}{2g} = \left(1 - \frac{A_1}{A_2}\right)^2 \frac{v_1^{\,2}}{2g} = \left[1 - \left(\frac{D_1}{D_2}\right)^2\right]^2 \frac{v_1^{\,2}}{2g} = k\frac{v^2}{2g}$$

4) 돌연확대관의 손실계수

$$k = \left[1 - \left(\frac{D_1}{D_2}\right)^2\right]^2$$

2. 돌연축소관

1) 베르누이 방정식

$$\frac{p_o}{\gamma} + \frac{v_0^{\,2}}{2g} + z_0 = \frac{p_2}{\gamma} + \frac{v_2^{\,2}}{2g} + z_2 + h_L$$

$z_0 = z_2$이므로

$$h_L = \frac{p_0 - p_2}{\gamma} + \frac{v_0^{\,2} - v_2^{\,2}}{2g} \quad \cdots ①식$$

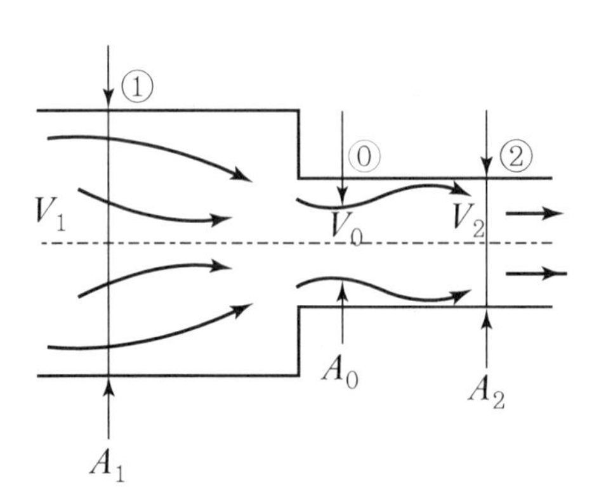

2) $p_0 - p_2$ 계산

① 수평관의 힘의 평형

$$\sum F = p_0A_0 - p_2A_2 = p_0A_2 - p_2A_2 = (p_0 - p_2)A_2 \quad \cdots\cdots ②식$$

② 운동량 방정식

$$\sum F = \rho Q(v_2 - v_0) = \rho A_2 v_2 (v_2 - v_0) \quad \cdots\cdots ③식$$

③ ②식 = ③식이므로

$$(p_0 - p_2)A_2 = \rho A_2 v_2 (v_2 - v_0)$$

$$p_1 - p_2 = \rho v_2 (v_2 - v_0) \quad \cdots\cdots ④식$$

3) ④식을 ①식에 대입

$$h_L = \frac{\rho v_2 (v_2 - v_0)}{\rho g} + \frac{{v_0}^2 - {v_2}^2}{2g} = \frac{2{v_2}^2 - 2v_0v_2 + {v_0}^2 - {v_2}^2}{2g}$$

$$= \frac{{v_0}^2 - 2v_0v_2 + {v_2}^2}{2g} = \frac{(v_0 - v_2)^2}{2g} = \left(\frac{A_2}{A_0} - 1\right)^2 \frac{{v_2}^2}{2g} = k\frac{v^2}{2g}$$

4) 돌연축소관의 손실계수

$$k = \left(\frac{A_2}{A_o} - 1\right)^2$$

4 화재감지기의 감지소자로 적용되는 서미스터(Thermistor)의 저항 변화 특성을 저항 - 온도 그래프를 이용하여 종류별로 설명하고 서미스터가 적용된 감지기의 작동 메커니즘에 대하여 쓰시오.

문제 4) 서미스터의 저항변화 특성 및 감지기 작동 메커니즘

1. 개요

1) 서미스터는 Thermally Sensitive Resistor의 합성어로서, 반도체 등 천이산화 금속산화물을 소결하여 만든 것이다.

2) 서미스터는 온도변화에 민감하여 온도에 따른 저항변화율이 매우 커 미소 온도변화의 측정에 유리하다.

2. 서미스터의 저항변화 특성

1) NTC 서미스터

① 부온도 특성의 서미스터

② 온도 상승 시 전기저항이 감소하는 특성을 가진 서미스터

③ 감지기에 주로 사용되는 서미스터

2) PTC 서미스터

① 정온도 특성의 서미스터

② 온도 상승 시 전기저항이 증가하는 특성을 가진 서미스터

3) CTR 서미스터

어떤 온도범위에서 전기저항이 급격히 감소하는 특성을 가진 서미스터

4) 서미스터의 온도－저항변화의 특성

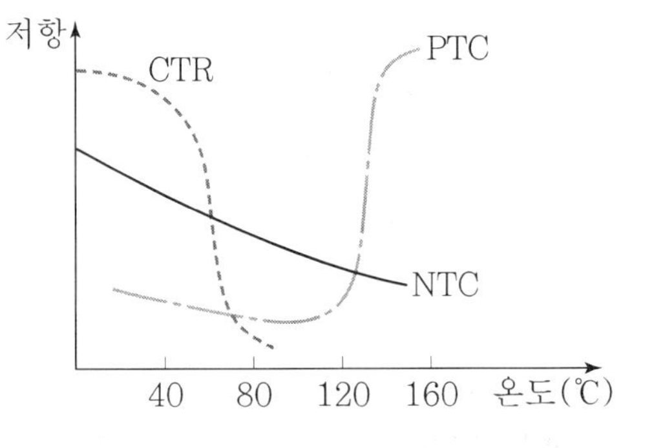

① CTR과 PTC는 일정 온도 범위에서만 저항이 크게 변화함

② NTC는 전체 온도범위에서 저항변화가 거의 일정하게 발생함

③ 이러한 특성으로 NTC가 감지기의 서미스터로 사용됨

④ CTR와 PTC는 정온식에는 가능하지만, 차동식으로는 부적합함

3. 서미스터가 적용된 감지기의 작동 메커니즘

1) 차동식 스포트형 감지기

① 감지기 내 · 외부에 설치된 서미스터에 열이 전달될 때, 각 서미스터의 온도변화의 시간차를 검출

② 급격한 온도상승

- 감지기 외부에 설치된 서미스터의 저항이 급격히 감소
- 감지기 내부에 서미스터의 저항은 느리게 감소

→ 저항 차이가 설정값 이상일 경우 화재경보

③ 완만한 온도상승

감지기 내 · 외부에 설치된 서미스터의 저항 감소가 모두 느려 저항값의 차이가 적음

→ 저항 차이가 설정값 미만이므로 감지기 미작동

2) 정온식 스포트형 감지기

① 서미스터를 외부에 1개 설치하여 저항값을 검출

② NTC를 이용하며 화재에 따른 온도상승에 의해 저항이 감소함

③ 공칭작동온도에 해당하는 저항값까지 감소하면 이를 화재로 감지하게 됨

5 전역방출방식 가스계소화설비의 신뢰성을 확보하기 위하여 실시하는 Enclosure Integrity Test의 종류와 수행절차에 대하여 설명하시오.

문제 5] Enclosure Integrity Test의 종류와 수행절차

1. 개요

1) 전역방출방식의 가스계 소화설비

① 재발화 방지를 위해 설계농도 도달 이후에 일정시간 농도를 유지하는 것이 매우 중요

② 실제 방호구역에는 다양한 형태의 개구부가 존재하므로 소화약제가 누출되어 설계농도를 유지하지 못하는 경우가 많음

2) 가스계 소화설비의 신뢰성 확보를 위해서는 설계농도 유지시간(Retention Time)을 확보하고 있는지 방호구역의 기밀시험을 하게 되는데, 이것을 Enclosure Integrity Test라 한다.

2. Enclosure Integrity Test의 종류

1) 실제 방출시험

① 실제 소화약제를 방출하는 시험

② 설계농도 유지시간의 지속 여부를 확인하기 어렵고, 비용이나 환경오염 등의 문제가 발생되어 개발시점 외에는 이용하지 않음

2) 간접시험

① 컴퓨터 시뮬레이션
개구부 관련 입력값을 모두 정확하게 넣기 어려움

② Enclosure Integrity Test

- Door Fan Test : 가장 일반적인 누설 시험방법
  누설부 확인방법 : Smoke Pencil 또는 Acoustic Sensor
  - Smoke Pencil : 저렴, 단순하게 누설부 확인
  - Acoustic Sensor : 공기유동 확인을 통해 눈에 보이지 않는 누설부도 확인 가능
- IR Scanning Device
  - 방호구역 경계면의 온도차가 충분히 클 경우 적용 가능
  - 비정량적이지만, 효과적이고 저렴하며 쉽게 수행 가능

3. 수행절차

1) 설계 검토 및 현장 조사

① 도면 검토
방호구역 상황 파악(건축, 공조 및 소화설비 도면)

② 현장 조사

- 방호구역 면적, 체적 실측
- 방화댐퍼, 공조설비 댐퍼 설치현황 및 작동 확인
- 출입문, 방화셔터, 창문, 배수구 등 누설부위 조사

2) 장비 설치 및 1차 테스트 실시

① 출입문에 Door Fan 설치

② 방호구역 내 · 외부의 정압 측정

③ 방호구역 내의 온도, 압력, 풍압, 풍량 등 측정

④ Door Fan Test 실시

- ±50 Pa의 압력에 도달하도록 감 · 가압 실시

• 요구압력 도달 여부 및 도달에 필요한 풍량 측정
• 측정데이터 분석에 의해 설계농도 유지시간 산출

3) 1차 테스트 결과분석 및 누설부위 조사

① 누설부위 측정

② 밀폐 필요한 부분 제시 및 밀폐작업 수행

4) 2차 테스트 실시

① 누설부 밀폐작업 후 재시험 또는 BCLA(Below Ceiling Leakage Area) 계산 수행

② 설계농도 유지시간 측정

5) 보정실험

① 측정된 데이터의 정확도 검증을 위하여 필요시 수행

② 누출등가면적의 30 % 범위 내 Door Fan Panel 개방 후 테스트

③ 테스트 결과값이 등가면적 ±10 % 이내일 경우 정확도 적정

6) 최종 분석 및 보고서 제출

① 설계농도 유지시간에 따른 폐쇄조치 할 누설부 제시

② 누설부 폐쇄방안 제시

③ 과압배출구 적정성 검토

6 건축법령에 의한 방화구획 기준에 대하여 다음의 내용을 설명하시오.
(1) 대상 및 설치기준
(2) 적용을 아니하거나 완화적용할 수 있는 경우
(3) 방화구획 용도로 사용되는 방화문의 구조

문제 6] 방화구획 기준

1. 대상 및 설치기준

1) 대상

① 주요구조부가 내화구조 또는 불연재료로 된 건축물로서 연면적 1,000 m^2를 넘는 건축물

② 4층 이상의 층의 각 세대가 2개 이상의 직통계단을 사용할 수 없는 아파트에는 다른 부분과 방화구획된 대피공간을 1개 이상 설치

③ 요양병원, 정신병원, 노인요양시설, 장애인 거주시설, 장애인 의료재활시설의 피난층 외의 각 층마다 별도 방화구획된 대피공간, 노대등 또는 경사로 설치

2) 설치기준

구분		대상	기준	자동식 소화설비 설치 시
면적별	저층부	10층 이하의 층	바닥면적 1,000 m^2 이내마다 구획	3배 (3,000 m^2 이내)
	고층부	11층 이상의 층	• 바닥면적 200 m^2 이내마다 구획 • 벽 및 반자의 실내 마감이 불연재료인 경우 500 m^2 이내마다 구획	3배 (600 또는 1,500 m^2 이내)
층별 구획		전층	층마다 구획	지하1층 ~ 지상으로 직접 연결되는 경사로 제외
수직관통부 구획		수직관통부	수직관통부를 건축물의 다른 부분과 방화구획	계단실, 승강로, 샤프트, 에스컬레이터, 린넨슈트, 파이프덕트 등
용도별 구획		내화구조 대상 및 비대상	주요구조부 내화구조 대상을 다른 부분과 방화구획	
		방화구획 완화부	방화구획 완화기준 적용부분은 다른 부분과 방화구획	
		필로티	필로티 부분을 주차장으로 사용하는 경우 건축물의 다른 부분과 방화구획	벽면적의 1/2 이상이 1층 바닥면에서 위층 바닥면 아랫면까지 공간으로 된 것

2. 방화구획 제외 또는 완화 기준

1) 문화 및 집회, 종교, 운동 시설 또는 장례식장의 용도 거실 : 시선 및 활동공간의 확보를 위하여 불가피한 부분
2) 물품의 제조, 가공, 보관, 운반용 고정식 대형기기 설비 설치를 위해 불가피한 부분
3) 계단실, 복도, 승강로비 등 그 건축물의 다른 부분과 방화구획된 부분
4) 건축물의 최상층 또는 피난층으로서 대규모 회의장 · 강당 · 스카이라운지 · 로비 또는 피난안전구역 등의 용도로 쓰는 부분으로서 그 용도로 사용하기 위하여 불가피한 부분
5) 복층형 공동주택의 세대별 층간 바닥부분
6) 주요구조부가 내화구조 또는 불연재료로 된 주차장
7) 단독주택, 동물 및 식물 관련 시설 또는 교정 및 군사시설 중 군사시설(집회, 체육, 창고만 해당)로 쓰는 건축물
8) 건축물의 1층과 2층의 일부를 동일한 용도로 사용하며, 그 건축물의 다른 부분과 방화구획으로 구획한 부분(바닥면적 합계 500 m^2 이하)

3. 방화문의 구조

1) 방화문 성능

① 비차열 방화문 : 방화구획에 설치하는 출입문
② 차열성 방화문 : 공동주택 대피공간의 출입문

2) 개방

① 언제나 닫힌 상태를 유지하거나
② 연기 또는 불꽃을 감지하여 자동적으로 닫히는 구조(단, 연기 또는 불꽃을 감지하여 자동적으로 닫히는 구조로 할 수 없는 경우에는 온도를 감지하여 닫히는 구조로 할 수 있음)

121회 기출문제 4교시

1 공기포 소화약제의 혼합 방식에 대하여 설명하시오.

문제 1] 공기포 소화약제의 혼합 방식

1. 개요

포 혼합장치는 포 약제와 물을 혼합한 포 수용액을 만드는 장치로서, 적용방식은 용량, 포의 종류, 설비종류, 탱크 수 등에 따라 달라진다.

2. 프레셔 프로포셔너(차압혼합장치)

1) 구성 및 혼합원리

① 소화수 펌프와 발포장치 사이에 벤츄리 또는 오리피스 방식의 혼합장치를 설치하고 포 약제탱크 연결

② 가압수 배관을 포 약제탱크로 연결

③ 포 약제탱크 내 격막(Bladder) 유무에 따른 종류

- 압입식 : 격막이 없는 방식
- 압송식 : 격막이 있는 방식

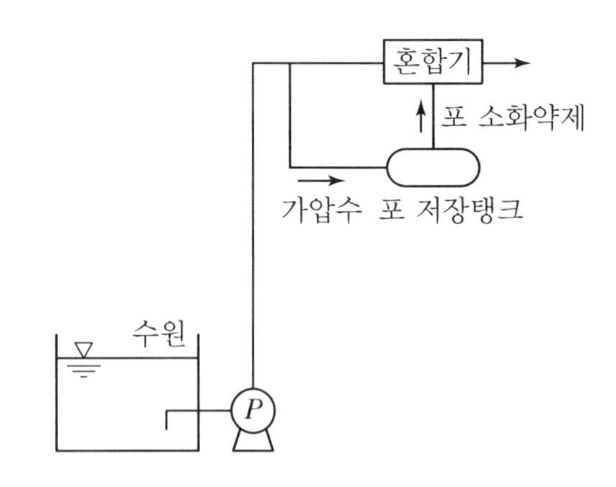

2) 특징

① 용량이 작은 고정식 포 소화설비에 적용

② 다양한 유량범위(정격유량의 50~200 %)에서 사용 가능하며, 마찰손실이 적음

③ 수성막포 등 물과 비중이 비슷한 포 소화약제는 사용할 수 없음(압입식)

④ 혼합비 도달까지 시간이 오래 걸림

3. 라인 프로포셔너

1) 구성 및 혼합원리

① 펌프와 발포기 사이에 벤츄리 형식의 혼합장치를 연결한 방식

② 혼합장치에 의해 발생하는 차압을 이용하여 포 소화약제를 혼합

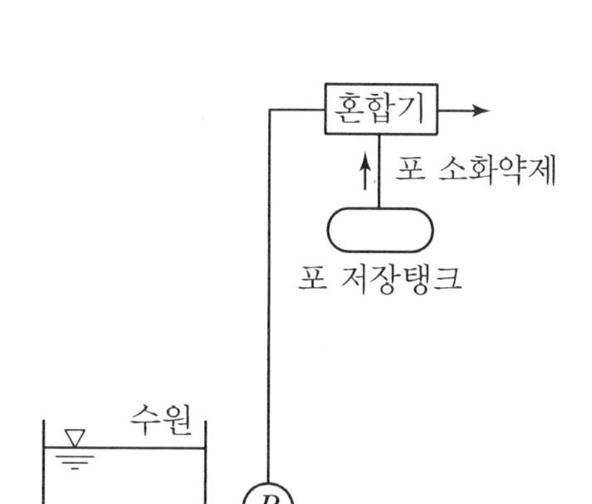

2) 특징

① 수동식, 휴대용 포 소화설비에 적용하는 방식

② 구조가 단순하며, 저렴함

③ 압력손실이 크고, 흡입 가능한 높이가 1.8 m 이하로 제한됨

4. 펌프 프로포셔너

1) 구성 및 혼합원리

① 포 소화약제 펌프 토출 측에서 바이패스 관을 분기하여 흡입 측으로 연결

② 바이패스 관로 상에 혼합기 및 포 약제탱크를 연결

③ 토출되는 소화수 압력에 따라 적합한 비율의 포 소화약제를 혼합(저압인 펌프 흡입 측에 연결)

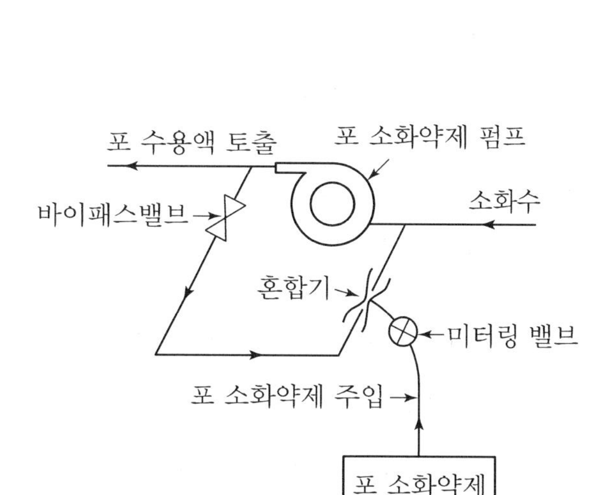

2) 특징

① 소방자동차에 활용하는 방식

② 소화약제 손실이 적고, 보수가 용이함

③ 포 전용 펌프가 필요하고, 흡입 측 배관에서 손실이 발생하면 혼합비율이 달라질 수 있음

5. 프레셔 사이드 프로포셔너

1) 구성 및 혼합원리

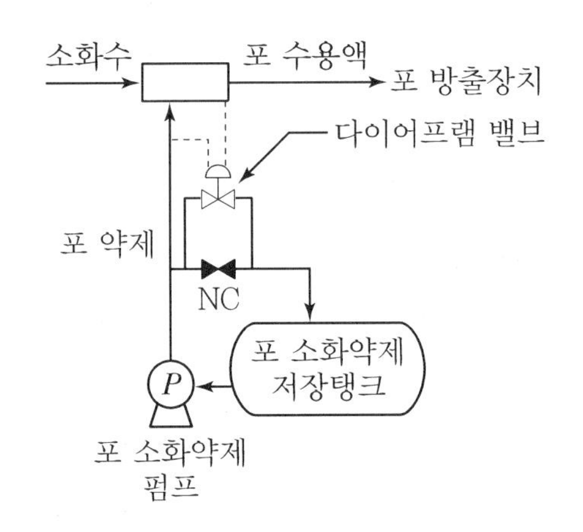

① 혼합장치, 포 약제펌프, 약제탱크, 바이패스, 다이어프램 밸브 및 Duplex Gauge 등으로 구성

② 화재 시 포 소화약제 펌프가 자동기동하여 약제를 공급

③ 소화수 유량에 따라 다이어프램 밸브의 개폐 정도를 조절하여 포 혼합비율을 조정함

2) 특징

① 3,800 L 이상의 포 소화약제를 이용하는 대형 시스템에 적용

② 혼합비율이 정확하고, 신뢰성이 높음

③ 용적식의 전용 포 소화약제 펌프 설치가 필요함

④ 국내에서는 독일의 FireDos 시스템도 적용하고 있음

6. 압축공기포(CAF) 믹싱챔버 방식

1) 구성 및 혼합원리

① CAF 혼합챔버 내에 포 소화약제, 소화수 및 압축공기(또는 질소)를 일정 비율로 강제 주입하는 방식

② 혼합단계에서 미리 양질의 포 거품을 형성시키는 방식

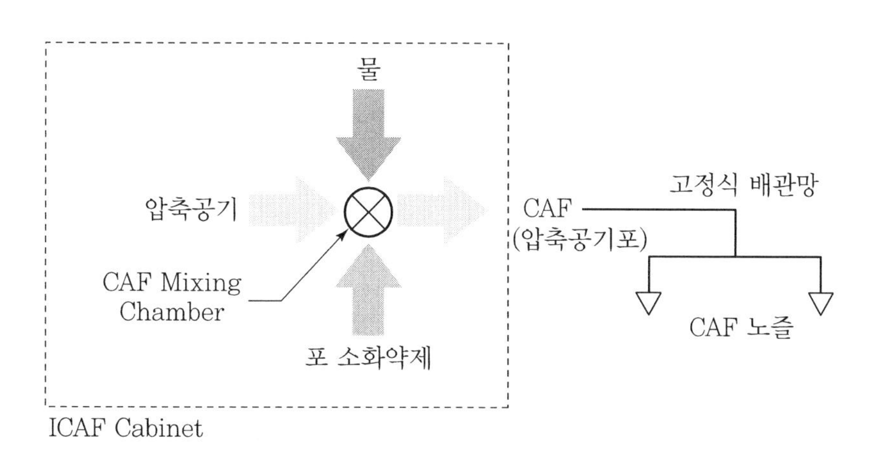

2) 특징

① 연기에 오염되지 않은 공기를 적용하여 양질의 포 형성

② 고정식 배관망에 포 수용액이 아닌 포(거품)가 흐르게 되므로, 배관거리 및 설계에 제한이 있음

2 위험물안전관리법령상 옥내탱크저장소의 위치 · 구조 및 설비의 기준 중 다음에 대하여 설명하시오.

(1) 표시 및 표지

(2) 게시판

(3) 게시판의 색

(4) 압력탱크에 설치하는 압력계 및 압력장치

(5) 밸브없는 통기관의 설치기준

문제 2] 옥내탱크저장소의 위치 · 구조 및 설비 기준

1. 표시 및 표지

1) 표시

위험물 옥내탱크저장소

2) 표지

① 크기 : 0.3 m×0.6 m

② 바탕은 백색, 문자는 흑색

2. 게시판

1) 게시판

저장하는 위험물의

① 유별

② 품명

③ 저장최대수량

④ 지정수량의 배수

⑤ 안전관리자의 성명 또는 직명

2) 주의사항 게시판

물기엄금	• 제1류 위험물 중 알칼리금속의 과산화물과 이를 함유한 것 • 제3류 위험물 중 금수성물질
화기주의	• 제2류 위험물(인화성고체 제외)
화기엄금	• 제2류 위험물 중 인화성고체 • 제3류 위험물 중 자연발화성물질 • 제4류 위험물 • 제5류 위험물

3. 게시판의 색

1) 게시판 : 백색 바탕, 흑색 문자

2) 주의사항 게시판

① 물기엄금 : 청색 바탕, 백색 문자

② 화기주의 및 화기엄금 : 적색 바탕, 백색 문자

4. 압력탱크의 압력계 및 압력장치

위험물을 가압하거나 저장하는 위험물 압력이 상승할 우려가 있는 경우 다음 중 하나의 안전장치를 설치해야 함

1) 자동적으로 압력 상승을 정지시키는 장치

2) 감압 측에 안전밸브를 부착한 감압밸브

3) 안전밸브를 병용하는 경보장치

4) 파괴판

5. 밸브 없는 통기관의 설치기준

1) 설치위치

① 통기관의 선단은 건축물의 창·출입구 등의 개구부로부터 1 m 이상 떨어진 옥외의 장소에 지면으로부터 4 m 이상의 높이로 설치

② 인화점이 40 ℃ 미만인 위험물의 탱크에 설치하는 통기관은 부지경계선으로부터 1.5 m 이상 이격할 것

③ 고인화점 위험물만을 100 ℃ 미만의 온도로 저장 또는 취급하는 탱크에 설치하는 통기관은 그 선단을 탱크전용실 내에 설치 가능

2) 가스 등이 체류할 우려가 있는 굴곡이 없도록 할 것

3) 설치기준

① 직경 : 30 mm 이상

② 선단은 수평면보다 45도 이상 구부려 빗물 등의 침투를 막는 구조로 할 것

③ 가는 눈의 구리망 등으로 인화방지장치를 할 것

- 예외 : 인화점 70 ℃ 이상의 위험물만을 해당 위험물의 인화점 미만의 온도로 저장 또는 취급하는 탱크

④ 가연성의 증기를 회수하기 위한 밸브를 통기관에 설치하는 경우

- 당해 통기관의 밸브는 저장탱크에 위험물을 주입하는 경우를 제외하고는 항상 개방되어 있는 구조
- 폐쇄된 경우 10 kPa 이하의 압력에서 개방되는 구조로 할 것
- 개방된 부분의 유효단면적은 777.15 mm^2 이상

Ref.

최근 관련 기준이 강화되어 인화점이 38 ℃ 미만인 경우에는 화염방지장치를 설치해야 함

❸ 공기흡입형 감지기의 설계 및 유지관리 시 고려사항에 대하여 설명하시오.

문제 3] 공기흡입형 감지기의 설계 및 유지관리

1. 개요

1) 공기흡입형 감지기 설계에서 중요한 것은 공기흡입배관의 설계이다.

2) 흡입배관 설계 시 고려사항

흡입구를 통한 균등한 공기흡입

↓

모든 Sampling Hole이 균일한 감도특성을 가짐

↓

- 공기순환에 의한 연기 감지의 지연이 생기지 않도록 함
- 연기감지성능이 수동형태의 연기감지기보다 우수한 응답특성을 가지게 함

2. 설계 시 고려사항

1) 공기흡입배관의 구성

① 최대설치길이 : 200 m (4 × 50 m)

→ 이는 제어부 내 Aspirator의 흡입능력과 관련된 제한임

② Sampling Pipe의 흡입구(Sampling Hole) 수량

→ Pipe당 25개(4개 흡입배관의 경우 100개의 흡입구)

2) 설계기준

① 각 흡입구를 스포트형 감지기로 간주하여 위치와 간격을 결정함

② 가장 먼 흡입구에서 감지부까지의 흡입시간은 120초 이내일 것

③ Balance(60 % 이상)와 Share(70 % 이상)를 고려하여 흡입구의 직경을 2~5 mm로 가공할 것

④ 감지기 유동특성을 보여주는 계산서를 작성할 것

3) 설계 시 고려사항

① Balance

1개 흡입관 내 첫 번째 흡입구와 마지막 흡입구에서의 공기 흡입량 비율

② Share

$$\text{Share}(\%) = \frac{\text{Sampling Hole 흡입량}}{\text{Sampling Hole 흡입량} + \text{ECH 흡입량}} \times 100$$

③ End Cap Hole

- 공기흡입배관 말단에 위치한 흡입구
- 유입된 공기를 감지부 내로 이동시키는 과정에서 기본 유동장으로 작용하며, 공기유속에 큰 영향을 미침
- $ECHD = \sqrt{X \times N}$

  여기서, X : 흡입구 평균직경, N : 흡입구 수

3. 유지관리 시 고려사항

1) NFPA 72의 요구기준

① 연 1회 제조사 기준에 따른 시험 실시

② 먼지는 흡입관, 흡입구를 막히게 하여 흡입량을 감소시키므로, 청결하게 유지해야 함

2) 유지관리 시 고려사항

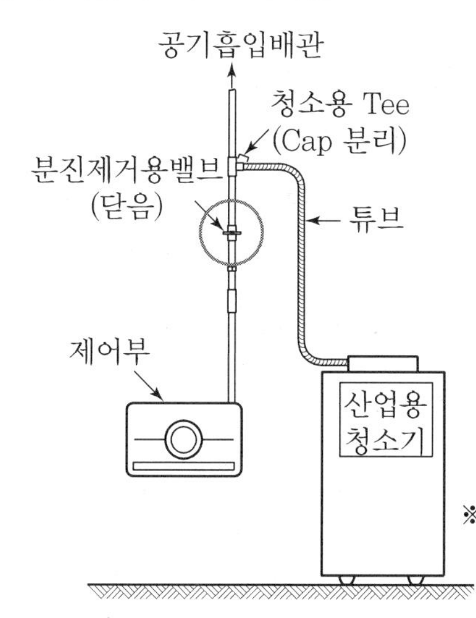

※ 유지보수 시 산업용청소기 호스를 PIPE 내에 연결하여 분진 제거

① 필터의 주기적 교체 고려
- 감지기의 자가진단 기능으로 필터 막힘으로 공기흡입량 감소 시 알람신호 발생
- In－Line 필터(외장형 필터)를 적용하면 교체가 용이함

② 흡입배관 먼지 제거 고려
- 분진제거용 밸브 잠금
- 청소용 Tee에 산업용 청소기를 연결
- 먼지 배출

4 소방시설공사업법 시행령 별표 4에 따른 소방공사 감리원의 배치기준 및 배치기간에 대하여 설명하시오.

문제 4) 소방감리원의 배치기준 및 배치기간

1. 감리원 배치기준

감리원의 배치기준		소방시설공사 현장의 기준
책임감리원	보조감리원	
소방기술사	초급감리원 이상	• 연면적 20만 m^2 이상 • 지하층 포함 40층 이상
특급감리원	초급감리원 이상	• 연면적 3만 m^2 이상, 20만 m^2 미만(아파트 제외) • 지하층 포함 16층 이상, 40층 미만
고급감리원	초급감리원 이상	• 물분무 등 또는 제연설비가 설치되는 현장 • 연면적 3만 m^2 이상, 20만 m^2 미만인 아파트
중급감리원		• 연면적 5천 m^2 이상, 3만 m^2 미만
초급감리원		• 연면적 5천 m^2 미만 • 지하구

※ 연면적 합계 20만 m^2 이상인 경우 : 연면적 20만 m^2를 초과하는 연면적에 대해 10만 m^2마다 보조감리원 1명 이상을 추가로 배치

2. 감리원 배치기간

1) 감리업자는 다음과 같이 소방공사 감리원을 배치함

① 상주 공사감리 및 일반 공사감리로 구분

② 소방시설공사의 착공일부터 소방시설 완공검사증명서 발급일까지의 기간 중 행안부령으로 정하는 기간 동안 배치

2) 배치 제외

감리업자는 시공관리, 품질 및 안전에 지장이 없는 경우로서 다음의 어느 하나에 해당하여 발주자가 서면으로 승낙하는 경우에는 해당 공사가 중단된 기간 동안 감리원을 공사현장에 배치하지 않을 수 있다.

① 민원 또는 계절적 요인 등으로 해당 공정의 공사가 일정 기간 중단된 경우

② 예산의 부족 등 발주자(하도급의 경우 수급인을 포함)의 책임 있는 사유 또는 천재지변 등 불가항력으로 공사가 일정기간 중단된 경우

③ 발주자가 공사 중단을 요청하는 경우

3) 예방소방업무처리규정에 의한 업무대행자 배치

책임감리원이 부득이한 사유로 1일 이상 현장을 이탈하는 경우의 업무대행자는 책임감리원과 동급 이상의 자격자 또는 동일현장의 보조감리원(보조감리원이 2인 이상일 경우 최상위 등급자를 말한다)으로 감리현장에 배치하여야 한다. 다만, 소방기술사는 특급 또는 고급 자격의 업무대행자를 감리현장에 배치할 수 있다.

5 가연성 혼합기의 연소속도(Burning Velocity)에 영향을 미치는 인자에 대하여 설명하시오.

문제 5] 연소속도의 영향인자

1. 연소속도(S_u)의 개념

1) 예혼합연소의 구조

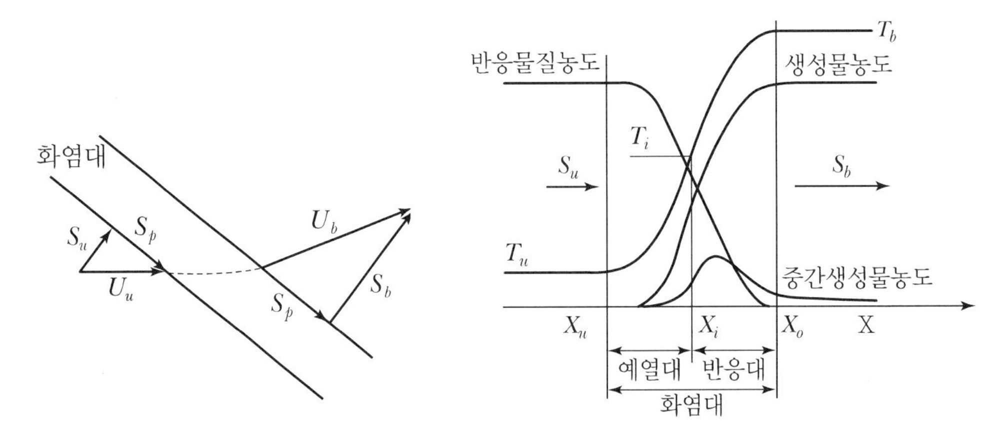

① S_b : 눈에 보이는 화염전파속도(연소속도 + 열팽창 = 연소속도 + 미연소가스속도)

② S_u : 연소속도(Burning Velocity)

2) 연소속도의 정의

예혼합 화염에서 미연소된 가스가 화염면에 직각으로 유입되는 속도

2. 연소속도의 영향인자

1) 억제제 첨가

① N_2나 CO_2 등의 첨가

불활성 희석작용 → 예혼합기체의 열용량(비열) 증가 → 화염온도를 단열화염 온도한계 이하로 낮춤

② 할로겐계 억제제 첨가

연쇄반응의 억제 → 연소속도 감소

2) 혼합물 조성

① LFL, UFL에서는 연소속도가 0이 아니라, 임계점으로 약간의 연소가 일어난다.

② 연소속도는 양론농도로 혼합된 조성보다 연료가 약간 많은 경우에 최대가 된다.

3) 압력

① 루이스의 관계식으로 표현 : $S_u \propto P^n$

② 연소속도(S_u)에 따른 n값

- $S_u < 0.45$ m/s : n은 (−) → 연소속도와 압력 반비례
- $0.45 \le S_u \le 1$ m/s : n은 0 → 연소속도와 압력 무관
- $S_u > 1$ m/s : n은 (+) → 연소속도와 압력 비례

4) 온도

① 온도의 증가에 따라 연소속도는 증가된다.

② 아레니우스(Arrhenius)의 식

$$k = A \times e^{-\frac{E}{RT}}$$

→ 화학반응속도는 절대온도 T에 비례

③ Zabetakis의 식

메탄, 프로판의 연소속도 실험식

$$S_u(\text{m/s}) = 0.1 + (3 \times 10^{-6})\,T^2$$

5) 난류에 의한 영향

난류는 공기와 연료의 혼합을 촉진시켜서 열전달을 쉽게 하여 연소속도를 높인다.

3. 결론

예혼합연소는 연소속도가 가속되어 폭연, 폭굉으로 전이될 수 있으므로 영향인자를 고려하여 가속되지 않도록 적절하게 제어해야 한다.
(억제제 첨가, 조성비율 조절, 압력 조절, 냉각, 난류 억제 등의 조치)

6 스프링클러헤드를 감지특성에 따라 분류하고 방사특성에 대하여 설명하시오.

문제 6] 헤드의 감지특성에 따른 분류 및 방사특성

1. 개요

스프링클러의 주요 소화특성은 화재감지 및 방사특성으로 구분된다.

1) 화재감지특성 : 화재 발생부터 소화작업이 시작되는 스프링클러의 동작시간을 좌우

2) 방사특성 : 방호대상의 용도 등에 따른 화재제어 또는 화재진압 여부를 결정

2. 헤드의 감지특성

스프링클러의 감지특성은 RTI와 전도열손실(C)에 의해 결정됨

1) RTI(Response Time Index)

① 화재 시 스프링클러 작동에 필요한 충분한 양의 열을 감열부가 얼마나 빨리 흡수할 수 있는지 나타낸 지수

② 공기온도와 기류속도에 따라 달라지며, RTI가 작을수록 헤드는 조기 작동

$$RTI = \tau\sqrt{u}$$

③ 스프링클러의 작동시간

$$t = \frac{RTI}{\sqrt{u}} \ln\frac{T_g - T_a}{T_g - T_d}$$

2) 전도열손실(C)

① 스프링클러의 프레임이나 부속류 및 배관 내 소화수 측으로 손실되는 열전도에 의한 손실

② 온도가 낮고 유속이 느릴 경우 열전도 손실을 고려

③ 전도열손실을 고려한 작동시간 예측

$$t = \frac{RTI}{\sqrt{u}\times\left(1+\frac{C}{\sqrt{u}}\right)} \times \ln\left[\frac{T_g - T_a}{(T_g - T_a)-(T_d - T_a)\left(1+\frac{C}{\sqrt{u}}\right)}\right]$$

3) 감지특성에 따른 헤드 분류

① 표준형(Standard Response)

- RTI : 80~350 $\sqrt{m \cdot s}$
- C : 2 $\sqrt{m/s}$ 이하

② 특수형(Special Response)

- RTI : 50~80 $\sqrt{m \cdot s}$
- C : 1 $\sqrt{m/s}$ 이하

③ 조기반응형(Fast Response)

- RTI : 50 $\sqrt{m \cdot s}$ 이하
- C : 1 $\sqrt{m/s}$ 이하

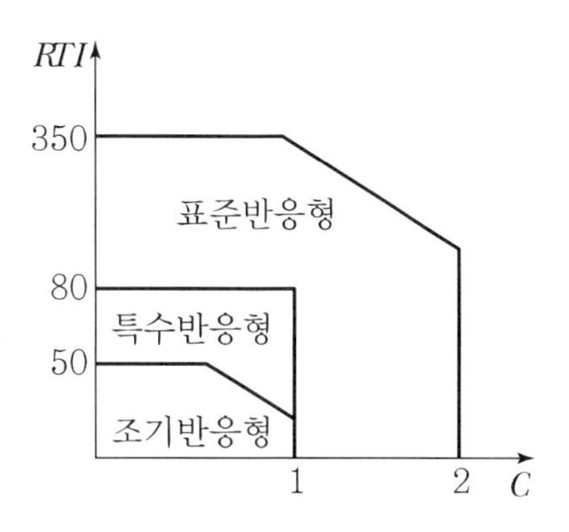

3. 헤드의 방사특성

1) 화재제어(Fire Control)

① 개념

화재가 설계면적을 넘어 확산되지 않도록 방수하는 것

② 목적

- 소화수에 의한 열방출률 상승 억제
- 인접가연물을 적셔 화재크기 제한
- 구조물이 손상되지 않도록 천장온도 제어

③ 스프링클러의 냉각특성이 중요하며, 대부분의 스프링클러가 이에 해당됨

2) 화재진압(Fire Suppression)

① 개념

급속히 성장하는 화재에 RDD 이상의 소화수를 방출(ADD)하여 열방출률을 격감시키고 재발화를 방지하는 것

② 스프링클러의 침투성능을 우선시하며, 작동시점의 화재크기와 물방울크기에 영향을 받음

③ ESFR 스프링클러의 설계 개념

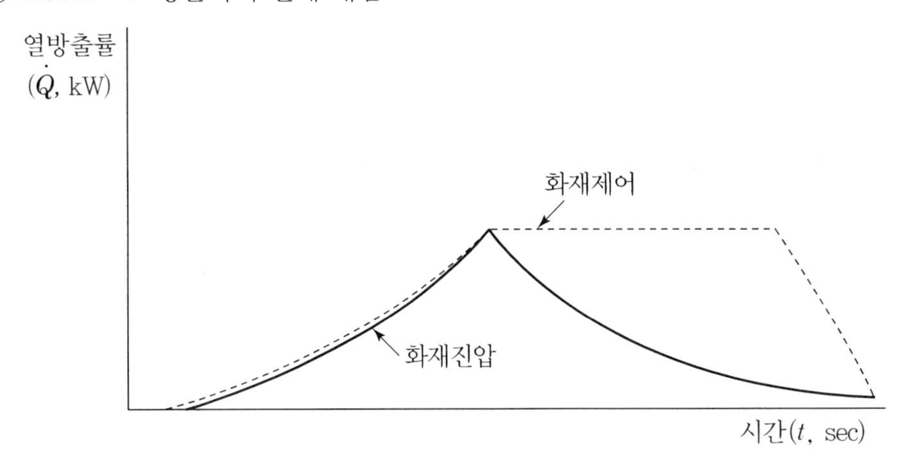

CHAPTER 03

제 122 회 기출문제 풀이

122회 기출문제 1교시

기출분석
120회
121회
122회-1
123회
124회
125회

1 화재 패턴(Pattern)의 개념과 패턴의 생성 원리에 대하여 설명하시오.

문제 1] 화재 패턴의 개념과 생성 원리

1. 개념

1) 육안으로 확인하거나 측정가능한 물리적 변화 또는 화재효과에 의해 형성된 모양
2) 화재조사관은 화재효과라는 기본 데이터를 이용하여 화재 패턴을 식별함
3) 화재 패턴의 원인
   열, 그을음의 침착(Deposition) 및 소실(Consumption)

2. 패턴의 생성 원리

1) 화재 시 열, 그을음 침착 및 소실에 의해 열원을 추적할 수 있는 독특한 형태가 생성됨
   ① 열원으로부터 멀어질수록 약해지는 복사열
   ② 고온가스가 열원으로부터 멀어질수록 낮아지는 온도
   ③ 화염 및 고온가스의 부력에 의한 상승
   ④ 연기나 화염이 물체에 의해 차단되는 원리
2) 위와 같은 원리에 의해 물질의 형상은 해당 물질의 성질에 따라 탄화, 소실되거나 용융, 변색 또는 부식 정도에 차이를 나타내며 손상부와 덜 손상된 부분, 손상을 입지 않은 부분들을 구분할 수 있는 선과 경계가 나타나게 된다.
3) 이러한 화재패턴을 통해 화재의 진행방향을 역추적할 수 있게 된다.

2 스프링클러헤드의 RTI(Response Time Index)와 헤드 감도시험 방법에 대하여 설명하시오.

문제 2] RTI와 헤드 감도시험방법

1. RTI(반응시간지수)

1) 감열부가 얼마나 빨리 열을 흡수하는지에 대한 지수
2) 열기류의 온도 및 속도에 따른 스프링클러의 작동시간에 대하여 스프링클러의 반응을 예상한 지수
3) RTI 계산식

$$RTI = \tau\sqrt{u}$$

① 공기온도와 기류속도 영향
② RTI가 작을수록(기류속도가 느릴수록) 조기 작동

4) 스프링클러 작동시간 계산식

$$t = \frac{RTI}{\sqrt{u}}\ln\frac{T_g - T_a}{T_g - T_d}$$

5) 열기류가 저온, 저유속일 경우에는 전도열손실(C)을 고려해야 함

2. 헤드 감도시험방법

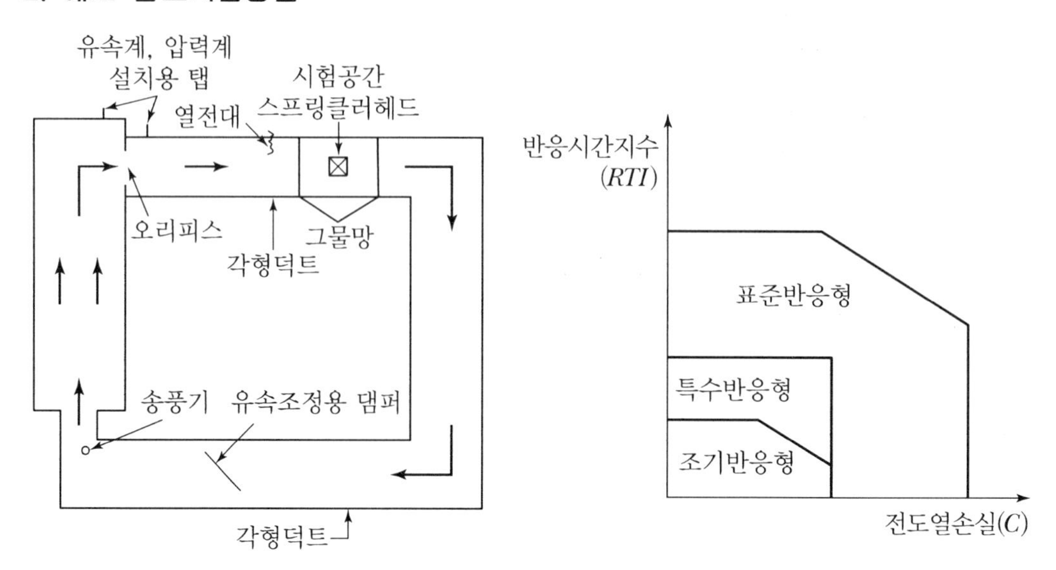

1) 국내의 경우 각형 덕트 내에 헤드를 설치하여 감도시험을 수행함

2) 헤드의 RTI 값에 따른 구분

① 표준반응형 : 80 초과~350 이하

② 특수반응형 : 51 초과~80 이하

③ 조기반응형 : 50 이하

3. 결론

1) 국내 형식승인 기준 : RTI만 고려

2) KS 기준 및 ISO 기준 : RTI 외에 C(전도열손실)도 고려

3) 국내 형식승인에서도 전도열손실을 고려하도록 개선 필요

3 미분무소화설비에서 발생할 수 있는 클로깅(Clogging) 현상과 이 현상을 방지할 수 있는 방법에 대하여 설명하시오.

문제 3) 클로깅 현상

1. 클로깅 현상

1) 소구경 배관 구간이나 노즐이 이물질에 의해 막히는 현상

2) 적은 유량의 물을 고압방수하는 미분무 소화설비에서는 이러한 클로깅 현상을 방지해야 함

2. 클로깅 방지방법

1) 작동 시 노즐의 즉각적인 완전 개방

① 방출노즐 : 쉽게 파괴되는 디스크, 블로우 캡 등 적용

② 작동 직후 막히지 않는 개구부 적용

③ 디스크, 캡 등에 의해 거주인이 다치지 않을 위치에 설치

2) 부식을 고려한 배관 및 부속류 선정

스테인리스강 재질 등 부식에 강한 재질로 배관재 선정

3) 완전유량시험

① 정격압력 상태에서 30분간 오염된 물을 정격유량으로 유동시키는 시험을 하며 클로깅 징후가 보이지 않아야 함

② 유동 30분 후 노즐과 스트레이너에서 측정한 정격유량은 오염된 물 유동시험 전 유량의 ±10 % 범위 이내일 것

③ 시험 동안 노즐을 청소하거나 제거하지 않아야 함

④ 완전유량시험이 불가능한 경우, 시험장치 접결구에서 물을 유동시켜 확인할 수도 있음

4 화재수신기와 감시제어반을 비교하여 설명하시오.

문제 4) 화재수신기와 감시제어반의 비교

1. 개요

1) 화재수신기 : 자동화재탐지설비의 경보 및 감지장치 신호제어

2) 감시제어반 : 자동식 소화설비의 작동 감시 및 제어

2. 비교

항목	화재수신기	감시제어반
개념	• 자동화재탐지설비의 감지기, 발신기의 신호의 직접 또는 중계기를 통한 수신 • 화재 발생을 표시 및 경보	자동식 소화설비의 상태 감지 및 화재 시 작동 제어
적용시설	자동화재탐지설비	소화설비

항목	화재수신기	감시제어반
설치기준	• 상시 사람이 근무하는 장소에 설치 (관계인이 쉽게 접근 가능하고, 관리가 용이한 장소에 설치 가능) • 경계구역 일람도 비치 • 다른기기 소음과 명확히 구별되는 음향기구 설치 • 감지기 등이 작동하는 경계구역 표시 • 종합방재반 설치 시, 화재, 가스, 전기 등 해당 수신기 작동과 연동하여 경계구역 표시 • 하나의 경계구역은 하나의 표시등 또는 문자로 표시 • 0.8~1.5 m 이내에 조작스위치 설치 • 2 이상의 수신기 설치 시 상호 간에 연동하여 각 수신기마다 화재상황을 확인 가능	• 화재 등 피해 우려가 없는 장소에 설치 • 전용실 내에 설치 • 방화구획 (일정 조건의 4 m^2 미만의 감시용 붙박이창 설치 가능) • 피난층 또는 지하1층 설치 (특별피난계단 출입구로부터 5 m 이내 또는 관리동에 설치 시 지상 2층이나 지하 1층 외 지하층에 설치 가능) • 비상조명등 및 급배기설비 • 무선기기 접속단자 설치 • 감시제어반 설치 및 조작에 필요한 충분한 바닥면적 • 소방대상물의 제어 및 감시설비 외의 것을 두지 말 것

3. 결론

1) 대부분 현장의 화재수신기는 소화설비 감시제어반과 겸용인 복합형 수신기를 적용하게 됨

2) 복합형 수신기 설치장소는 화재수신기와 감시제어반의 설치기준을 모두 충족해야 함

❺ 유체에서 전단력(Shearing Force)과 응력(Stress)에 대하여 설명하시오.

문제 5] 전단력과 응력

1. 전단력(Shear Force)

1) 유체에 작용하는 3가지 힘 중에서 표면력(표면에 작용하는 힘)을 의미

2) 뉴턴의 점성법칙

경계층 내 유체의 전단력(F) ┌ 접촉면적에 비례
　　　　　　　　　　　　　　└ 속도 변화율에 비례

3) 유체 유동 시, 매우 얇은 유체층이 배관 벽면에 고정되어 있음

4) 그 다음 유체층의 움직이는 경향으로 인해 그 2개 층 사이에서는 전단력이 작용함

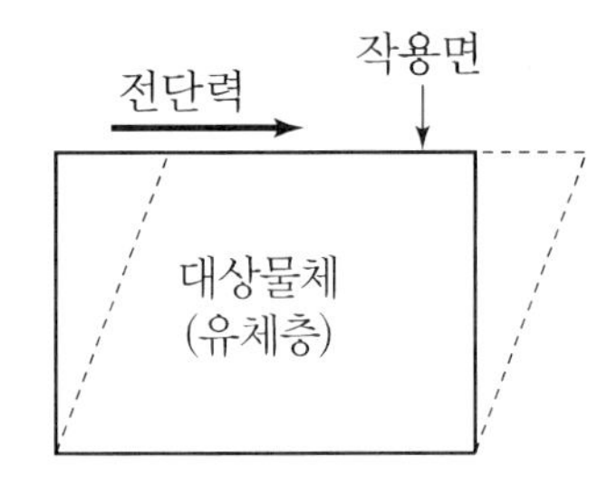

2. 응력(Stress)

1) 대상물체에 외력(인장력, 압축력, 전단력 등)이 작용하면 그 힘에 대응하는 내력이 발생함

2) 단위면적당 내력을 응력이라 하며, 그 대상물체가 낼 수 있는 허용응력을 초과하면 물체는 변형됨

3) 유체층 사이에서 전단력이 작용하면 이에 대한 내력으로 전단응력이 작용하게 되어 유속이 느려짐

4) 경계층 내에서는 이러한 전단응력이 그 유체의 점성계수에 영향을 받는다.

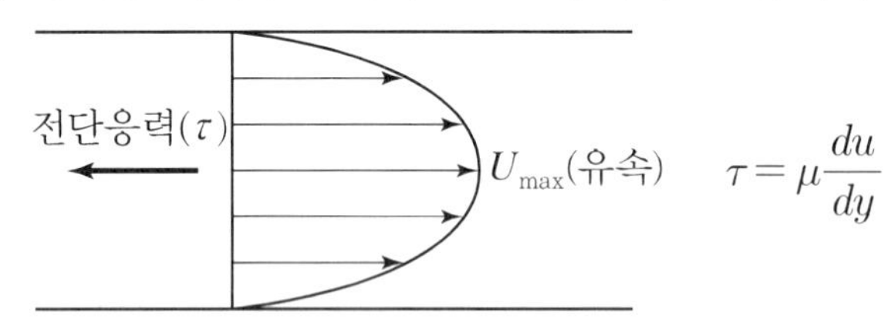

$$\tau = \mu \frac{du}{dy}$$

6 이상기체 운동론의 5가지 가정과 보일(Boyle)의 법칙, 샤를(Charles)의 법칙, 게이뤼삭(Gay - Lussac)의 법칙에 대하여 설명하시오.

문제 6) 이상기체 운동론과 기체의 법칙

1. 이상기체 운동론의 5가지 가정

1) 기체는 분자로 구성되어 있으며, 이 기체입자가 매우 넓은 공간에 분포되어 있어 기체입자 자체의 부피는 무시 가능함
2) 기체분자는 무질서한 방향으로 끊임없이 운동함
3) 기체입자의 벽면 충돌이나 입자 간 충돌은 탄성적임
4) 기체분자 사이의 인력과 반발력은 무시할 수 있음
5) 동일한 온도에서 모든 기체는 같은 평균 운동에너지를 가짐 (운동에너지는 절대온도에 비례)

2. 보일의 법칙

1) 일정한 온도에서 동일한 입자 수를 가진 모든 기체의 부피는 압력에 반비례함 (분자 간 거리가 가까워짐)
2) $PV = C$ (일정)
3) 보일의 법칙은 매우 낮은 압력에서만 적용 가능하며, 이상기체란 이러한 보일의 법칙을 따르는 기체

3. 샤를의 법칙

1) 일정한 압력에서 동일한 입자 수를 가진 모든 기체의 부피는 절대온도에 비례함 (분자운동이 활발해짐)
2) $\frac{V}{T} = C$ (일정)

4. 게이뤼삭의 법칙

1) 제1법칙

① 기체 간 반응 시 온도와 압력이 동일한 조건에서 부피를 측정하면 반응 전 · 후의 기체 부피 간의 비율은 자연수임

② 이에 따라 온도, 압력이 일정한 경우 「기체의 같은 부피 안에는 같은 수의 분자가 들어 있다」는 아보가드로 법칙이 도출됨

2) 제2법칙

① 일정한 질량과 부피를 가진 기체의 압력은 절대온도에 비례한다는 법칙

② $\frac{P}{T} = k$ (k : 비례상수)

7 트래킹(Tracking) 화재의 진행 과정과 방지대책에 대하여 설명하시오.

문제 7] 트래킹 화재의 과정과 방지대책

1. 트래킹 화재의 진행과정

1) 소규모 방전 발생

① 이극 도체 간 고체 절연물 표면에 도체(습기, 먼지 등) 부착

② 그 절연물과 부착면 간에 소규모 방전 발생

2) 도전로(Track) 형성

① 소규모 방전이 반복되어 절연물 표면에 도전로가 형성되는데 이를 트래킹이라고 함

② 유기 절연물은 탄화되어 흑연(도전성 물질)이 생성되고, 이는 화재의 원인이 될 수 있음

3) 화재 발생 사례

① 콘센트에 장기간 플러그를 꽂아 두면 접속부에 먼지, 습기 등이 부착되어 도전로가 형성

→ 절연파괴를 거쳐 화재 발생

② 누전차단기 전원 측 단자 사이에 먼지와 습기가 부착되어 절연체 표면에 소규모 방전이 지속되다가 트래킹 현상에 의한 화재 발생

2. 방지대책

1) 외부 환경적 요인에 따른 대책

① 비산먼지, 작업 중 분진을 즉시 처리

② 차단기, 전기설비의 정기적 청소

③ 전기안전 점검항목에 트래킹 포함

2) 대책 수립 시 3가지 고려요소

① 교육적 대책 : 정기적 교육을 통해 경각심 고취

② 기술적 대책 : 청소가 필요 없는 Fool-Proof 개념의 전기설비 개발

③ 법규적 대책 : 전기안전공사의 정기점검 항목에 포함

8 소방설비 배관 및 부속설비의 동파를 방지하기 위한 보온방법에 대하여 설명하시오.

문제 8] 동파방지를 위한 보온방법

1. 보온재

1) 종류

건축법상 난연재료 이상의 성능을 가진 것

① 암면 보온재

③ 발포 폴리에틸렌 보온재(2종)

② 유리면 보온재

④ 고무발포 보온재(1종)

2) 성능기준

대상	시험방법	시험항목	등급기준
고무발포 보온재 발포 폴리에틸렌	KSM ISO 9772	수평 연소성	HF-1

3) 표준시방서에 따른 보온두께 이상 시공

2. 기타 보온방법

1) 부동액 주입설비

① 프로필렌글리콜(38%) 또는 글리세린(48%)

② 미리 혼합한 부동액으로 적용

2) 열선보온

① 가지배관에는 인증된 열선 적용 가능(NFPA 13)

② 지하주차장의 경우 동파 우려가 큰 지하 1, 2층에는 준비작동식을 적용하고, 지하 3층에는 습식을 적용하되 램프 인근 부분에는 열선을 적용하고 있음(국내)

3) 지하배관의 경우 동결심도 이하로 매설

4) 드라이헤드 적용

공동주택 발코니 부분에 측벽형 드라이헤드 적용

9 옥내소화전설비에서 압력챔버(Chamber) 설치기준과 역할에 대하여 설명하시오.

문제 9] 압력챔버의 설치기준과 역할

1. 압력챔버의 설치기준

1) 기동용 수압개폐장치

압력챔버 또는 기동용 압력스위치를 적용

2) 설치기준

① 용적 100 L 이상

② 충압펌프를 적용해야 함

③ 압력감지배관은 실제 현장에서는 펌프 토출 측 개폐밸브 2차 측에서 분기하여

연결함

→ 펌프 작동의 신뢰성 향상을 위해 펌프 토출 측 개폐밸브 1차 측에서 분기하고, 펌프별 별도 배관을 적용해야 함

④ 펌프별 압력스위치는 형식승인된 바에 따라 2개 또는 3개 설치

- Range : 펌프 정지압력
- Diff : 정지압력 − 기동압력

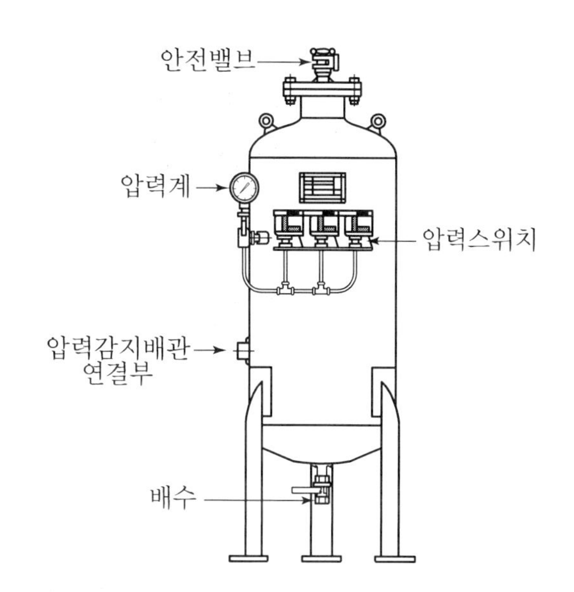

2. 압력챔버의 역할

1) 펌프의 자동 기동 및 정지 기능

압력챔버 내의 수압변화를 감지하여 펌프를 자동으로 기동, 정지시킨다.

2) 압력 변동에 대한 완충작용

압력챔버 내 상부 공기의 압축 및 팽창으로 배관 내 압력의 급격한 변화를 완화시켜 펌프의 단속적인 기동, 정지를 방지한다.

3) 압력 변동에 따른 설비 보호

급격한 압력서지를 흡수하여 소화설비를 보호한다.

3. 결론

1) 최근 국내에도 NFPA 기준에 따른 압력감지배관을 적용하고 압력챔버를 설치하지 않는 추세임
2) 압력챔버 제외 시 압력 완충 등에 따른 수격(압력서지)의 발생 위험이 높아지므로 수격에 대한 검토가 이루어져야 함

10 할로겐화합물 및 불활성기체소화설비 구성요소 중 저장용기의 설치장소 기준과 할로겐화합물 및 불활성기체 소화약제의 구비조건을 설명하시오.

문제 10] 저장용기 설치장소 기준과 Clean Agent의 구비조건

1. 저장용기실 기준

1) 방호구역 외의 장소에 설치할 것. 다만, 방호구역 내에 설치할 경우에는 피난 및 조작이 용이하도록 피난구 부근에 설치하여야 한다.
2) 온도가 55 ℃ 이하이고 온도의 변화가 작은 곳에 설치할 것
3) 직사광선 및 빗물이 침투할 우려가 없는 곳에 설치할 것
4) 저장용기를 방호구역 외에 설치한 경우에는 방화문으로 구획된 실에 설치할 것
5) 용기의 설치장소에는 해당 용기가 설치된 곳임을 표시하는 표지를 할 것
6) 용기 간의 간격은 점검에 지장이 없도록 3 cm 이상의 간격을 유지할 것
7) 저장용기와 집합관을 연결하는 연결배관에는 체크밸브를 설치할 것. 다만, 저장용기가 하나의 방호구역만을 담당하는 경우에는 그러하지 아니하다.

2. 소화약제의 구비조건

1) Cleanness

전기적으로 비전도성이며, 소화 후 잔류물을 남기지 않을 것

2) Effectiveness(효율성)

① 소화 능력이 Halon 1301에 근접할 것

② 가격이 적절하며, 유지 · 관리 측면에서 경제적일 것

3) Low GWP(지구온난화지수)

지구온난화지수와 대기잔존수명(ALT)이 낮을 것

4) Low ODP

오존층파괴지수(ODP)가 낮을 것

5) Low Toxicity

독성이 낮고, 소화 시 열분해 생성물이 적을 것

11 자연배연과 기계배연을 비교하여 설명하시오.

문제 11] 자연배연과 기계배연

1. 개요

1) 자연배연

고온 연기의 부력이나 바람을 이용하여 실 천장, 외벽에 설치한 개구부를 통해 연기를 배출하는 방식

2) 기계배연

자연배연만으로 연기 제어가 어려울 때 송풍기 및 덕트를 이용하여 연기를 배출하는 방식

2. 비교

항목	자연배연	기계배연
장점	• 배출기 미설치로 동력원이 불필요하고, 작동신뢰성 높음 • 층고가 높은 경우 천장부에 배연구를 설치하면 배연능력 향상됨 • 연기온도가 높을수록 배연능력이 향상됨 • 풍도를 사용하지 않으므로 방화구획 관통부, 풍도 탈락 등의 문제가 없음	• 필요배출량 설계에 의한 안정적인 성능 확보 • 바람 등 외부환경의 영향이 적음 • 외기와 접하지 않은 공간에 대한 배연 가능 • 저온 연기도 배출 가능 • 구획 공간별 압력이 계획적으로 설정
단점	• 연기를 의도적으로 제어할 수 없음 • 바람방향에 따라 배연효과가 크게 달라짐 • 고층건축물의 경우 하부층 배출구 개방 시 연돌효과에 의한 고층부 연기유입 우려	• 장치 작동신뢰성 확보를 위해 적절한 유지관리 필요함 • 장치의 내열성을 충분히 고려하지 않을 경우 화재 초기에만 사용 가능함 • 요구성능을 확보하기 위해 상세한 검토 필요

항목	자연배연	기계배연
단점	• 스팬드럴이 충분히 적용되지 않으면 배연창을 통한 상층 연기 확산 위험 • 상부 공기온도가 높으면 화재 초기에 연기가 상승하지 못하고 단층현상 발생	• 급기 경로를 적절하게 확보하지 않을 경우 출입문 개폐에 문제 발생 우려
적용 대상	• 배연창 • 아트리움 제연(기계배연으로 적용할 수도 있음) • 비상용 승강기 승강장의 배연구	• 거실 제연설비 • 기계식 아트리움 제연

⑫ 구획 내 전체화재에 사용하는 화재하중 설정에 대하여 설명하시오.

문제 12] 구획 내 전체화재의 화재하중 설정

1. 개요

1) 구획 내 전체화재의 화재하중은 해당 화재실의 사용상황에 따라 실내가연물 중 연소에 기여하는 것을 모두 고려하여 산정해야 한다.

2) 공간 내 가연물의 발열량

$$W = W_{load} + W_{fix}$$

여기서, W_{load} : 구획 내 적재가연물의 총발열량(MJ)

W_{fix} : 구획 내 고정가연물의 총발열량(MJ)

2. 화재하중 설정

1) 화재하중의 산정방법

① 일반적으로는 바닥면적당 목재로 등가 환산된 가연물 중량으로 표현

② 계산식

$$q(\mathrm{kg/m^2}) = \frac{\sum(G_t \times H_t)}{H_0 \times A}$$

2) 고정가연물

① 실내마감재, 가연성 칸막이, 설비기기 및 가구류 등

② 계산식

$$W_{fix} = W_{마감} + W_{설비} + W_{가구} = \sum_i (G_i \times H_i)$$

3) 적재가연물

① 건물 준공 후 반입되는 가구, 서류, 의류 등

② 계산식

$$W_{load} = w \times A$$

여기서, w : 바닥면적당 적재가연물의 발열량 밀도($\mathrm{MJ/m^2}$)

⑬ 화학물질의 위험도를 정의하고, 아세틸렌을 예를 들어 설명하시오.

문제 13] 화학물질의 위험도 및 예시

1. 개요

1) 화학물질의 위험도(Risk) = 빈도 × 심도

2) 연소범위에 의한 위험도 계산

$$H = \frac{UFL - LFL}{LFL}$$

2. 화학물질의 위험도

1) 사고 빈도의 영향요소

① 물질특성 : 독성, 반응성, 인화성, 폭발범위, 분해폭발성

② 취급방법 : 고온, 고압, 부식성 환경 등

2) 사고 심도의 영향요소

① 독성 : 물질의 허용농도

② 화재 : 발열량

③ 폭발 : 과압 또는 비산 범위 등

3. 아세틸렌의 위험도

1) 연소범위에 따른 위험도

① 연소범위 : 2.5~100%(연소상한계는 81%가 아님)

② 위험도 : $H = \dfrac{100 - 2.5}{2.5} = 39$

2) 생성열

① 아세틸렌의 25 ℃에서의 생성열$(\Delta H_f)^{298} = +226.9\text{kJ/mol}$

② 아세틸렌의 생성열은 양수이며 그 값이 매우 큰데, 이는 격렬한 분해성을 가지고 있다는 의미이다.

3) 아세틸렌은 연소범위가 넓고, LFL이 낮으며, 불안정하며 분해 시 발열반응을 하는 물질로서 위험도가 매우 크다.

1 소화배관에서 수격(Water Hammer) 현상 시 발생하는 충격파의 특징 및 방지대책에 대하여 설명하시오.

문제 1] 충격파의 특징 및 방지대책

1. 수격현상

1) 수격(Water Hammer)은 배관 내 유속의 갑작스러운 변화인 압력상승(Surge)에 의해 발생되는 현상이다.
2) 흐르던 유체의 속도가 급감하거나 정지할 경우, 운동 중인 수주(Water Column)의 운동에너지는 일시적으로 배관의 탄성 변형과 물의 압축성에 의해 흡수된다.
3) 이후 압력파가 형성되어 배관 내부를 왕복하면서 망치로 두드리는 듯한 소리가 들리게 되는데 이것이 수격현상이다.

2. 충격파의 특징

1) 수격현상에 의한 충격파가 발생할 경우의 압력 상승

$$\Delta P = \frac{9.81 \times a \times V}{g}$$

여기서, ΔP : 상승 압력(kPa)
a : 압력파 속도(m/s)
V : 유속(m/s)

2) 충격파의 특징

① 상승되는 압력 변화는 유체속도와 압력파속도에 비례
② 압력 상승은 배관 길이나 형태와는 무관함
(실제 수격발생 가능성은 배관의 길이가 길수록 높아짐)
③ 충격파의 속도는 유체 내에서 음속과 동일함

3. 수격현상의 문제점

1) 배관 및 소화전 호스 파손

Water Hammer와 일시적 압력 상승(Transient Pressure Surge)은 보통 탄성파 이론에 기초하여 분석

① 수격에 의한 힘 때문에 파이프, 부속류 또는 소화전 호스가 파손될 수 있음. 이론적으로 시스템이 완전히 비탄성적으로 되면, 그러한 힘은 무한대로 커질 수 있음

② 호스의 탄성은 수격으로부터의 위험을 감소시킬 수 있지만, 노즐을 갑작스럽게 닫으면 호스를 파손시킬 정도의 압력상승이 발생할 수 있음

2) 펌프 토출 측 배관

① 펌프 토출 측 배관은 수주 분리(Water Column Separation)에 의해 수격현상이 발생할 수 있음

② 이는 다음과 같은 경우에 발생

- 전원 차단, 수동정지 등에 의해 펌프가 갑작스럽게 정지할 경우
- 펌프 기동 중에 개폐밸브가 빠르게 닫힐 경우

③ 수주 분리는 하류 측 어디에서도 발생 가능하며, 특히 배관의 가장 높은 부분이나 하방향으로 급격한 경사를 가진 부분에서 많이 발생

4. 수격현상의 방지대책

1) 배관 내 유속 제한(충압펌프에 의해 평상시 배관 내부를 고압으로 유지)

체절압력 기준의 펌프 압력세팅으로 평상시 배관을 고압으로 유지하여 소방 펌프 기동 시 유속이 급증하지 않게 해야 함

2) 밸브 폐쇄 조작에 5초 이상 걸리도록 함

레버형 버터플라이밸브 사용 금지

3) 배관 중에 서지 흡수용 탱크 설치

4) 스프링클러 설비 2차 측 배관에 릴리프밸브 설치

5) 펌프 토출 측 배관에 수격보호용 체크밸브 설치

① 스모렌스키 체크밸브 : 완충산에 의해 펌프를 보호할 수 있으나, 마찰 손실이 큼

② Anti Water Hammer 체크밸브 : 해외에서는 마찰손실이 적은 체크밸브를 적용함

6) 배관에 수격방지기(Water Hammer Arrestor) 설치

수격방지기는 비교적 적은 압력서지의 흡수는 가능하여 위생배관에는 효과적이지만, 소화배관에서는 매우 높게 압력이 상승하므로 수격 흡수가 불가능함

7) 펌프에 Fly Wheel을 설치하여 펌프의 급정지 방지

❷ 소화설비의 배관에서 사용하는 게이트(Gate)밸브 · 글로브(Globe)밸브 · 체크(Check)밸브의 특징에 대하여 설명하시오.

문제 2) 게이트, 글로브 및 체크밸브의 특징

1. 게이트밸브

1) 특징

① 밸브를 축에 의하여 배관의 횡단면과 평행하게 개폐하는 밸브

② 밸브 개방 시, 밸브 내부는 관경과 같은 단면적이 되어 유체저항이 적다. (소화설비 펌프 흡입 측에 적합함)

③ 가격이 비싸며, 개폐에 시간이 오래 걸림

④ 보통 OS&Y 게이트밸브를 소화배관의 개폐밸브로 사용

2) 구조

① Bonnet

- Valve Body를 덮은 부분으로서, 개방 시 Gate가 들어가는 부분
- Valve Body와의 결합방식 등에 따라 밸브를 구분

② Seat

- Trim이라고도 함
- 유체와 직접 닿는 부분

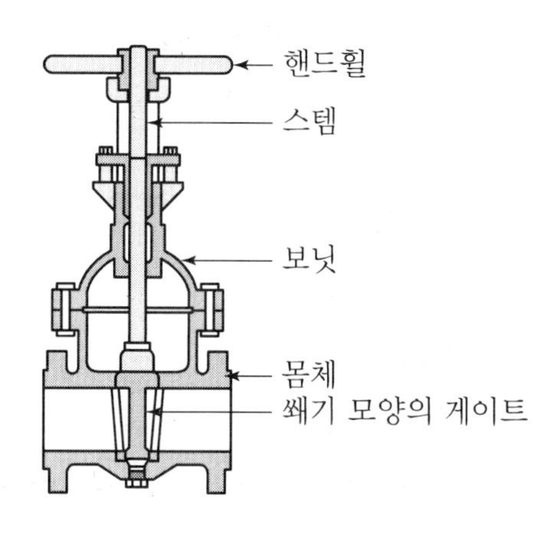

3) 종류

① 디스크와 시트면의 형태에 따른 분류

- Solid Wedge Valve
- Flexible Wedge Valve

② Bonnet Type에 의한 분류

- Union Bonnet
- Screwed Bonnet
- Bolted Bonnet
  - Inside Screw Rising Stem
  - Inside Screw Non－rising Stem
  - Outside Screw Rising Stem(OS&Y 게이트밸브)

2. 글로브밸브

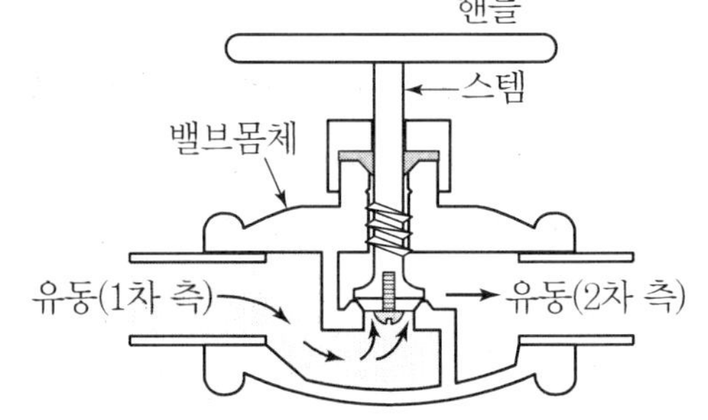

1) 유체의 유출 및 유입방향은 같지만, 유체가 밸브 아래쪽에서 유입되어 밸브시트 사이를 통해 흐르게 됨에 따라 유체의 흐름이 갑자기 바뀌어 마찰손실이 크다.
2) 개폐가 쉽고, 유량조절이 쉽다.
3) 국내에서는 펌프성능시험 배관의 유량조절 밸브로 쓰이지만, 저유량 운전상태에서의 진동 발생으로 인해 유량조절 밸브로 부적합하다.

3. 체크밸브

1) 유체를 한쪽 방향으로만 흐르게 하고, 역류방지 목적으로 사용되는 밸브
2) 종류

① 리프트형(Lift Type)

- 글로브밸브와 같은 밸브시트의 구조로서, 유체의 압력에 의해 밸브가 수직으로 개방

- 흐름에 대한 저항이 크다.
- 스모렌스키 체크밸브(역류방지 및 수격에 대한 펌프 보호)

② 스윙형
- 핀 또는 힌지에 의해 지지되어 스윙 운동을 하는 밸브로서 역류 흐름에 수직으로 닫힘
- 수평 및 수직배관에 사용 가능하며, 마찰손실이 리프트형에 비해 적다.
- 누설 우려가 크고, 오물 침전에 의한 불량이 많다.

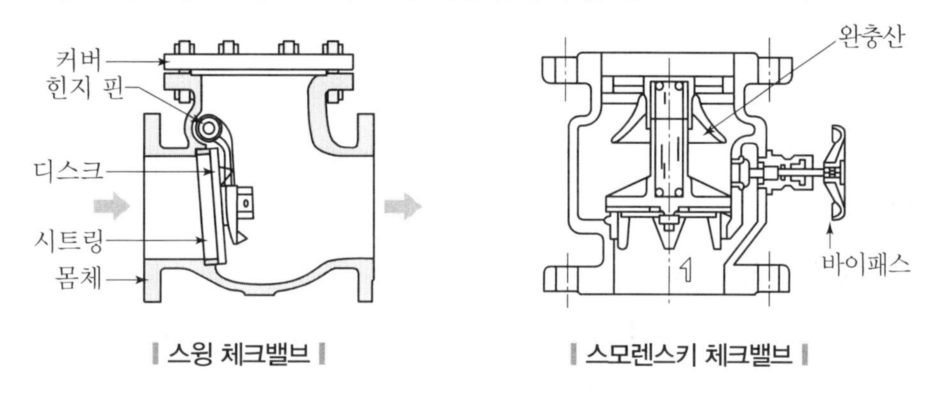

▮ 스윙 체크밸브 ▮ ▮ 스모렌스키 체크밸브 ▮

3 전기적 폭발의 개념과 발생원인 및 예방대책에 대하여 설명하시오.

문제 3) 전기적 폭발의 개념, 원인, 예방대책

1. 전기적 폭발

1) 전기적 원인에 의해 고열이 발생하여 도체나 절연물이 순식간에 증발하며 체적이 팽창되면서 압력이 급격히 상승하는 것
2) 고열을 발생시키는 전기적 원인 : 아크, 줄열

2. 내부적 원인

1) 변압기 내 절연유의 증발로 절연이 파괴되는 경우
2) 부하 사용이 급격히 증가하는 경우
3) 접점에서 발생한 아크가 신속히 제거되지 않은 경우

3. 외부적 원인

1) 화재에 노출된 전선피복의 손상으로 합선되는 경우
2) 크레인 및 고가사다리 작업 중 고압선에 접촉하는 경우
3) 고압선 접속부 탈락에 의해 전선이 지면에 접촉하는 경우
4) 습기에 의해 절연이 파괴되어 지락되는 경우
5) 고압시설에 동, 식물이 접촉하는 경우
6) 고압시설에서 어떤 원인으로 전압이 상승하고, 이로 인해 공기를 통한 아크방전이 지속되는 경우
7) 낙뢰가 전기시설에 피격되는 경우

4. 예방대책

1) 내부적 원인 예방

① 유입식 변압기 1차 측에 피뢰기, 보호퓨즈 및 2차 측에 과부하 차단기 설치
② 전기기기 내부 고장, 과부하 발생 시 차단이 가능한 퓨즈 설치
③ 이물질(수분, 먼지 등) 침입 방지를 위한 기밀 유지
④ 정기적인 절연내력시험 수행
⑤ 내부 압력상승에 대한 방출장치
⑥ 변압기 사고 사례에 대한 안전교육 실시
⑦ 가급적 절연유를 사용하지 않는 건식 및 가스 절연 변압기 사용

2) 외부적 원인 예방

① 전기시설 주변에서의 화재 영향을 최소화하기 위해 이격거리 유지
② 동물 등의 접근을 차단하기 위한 울타리, 담 등의 설치
③ 피뢰설비 적용

4 접지(Earth)설비에 대하여 다음을 설명하시오.

가. 접지의 목적

나. 접지목적에 따른 분류

다. 접지공사 종류별 접지저항 값, 접지선 굵기, 적용대상

문제 4) 접지

1. 접지의 목적

1) 인체의 감전 방지

노출된 금속 구조물을 등전위로 유지시켜 전기쇼크로 인한 사고를 방지함

2) 시설물 보호

3) 전기기기의 오작동 방지

4) 통신 · 제어기기의 손상 방지

5) 전기적 충격으로부터 시설물 보호

2. 접지목적에 따른 분류

1) 보안용 접지

감전, 기기손상, 화재예방 등 전기안전을 유지하기 위한 접지

접지의 종류	목적
계통접지	고압전로와 저압전로가 혼촉되었을 때 감전, 재해를 방지
기기접지	누전되고 있는 기기에 접촉했을 때 감전 방지 (외함접지, 프레임접지)
뇌방지용 접지	낙뢰로부터 인명, 화재, 전기기기를 보호 (피뢰침, 피뢰기)
정전기 방지용 접지	정전기 축적에 의한 폭발재해 방지 (가공지선, 보안기 등)
등전위접지	병원에서 의료기기 사용 시 안전 확보
잡음 방지접지	노이즈에 의한 전자기기의 오동작이나 손상을 방지
지락검출용 접지	누전차단기의 확실한 동작을 위한 접지

2) 기능용 접지

① 통신기기의 손상 및 오작동 방지를 위한 접지

② 제어회로에 지락 등에 의한 오작동이 발생할 경우 심각한 위험이나 고장을 초래할 수 있음

③ 제어전원은 한 부분의 지락이라도 위험이 발생하지 않도록 직류의 경우는 비접지로 하고, 교류의 경우에도 독립된 제어전원 변압기를 이용하는 경우에는 비접지로 하는 것이 일반적

④ 그러나 다른 저압계통에서서는 접지선을 구별하여 지락사고가 발생하더라도 중대한 오동작이 발생하지 않도록 고려해야 함

3. 접지공사 종류별 접지저항값, 접지선 굵기, 적용대상

분류	대상	접지저항	전선굵기
제1종 접지공사	특고압, 고압 전기기기의 철대, 외함	10 Ω	6 mm^2
제2종 접지공사	변압기 2차 측의 중성점	$\frac{150}{1선\ 지락전류}$ Ω	16 mm^2
제3종 접지공사	400 V 미만의 저압 전기 기계 및 기구	100 Ω	2.5 mm^2
특별 제3종 접지공사	400 V 이상의 저압 전기 기계 및 기구	10 Ω	2.5 mm^2

5 소방안전관리대상물의 소방계획서 작성 등에 있어서 소방계획서에 포함되어야 하는 사항을 설명하시오.

문제 5) 소방계획서 포함사항

1. 개요

소방계획서의 작성 및 시행은 특정소방대상물의 관계인과 소방안전관리대상물의 소방관리자의 업무에 포함된다.

2. 소방계획서 포함항목

1) 일반현황

소방안전관리대상물의 수용인원, 위치, 연면적, 구조 및 용도

2) 시설현황

소방시설, 방화시설, 위험물시설, 가스시설 및 전기시설

3) 화재예방을 위한 자체점검계획 및 진압대책

4) 소방시설, 피난시설 및 방화시설의 점검 · 정비계획

5) 피난계획

① 피난층 및 피난시설의 위치

② 장애인 및 노약자의 피난계획

6) 건축방재시설

① 방화구획, 제연구획, 건축물의 내부마감재료 및 방염물품의 사용현황

② 그 밖의 방화구조 및 설비의 유지관리계획

7) 소방훈련 및 교육에 관한 계획

8) 자위소방대

① 근무자 및 거주자의 자위소방대 조직

② 대원의 임무(장애인 및 노약자의 피난보조임무 포함)

9) 안전관리

① 화기취급작업에 대한 사전 안전조치

② 감독 등 공사 중 소방안전관리

10) 공동 및 분임 소방안전관리

11) 소화와 연소 방지

12) 위험물의 저장 · 취급에 관한 사항(예방규정을 정하는 위험물제조소 등 제외)

13) 소방안전관리를 위해 필요하여 요청하는 사항

6 화재 시 아래의 제한된 조건하에서 화염의 열유속($\dot{q}''$)의 값을 비교하고 각각 연료에 대한 위험성의 상관관계를 설명하시오.

※ 재료별 직경 1 m의 풀화재 자료

	질량감소유속 $\dot{m}''$[g/m²s]	연소면적 A[m²]	유효연소열 ΔH_c[kJ/g]	기화열 L[kJ/g]
폴리스티렌	38	0.785	39.85	1.72
가솔린	55	0.785	43.70	0.33

문제 6] 화염의 열유속 비교 및 위험성의 상관관계

1. 개요

1) 열방출률(HRR, $\dot{Q}$)

① 연소에 의해 방출되는 열에너지 비율

② $\dot{Q} = \dot{m}_f'' \times \Delta H_c \times A$

2) 열유속(Heat Flux, $\dot{q}''$)

① 단위시간당 가연물 단위면적을 통과(도달)하는 열에너지의 양

② $\dot{m}_f'' = \dfrac{\dot{q}''}{L}$

2. 화염의 열유속 계산

1) 폴리스티렌

$\dot{m}_f'' = \dfrac{\dot{q}''}{L}$ 에서

$\dot{q}'' = \dot{m}_f'' \times L = (38) \times (1.72) = 65.36 \text{ kW/m}^2$

2) 가솔린

$\dot{q}'' = \dot{m}_f'' \times L = (55) \times (0.33) = 18.15 \text{ kW/m}^2$

→ 폴리스티렌의 열유속이 가솔린보다 더 크다.

3. 가솔린의 손괴가 적은 이유

가솔린의 순열류가 작기 때문에 손괴가 적음

1) 연료증기 발생률($\dot{m}_f''$)이 큼

시간당 연료증기의 발생량이 많고 증기밀도가 커서 부유증기가 많음

2) 가솔린 증기가 구름같이 부유

액면 위 부유하는 가솔린 증기로 인해 가솔린 표면으로의 열전달 방해

4. 열방출률 계산

1) 폴리스티렌

$\dot{Q} = \dot{m}_f'' \times \Delta H_c \times A = (38) \times (39.85) \times (0.785) = 1{,}189\ \text{kW}$

2) 가솔린

$\dot{Q} = \dot{m}_f'' \times \Delta H_c \times A = (55) \times (43.70) \times (0.785) = 1{,}887\ \text{kW}$

→ 액체 가연물인 가솔린의 열방출률이 더 크다.

5. 가연성비(HRP, 열방출변수)

1) 폴리스티렌

$$\text{HRP} = \frac{\Delta H_c}{L_v} = \frac{(39.85)}{(1.72)} = 23.17$$

2) 가솔린

$$\text{HRP} = \frac{\Delta H_c}{L_v} = \frac{(43.70)}{(0.33)} = 132.42$$

6. 결론

1) 가솔린의 열방출률이 커서 단시간 내에 완전 성장 화재(Full Involvement Fire)를 발생시킬 것이며, 폴리스티렌의 경우에도 심각한 위험을 발생시킨다.

2) 열방출변수도 가솔린이 폴리스티렌에 비해 더 높아 위험하다.
3) 이에 비해 가솔린은 화염으로부터의 열유속이 작아 가연물 자체의 손괴는 폴리스티렌에 비해 적다.

1 **소화배관의 과압발생 시 감압방법의 종류와 각각의 특징에 대하여 설명하시오.**

문제 1] 감압방법의 종류와 특징

1. 개요

1) 최근 고층건축물의 건설로 고층부에 소화수를 공급하기 위해 고양정 가압송수장치 사용이 증가되고 있다.

2) 이러한 고양정 펌프 등은 상대적으로 낮은 손실압력인 저층부 구간에 과압을 발생시킬 수 있으므로, 과압방지대책이 요구된다.

2. 층 분할

1) 고가수조 이용

① 구성방식

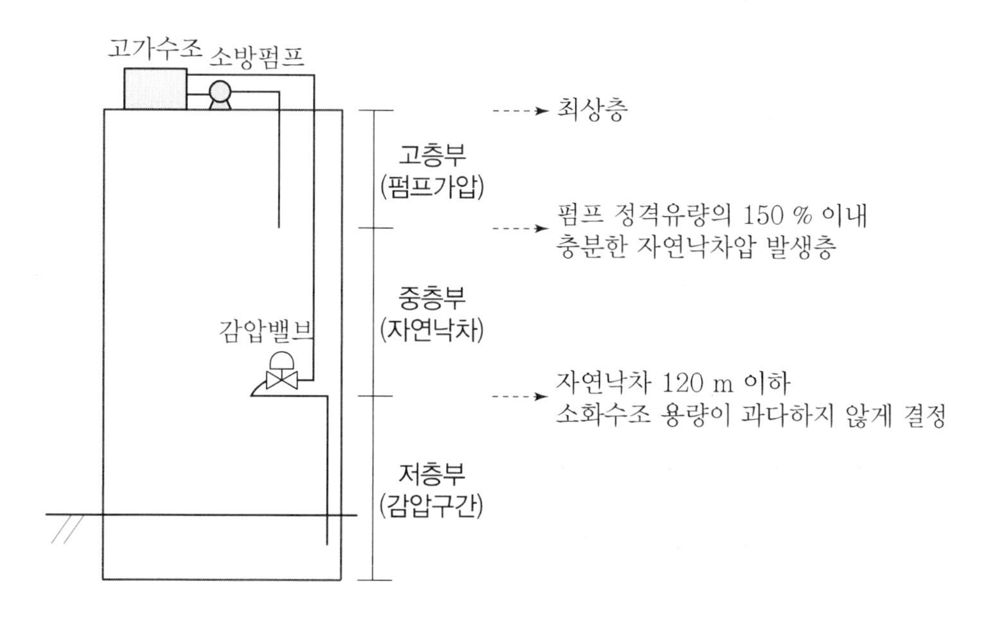

② 국내에서 가장 일반적으로 이용하는 방식

③ 화재에 가장 취약한 고층부의 가압송수방식이 가장 신뢰성이 낮은 방식이며, 신뢰성이 낮은 감압밸브를 함께 사용해야 함

2) 펌프 분할

① 구성방식

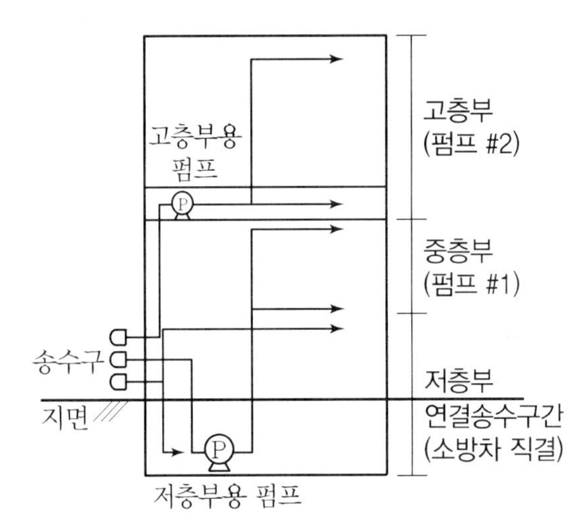

② 고층부, 중층부 및 저층부용 펌프를 별도로 설치하는 방법

③ 감압밸브를 사용하지 않으므로, 해외에서 가장 일반적으로 적용하는 방식

④ 국내 : 연결송수관 가압펌프의 구간을 분할할 때 이용

3) 부스터 펌프 적용

① 구성방식

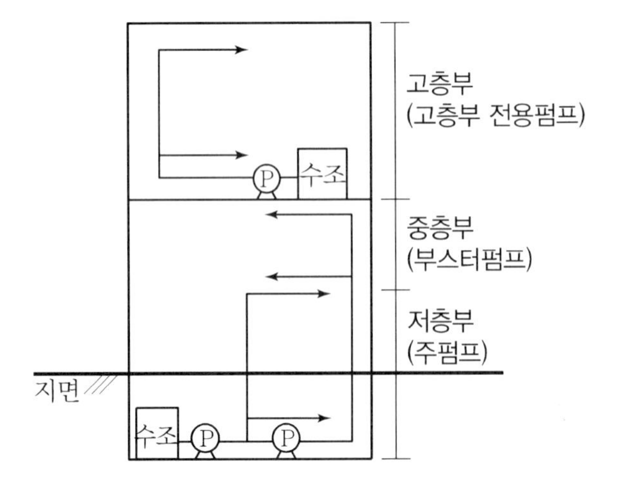

② 저층부에 과압이 걸리지 않는 범위로 주펌프 양정을 결정하고, 고층부 공급을 위해 부족한 양정을 배관 중간에서 가압하는 방식

③ 펌프의 직렬운전이므로 이에 대한 감안이 필요함

4) 압력릴리프밸브 적용 방식

① 펌프 토출 측에 압력릴리프밸브를 적용하는 방식

② NFPA 등 전 세계적으로 이 방식을 과압방지용으로 적용하는 것은 금지되어 있음

2 최근 정부에서는 지난 4월 발생한 이천 물류센터 공사현장 화재사고 이후 동일한 사고가 다시는 재발하지 않도록 건설현장의 화재사고 발생위험 요인들을 분석하여 건설현장 화재안전대책을 마련하였다. 다음 각 사항에 대하여 설명하시오.

가. 건설현장 화재안전 대책의 중점 추진방향

나. 건설현장 화재안전 대책의 세부 내용을 건축자재 화재안전기준 강화 측면과 화재위험작업 안전조치 이행 측면 중심으로 각각 설명

문제 2] 건설현장 화재안전대책

1. 건설현장 화재안전 대책의 중점 추진방향

1) 기업의 비용절감보다 근로자의 안전을 우선 고려

지금까지 비용증가에 대한 우려로 가연성 건축자재 사용 제한 등에 대한 조치가 미흡하였음

2) 건설공사의 단계별 위험요인을 파악하여 지속 관리

① 계획단계에서의 적정공기 보장

② 화재 시 인명피해 최소화 대응체계 구축

3) 안전 관련 규정이 현장에서 실제로 작동되도록 개선

① 화재 등 사망사고 위험요인 중심을 제도 개편

② 위험현장에 대한 관리감독 강화를 통한 기업의 안전경각심 제고

2. 건설현장 화재안전 대책의 세부내용

1) 건축자재 화재안전기준 강화 측면

① 마감재료 기준 강화

- 내부마감재료 제한 : 모든 공장, 창고로 확대
- 샌드위치 패널 : 준불연 이상의 성능 확보
- 심재 : 가연성이 아닌 무기질 전환을 단계적 추진

② 내단열재 난연성능 확보

- 난연성능 미만 단열재 사용이 불가피한 경우에는 건축심의 및 단열재 공사 중 전담감리 배치
- 인접건축물과의 이격거리에 따라 방화유리창 설치
- 창호에 대한 화재안전 성능기준 도입

③ 품질인정제도 도입

- 건축자재의 화재안전 성능과 생산업체의 관리능력 등을 종합적으로 평가
- 화재에 안전한 건축자재가 사용되도록 모니터링 확대 및 불시점검 추진

2) 화재위험작업 안전조치 이행 측면

① 가연성 물질 취급 및 화기취급작업의 동시 작업 금지

→ 위반 시 감리에게 공사중지 권한 부여

② 인화성 물질 취급작업

- 가스경보기, 강제 환기장치 등 안전설비 설치를 의무화
- 필요한 비용 지원

③ 위험작업에 대한 현장 감시기능 강화

- 안전 전담감리 도입
  - 공공공사 : 모든 규모 공사에 배치
  - 민간공사 : 상주감리 대상공사에 배치
- 원청에 사전 위험작업의 정보(일시, 내용, 기간 등)를 파악하여 하청업체들의 작업조정 의무 부과
- 시공 중 건축물에도 화재안전관리자 선임을 의무화하여 선임대상을 단계적으로 확대

❸ 송풍기의 특성곡선을 설명하고, 직렬운전 및 병렬운전 시 송풍기의 용량이 동일한 경우와 다른 경우를 구분하여 설명하시오.

문제 3) 송풍기의 특성곡선과 직 · 병렬 운전

1. 송풍기의 특성곡선

1) 성능곡선상에 서징영역 존재

① 서징영역 내 풍량으로 운전되면 서징 발생

② 다익형 송풍기(시로코 팬)의 경우 서징범위가 매우 넓음

③ 익형 송풍기는 서징 범위가 비교적 좁아 제연설비의 송풍기로 적합

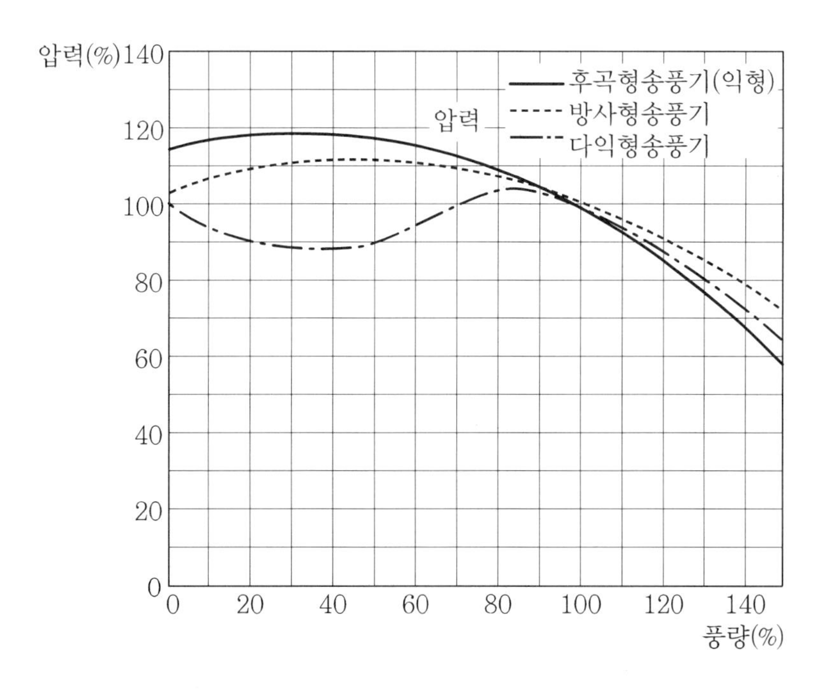

2) 송풍기 연합운전의 경우

항상 저항곡선과 함께 고려하여 운전효율, 축동력에 대해서도 고려해야 한다.

2. 송풍기의 직렬운전

1) 특성이 동일한 송풍기의 직렬운전

① 정압을 높이고 싶은 경우에 직렬 운전

② 단독 운전점(C)에서 직렬운전점(C')으로 변경 시 2배의 정압이 얻어지지 않음

③ 시스템 저항곡선이 완만해질수록 직렬운전의 효과는 낮음

2) 특성이 다른 송풍기의 직렬운전

① 송풍기별 정압의 차이가 클 경우 다른 송풍기에 영향이 커지므로 주의를 요함

② 상류에 설치하는 송풍기의 정압이 더 커야 함

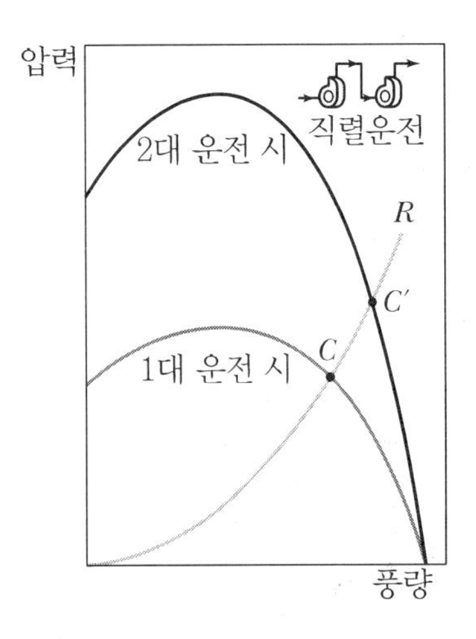

‖ 특성이 동일한 송풍기의 직렬운전 ‖

‖ 특성이 다른 송풍기의 직렬운전 ‖

3. 송풍기의 병렬운전

1) 특성이 같은 송풍기의 병렬운전

① 풍량이 부족한 경우 2대 이상의 송풍기를 병렬로 운전

② 실제 풍량은 단독 운전 시의 2배의 풍량이 되지 않음

③ 우상향구배가 있는 경우 서징영역이 크게 증가함

2) 특성이 다른 송풍기의 병렬운전

① 병렬운전은 반드시 특성이 동일한 송풍기로 하는 것을 원칙으로 함

② 특성이 다른 펌프의 병렬운전은 1대의 송풍기를 정지시킬 수도 있어서 적용이 제한됨

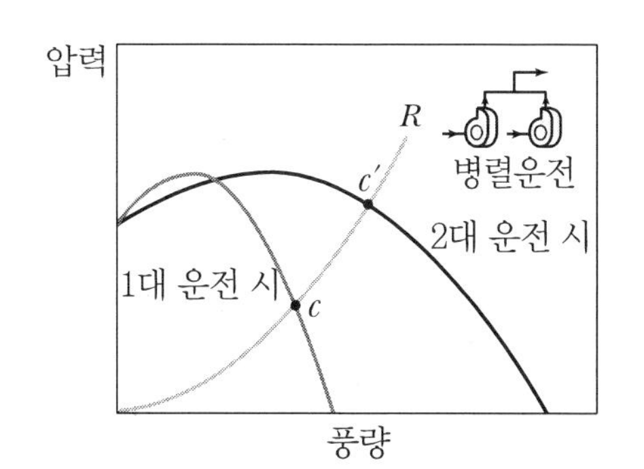

‖ 특성이 같은 송풍기 병렬운전 ‖

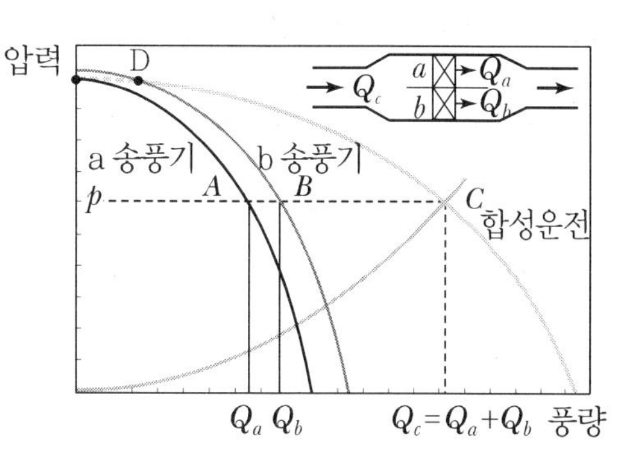

‖ 특성이 다른 송풍기의 병렬운전 ‖

4 정전기의 대전을 방지하기 위한 전압인가식 제전기의 종류와 제전기 사용상의 유의 사항에 대하여 설명하시오.

문제 4) 전압인가식 제전기의 종류와 사용상 유의사항

1. 개요

1) 제전기(이온 발생기)

대전된 전하를 중화시키기 위한 반대 극성의 이온을 제공하기 위하여 공기를 이온화시키는 장치

2) 제전기의 종류

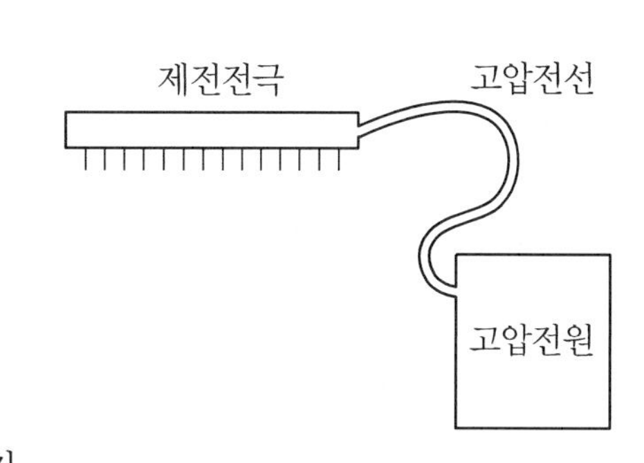

① 전압인가식 제전기

고전압이 인가되어 제전에 필요한 이온을 만드는 제전기

② 자기방전식 제전기

제전하고자 하는 대전물체의 정전기에너지를 이용하여 필요한 이온을 만드는 제전기

③ 방사전식 제전기

방사선의 기체 전리작용을 이용하여 제전에 필요한 이온을 만드는 제전기

2. 전압인가식 제전기의 종류

1) 고압전원의 극성에 따른 분류

고압전원 \ 제전전극		결합방식	
		직접 결합	용량 결합
사용전원	교류	교류, 직결형 제전기	교류, 용량결합형 제전기
	직류	직류, 직결형 제전기	–

2) 방폭성능에 따른 분류

① 방폭형 제전기

- 가스 및 분진폭발 위험장소에 적용하는 제전기
- 점화원으로 작용하지 않아야 하므로 제전성능 약함

② 비방폭형 제전기

- 현재 가장 널리 사용되는 전압인가형 제전기
- 대부분 교류, 용량결합형 제전기를 적용

3) 제전전극에 송풍장치, 압축공기의 분류장치 유무

① 송풍형 제전기

- 표준형 제전기의 제전전극에 송풍장치를 설치하여 이온의 대전물체에 강제적으로 보내어 제전하는 것
- 제전전극 형상에 따라 노즐형, 플랜지형, 권총형 제전기가 있음

② 표준형 제전기

3. 제전기 사용상의 유의사항

1) 고전압에 대한 안전성

① 침상전극의 코로나 방전 개시전압이 4 kV 정도이며, 실제 장치는 그 이상의 전압을 채용한 고전압 장치임

② 반드시 전원을 끄고 점검, 보수를 수행해야 함

③ 완전한 접지를 수행해야 함

2) 오존에 대한 안전성

① 방전침의 코로나 방전부에서 공기 중의 산소가 이온화되고 각종 화학반응에 의해 오존이 생성될 우려가 있음

② 오존은 건강, 환경상 유해하므로, 작업환경농도의 기준치를 초과하지 않아야 함

3) 방전침으로부터의 발진

① 발진현상의 종류

- 스퍼터링 현상 : 방전침 소재가 방출되는 현상
- 방전침 선단에서의 전계집중에 의해 불순물이 침착되고 이것이 불규칙적으로 비산

② 반도체 클린룸에서 이러한 발진 시 제품 불량 등의 발생 우려가 있음

③ 대책

- 방전침을 침식되기 어려운 소재로 사용하고, 도전성 석영글라스로 피복
- 방천침 주변에 청정공기를 흘려 불순물 침착 예방

4) (+), (–) 이온의 밸런스

① 정밀 전자장치의 경우 수십 V의 차이에도 문제가 될 수 있고 양 · 음 이온 밸런스가 크게 달라지면 대전전압이 증가되어 화재폭발 위험 증가

② 주기적인 양 · 음 이온 밸런스의 측정 관리가 필요

5) 보수 관리

방전침과 그 주변의 오염 관리

5 ESFR(Early Suppression Fast Response) 헤드 설치장소의 구조기준 및 헤드의 특징에 대하여 설명하시오.

문제 5] ESFR 헤드의 설치장소 구조기준 및 헤드의 특징

1. 설치장소의 구조기준

1) 층의 기준

① 당해 층의 높이 : 13.7 m 이하일 것

② 2층 이상일 경우 : 당해 층의 바닥을 내화구조로 하고 다른 부분과 방화구획할 것

2) 천장 기울기

① 천장 기울기 : 168/1,000을 초과하지 않을 것

② 초과할 경우 : 반자를 지면과 수평으로 설치할 것

3) 천장 구조

① 천장은 평평할 것

② 철재나 목재 트러스 구조인 경우 : 철재나 목재의 돌출부분이 102 mm를 초과하지 않을 것

4) 보

① 보로 사용되는 목재, 콘크리트 및 철재 사이의 간격 : 0.9~2.3 m

② 보의 간격이 2.3 m 이상인 경우 : ESFR 스프링클러 동작을 원활히 하기 위해 보로 구획된 부분의 천장 및 반자의 넓이가 28 m^2를 초과하지 않을 것

→ 보에 대한 기준은 NFPA 13의 살수장애 구조에 해당되는 것을 잘못 도입한 내용으로 삭제 필요함

5) 창고 내의 선반 형태

하부로 물이 침투되는 구조로 할 것

2. ESFR 스프링클러헤드의 특징

1) 설계기준

① 래크식 창고의 고강도화재(High Challenge Fire Hazard)의 화재진압을 위한 스프링클러

② 화재 초기(55초 이내)에 작동하여 고압으로 12개 이내의 헤드에서 방사된 소화수로 화재를 진압

③ 진화조건

- 재발화가 되지 않고, 공기온도가 ESFR 헤드를 4개 이상 개방시킬 만큼 높지 않을 것

• 불에 소진된 가연물이 전체 양의 10 % 이하일 것

2) 조기진압을 결정하는 3요소

① 열감도

• 표준반응형 헤드의 경우 급속 성장하는 화재에서는 헤드 작동온도에 도달해도 방수가 늦어져 작동시점에는 표시온도보다 높은 온도에 도달할 수 있음

• 따라서 조기반응형으로 적용함

② 필요 살수밀도(RDD)

• 화재진압에 필요한 물의 양으로 헤드 작동시점의 화재크기에 따라 결정됨

• 화재크기가 작은 시점에 작동하도록 조기반응형 적용

③ 실제 살수밀도(ADD)

• 헤드에서 방수되어 화점에 실제 도달하는 물의 양

• 방수량이 많을수록 증가하므로, 큰 K-factor 적용

3) 특징

① 대부분 천장에만 설치하므로 일반 스프링클러 적용에 비해 설치비가 저렴하고 적재물에 의한 파손 우려가 적음

② 설치장소 요건을 모두 충족해야만 적용 가능

③ 강한 열기류를 이겨내고 침투하도록 고압으로 방수

④ 화점 도달을 위해 장애물과 헤드간격 등을 엄격하게 적용해야 함

⑤ 국내에는 하향식만 적용되고 있음

⑥ 초고강도 화재(타이어, 두루마리 종이, 섬유류 등)에는 적용할 수 없음

3. 결론

1) 창고화재에서 가장 효과적인 스프링클러 설계방식은 천장 및 인랙 스프링클러를 적용하는 것이다.

2) ESFR 스프링클러는 창고작업의 편의를 위한 일종의 완화기준이며, 이를 적용하려면 설치장소 기준을 엄격히 충족해야 한다.

6 구획실 화재(환기구 크기 : 1 m×2 m)에서 플래시오버 이후 최성기 화재(800 ℃로 가정)의 에너지 방출률을 구하시오.(단, 연료가 퍼진 바닥면적 12 m^2, 가연물의 기화열 2 kJ/g, 평균 연소열 $\triangle H_c$ = 20 kJ/g, Stefan Boltzmann 상수(σ) = 5.67×10^{-8} W/m^2K^4이다.)

문제 6] 최성기 화재의 에너지 방출률

1. 환기지배형 화재의 에너지 방출

1) 유입공기량

환기지배형 화재에서 구획실로 유입되는 공기량은 다음과 같이 근사화된다.

$\dot{m}_a = 0.52 A_o \sqrt{H_o}$ kg/s

2) 에너지 방출률 계산식

연소에 이용되는 공기의 단위질량당 방출되는 열은 3,000 kJ/kg이므로,

$\dot{Q} = 3,000 \text{ kJ/kg} \times (0.52 A_o \sqrt{H_o} \text{ kg/s})$

$= 1,560 A_o \sqrt{H_o}$ kW

3) 계산

$\dot{Q} = 1,560 \times (1 \times 2) \times \sqrt{2} = 4,412.4$ kW = 4.4 MW

2. 최성기 화재의 크기

1) 복사열 계산식

복사능을 1로 가정하면,

$\dot{q}'' = \varepsilon\sigma(T_g^4 - T_\infty^4) = 1.0 \times (5.67 \times 10^{-8}) \times (800 + 273)^4 = 75.2 \text{ kW/m}^2$

2) 연료의 연소속도 계산식

$$\dot{m}_f = \frac{\dot{q}'' \times A}{L} = \frac{75.2 \text{ kW/m}^2 \times 12 \text{ m}^2}{2 \text{ kJ/g}} = 451.2 \text{ g/s}$$

3) 에너지 방출률

$$\dot{Q} = \dot{m}_f \times \Delta H_c = 451.2\ \text{g/s} \times 20\ \text{kJ/g} = 9{,}024\ \text{kW} = 9.0\ \text{MW}$$

3. 결론

1) 환기지배형 화재에서 계산된 열방출률은 이론적으로 실내의 모든 가연물이 양론농도로 계산된 것이다.
2) 또한 복사열에 의해 계산된 열방출률(9.0 MW)과의 차이인 4.6 MW는 화재실 밖에서 연소되어야 하며, 이것이 플래시오버 이후의 결과를 보여준다.

122회 기출문제 4교시

1 **이산화탄소소화설비 호스릴방식의 설치장소 및 설치기준에 대하여 설명하시오.**

문제 1] 호스릴방식의 설치장소 및 설치기준

1. 호스릴방식의 설치장소

화재 시 현저하게 연기가 찰 우려가 없는 장소로서 다음에 해당하는 장소(차고 또는 주차의 용도로 사용되는 부분 제외)에 설치 가능하다.

1) 지상 1층 및 피난층에 있는 부분으로서 지상에서 수동 또는 원격조작에 따라 개방할 수 있는 개구부의 유효면적의 합계가 바닥면적의 15 % 이상이 되는 부분

2) 전기설비가 설치되어 있는 부분 또는 다량의 화기를 사용하는 부분(해당 설비의 주위 5 m 이내의 부분을 포함한다)의 바닥면적이 해당 설비가 설치되어 있는 구획의 바닥면적의 1/5 미만이 되는 부분

3) 2019년 8월에 차고 또는 주차 용도로 사용하는 부분은 제외됨

① 차량 경량화로 인한 화재하중 증가

② 방화구획 완화 및 발열량, 발연량 증가

③ 필로티 주차장 화재 시 급속한 연소확대 우려

2. 호스릴방식의 설치기준

1) 수평거리

방호대상물의 각 부분에서 하나의 호스접결구까지의 15 m 이하

2) 노즐

20 ℃에서 하나의 노즐마다 60 kg/min 이상의 소화약제를 방사할 수 있는 것으로 할 것

3) 소화약제 저장용기

① 호스릴을 설치하는 장소마다 설치할 것

② 약제량 : 하나의 노즐당 90 kg 이상

4) 소화약제 저장용기의 개방밸브

호스의 설치장소에서 수동으로 개폐할 수 있는 것으로 할 것

5) 표지

① 소화약제 저장용기의 가장 가까운 곳의 보기 쉬운 곳에 표시등 설치 및 표지 설치

② 표지 : 호스릴 이산화탄소소화설비가 있다는 뜻을 표시

3. 결론

1) 화재 시 호스를 이용하여 사람이 조작하는 간이설비로서 사용자가 화재 시 직접 사용하는 수동식 설비이다.

2) 호스릴은 방호대상물의 국부적인 화재에 대해 수동식으로 대처하는 것으로 조작 후 사용자가 대피할 수 있어야 하므로, 연기가 체류하지 않고 피난이 용이한 장소에만 적용 가능하다.

3) 특히, 지난 제천화재 사례에서와 같이 필로티 주차장 화재 시에는 적응성이 낮으므로 호스릴이 적용된 기존 필로티 주차장 시설에 대한 기준 보완도 필요하다.

2 임시소방시설의 화재안전기준 제정이유와 임시소방시설의 종류별 성능 및 설치기준에 대하여 설명하시오.

문제 2) 임시소방시설 화재안전기준

1. 제정이유

공사장에서의 화재로 인한 인명과 재산피해가 지속적 발생으로 화재예방을 위한 근본적 안전대책을 강구하고자 화재위험이 높은 공사장에 대한 임시소방시설의 화재안전기준을 정하려는 것

2. 임시소방시설 종류별 성능 및 설치기준

1) 소화기

① 소화약제

소화기구 화재안전기준 별표 1에 따른 적응성이 있는 것을 설치할 것

소화약제 구분 / 적응대상	가스			분말		액체				기타			
	이산화탄소소화약제	할론소화약제	할로겐화합물 및 불활성기체소화약제	인산염류소화약제	중탄산염류소화약제	산알칼리소화약제	강화액소화약제	포소화약제	물·침윤소화약제	고체에어로졸화합물	마른모래	팽창질석·팽창진주암	그 밖의 것
일반화재(A급 화재)	–	○	○	○	–	○	○	○	○	○	○	○	–
유류화재(B급 화재)	○	○	○	○	○	○	○	○	○	○	○	○	–
전기화재(C급 화재)	○	○	○	○	○	*	*	*	*	○	–	–	–
주방화재(K급 화재)	–	–	–	–	*	–	*	*	*	–	–	–	*

[비고]
"*"의 소화약제별 적응성은 「화재예방, 소방시설 설치 · 유지 및 안전관리에 관한 법률」 제36조에 의한 형식승인 및 제품검사의 기술기준에 따라 화재 종류별 적응성에 적합한 것으로 인정되는 경우에 한한다.

② 각 층마다 능력단위 3단위 이상인 소화기를 2개 이상 설치

③ 화재위험작업 종료 시까지 작업지점 5 m 이내 쉽게 보이는 장소에 능력단위 3 이상인 소화기 2개 이상과 대형소화기 1개를 추가 배치할 것

2) 간이소화장치

① 수원 : 20분 이상의 소화수를 공급할 수 있는 양

② 소화수 방수압력 : 0.1 MPa 이상

③ 방수량 : 65 lpm 이상

④ 화재위험작업 종료 시까지 작업지점 25 m 이내에 설치 또는 배치
(상시 사용 가능 및 동결방지조치)

⑤ 넘어질 우려가 없고 손쉽게 사용할 수 있어야 함

⑥ 식별이 용이하도록 간이소화장치 표시를 할 것

3) 비상경보장치

① 화재위험작업 종료 시까지 작업지점 5 m 이내에 설치 또는 배치 (상시 사용 가능)

② 화재사실 통보 및 대피를 해당 작업장의 모든 사람이 알 수 있을 정도의 음량을 확보할 것

4) 간이피난유도선

① 광원점등방식

② 공사장의 출입구까지 설치하고, 작업 중에는 상시 점등

③ 설치 높이 : 바닥에서 1 m 이하

④ 작업장 어느 위치에서도 출입구로의 피난방향을 알 수 있는 표시를 할 것

3. 결론

1) 위와 같은 제정이유에 따른 근본적 안전대책을 강구하려면 임시소방시설 기준을 선진국 수준으로 강화시킬 필요가 있음

2) 공사현장의 화재강도가 준공 이후에 비해 훨씬 큰 상황임에도 소화시설의 요구기준은 일반건축물에 크게 미치지 못하고 있는 실정임

3) 해외와 같이 건축물 설계 상의 소화펌프를 미리 설치하여 가동상태로 유지하고, 임시소화 입상주배관을 설치하여 소화전을 설치하는 등의 대책이 요구됨

3 특수가연물의 정의, 품명 및 수량, 저장 및 취급기준, 특수가연물 수량에 따른 소방시설의 적용에 대하여 설명하시오.

문제 3) 특수가연물

1. 정의

화재가 발생하는 경우 불길이 빠르게 번지는 고무류 · 면화류 · 석탄 및 목탄 등으로서 품명별 수량 이상의 가연물

2. 품명 및 지정수량

품명		지정수량
면화류		200 kg
나무껍질 및 대팻밥		400 kg
넝마 및 종이부스러기		1,000 kg
사류		1,000 kg
볏짚류		1,000 kg
가연성 고체류		3,000 kg
석탄, 목탄류		10,000 kg
가연성 액체류		2 m^3 이상
목재가공품 및 나무부스러기		10 m^3 이상
합성수지류	발포시킨 것	20 m^3 이상
	그 밖의 것	3,000 kg

3. 저장 및 취급기준

1) 표지

특수가연물을 저장 또는 취급하는 장소에는 품명 · 최대수량 및 화기취급의 금지 표지를 설치할 것

2) 저장

다음 기준에 따라 쌓아 저장할 것(발전용으로 저장하는 석탄 · 목탄류는 제외)

① 품명별로 구분하여 쌓을 것

② 쌓는 높이 : 10 m 이하

③ 쌓는 부분의 바닥면적 : 50 m^2(석탄 · 목탄류의 경우 200 m^2) 이하

④ 살수설비를 설치하거나, 방사능력 범위에 해당 특수가연물이 포함되도록 대형 수동식 소화기를 설치하는 경우

- 쌓는 높이 : 15 m 이하
- 쌓는 부분의 바닥면적 : 200 m^2(석탄 · 목탄류의 경우에는 300 m^2) 이하

⑤ 쌓는 부분의 바닥면적 사이 : 1 m 이상

4. 소방시설의 적용

소방시설	적용기준
옥내소화전 옥외소화전	지정수량의 750배 이상의 특수가연물을 저장, 취급하는 공장 또는 창고
스프링클러	• 지정수량의 1,000배 이상의 특수가연물을 저장, 취급하는 공장 또는 창고 • 지정수량의 500배 이상의 특수가연물을 저장, 취급하는 공장 또는 창고 (지붕 또는 외벽이 불연재료가 아니거나 내화구조가 아닌 것)
자동화재 탐지설비	지정수량의 500배 이상의 특수가연물을 저장, 취급하는 공장 또는 창고

4 (초)고층 건축물의 화재 시 연돌효과(Stack Effect)의 발생원인 및 문제점을 기술하고, 연돌효과 방지대책을 소방측면, 건축계획측면, 기계설비측면으로 각각 설명하시오.

문제 4] 연돌효과의 원인, 문제점 및 방지대책

1. 개요

1) 수직공간 내 · 외부의 온도차가 있을 경우 압력차가 발생되는데 이러한 압력차는 수직공간 높이에 비례하여 증가한다.

2) 겨울철에는 공기가 수직공간 상부에서 배출되며 발생하는 수직공간 내에 상승기류가 형성된다.

2. 연돌효과의 발생원인

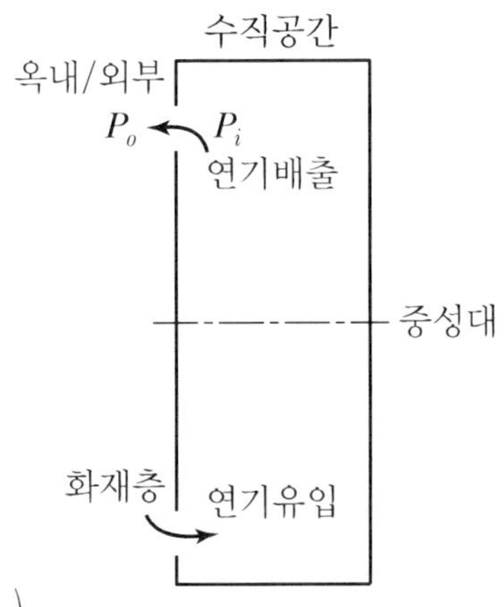

1) 중성대로부터 h만큼 상부에서의 압력차

$$\Delta P(\text{Pa}) = (\rho_o - \rho_i)gh$$

2) 밀도 계산식

$$\rho = \frac{PM}{RT} = \frac{1 \times 28.96}{0.082 \times T} = \frac{353}{T}$$

3) 수직공간 내 · 외부의 압력차

$$\Delta P(\text{Pa}) = \left(\frac{353}{T_o} - \frac{353}{T_i}\right) \times 9.8 \times h = 3,460\left(\frac{1}{T_o} - \frac{1}{T_i}\right)h$$

4) 연돌효과에 의한 상승 기류

① 겨울철에는 외기온도(T_o)가 수직공간 내부온도(T_i)보다 낮아 중성대 하부에서는 공기가 유입되고, 중성대 상부에서 공기가 배출됨

② 그에 따라 수직공간 내에 상승기류가 형성됨

③ 수직공간 내에 연기가 유입될 경우 부력에 의해 이러한 상승기류가 강해짐

④ 여름철에도 화재로 인해 수직공간 내에 고온 연기가 유입되면 상승기류가 형성됨

3. 연돌효과의 문제점

1) 에너지 손실과 출입문 개폐 장애

① 연돌효과에 따른 기류를 통한 냉 · 난방 에너지 손실

② 연돌효과에 의한 압력차로 계단실, 승강기 등의 출입문 개폐가 어려워짐

2) 화재 시 연기확산

수직공간 내로 유입된 연기가 상승기류에 의해 건물의 최상층 부근으로 확산되어 인명피해 증가

3) 제연성능에 대한 영향

① 차압 제연설비는 연돌차압보다 높은 압력으로 제연구역을 가압해야 함

② 또한 제연설비와 연돌효과에 의한 차압의 합이 계단실 문을 개방하는 데 영향을 주지 않아야 함

③ 연돌효과에 의한 압력차가 커지면 이러한 차압제연의 성능을 유지하기 어려워짐

4. 연돌효과 방지대책

1) 소방 측면

① 연기온도의 상승 억제

- 스프링클러에 의한 화재제어로 연기온도 상승 억제
- 화재실의 거실제연 또는 배연설비를 통해 고온의 연기 배출

② 급기가압 제연설비 적용

- 계단실, 비상용 및 피난용 승강기의 급기가압 제연설비 적용
- 엔지니어링 계산방식을 적용하여 연돌효과의 영향을 제연설계에 반영

2) 건축계획 측면

① 중성대 위치를 높게 유지

- 1층에 방풍실 설치
- 계단실 출입문에 자동폐쇄장치 적용

② 수직공간 분할

고층건축물의 승강로, 계단실 등을 분할하여 수직공간의 높이를 낮게 유지

3) 기계설비 측면

① 1층에 위치한 승강기 출입문을 폐쇄상태로 유지

② 승용승강기 승강장의 방연구획

③ PS, AD, EPS, TPS 등의 관통부에 대한 구획, 내화충전

④ 화재층의 배연창 적용

5 어떤 빌딩이 스프링클러설비와 소방서에 자동으로 울리는 알람 시스템에 의해 화재에 대해 보호되고 있다. 다음 조건에 따라 화재진압 실패 확률을 결함수 분석에 의해 계산하고 스프링클러설비와 알람시스템을 설치하는 이유를 설명하시오.(단, 연간 화재발생 확률은 0.005회이고, 만약 화재가 발생한다면 스프링클러가 작동할 확률은 97 %이고, 소방서에서 알람이 울릴 확률은 98 %이며, 스프링클러에 의해 효과적으로 화재를 진압할 확률은 95 %이다. 또한 소방서에서 알람이 울리면 소방관은 성공적으로 99 %의 화재진압을 할 수 있다.)

문제 5] 결함수 분석에 의한 화재진압 실패 확률과 소방시스템 설치 목적

1. 화재진압 실패 확률

1) 결함수 작성

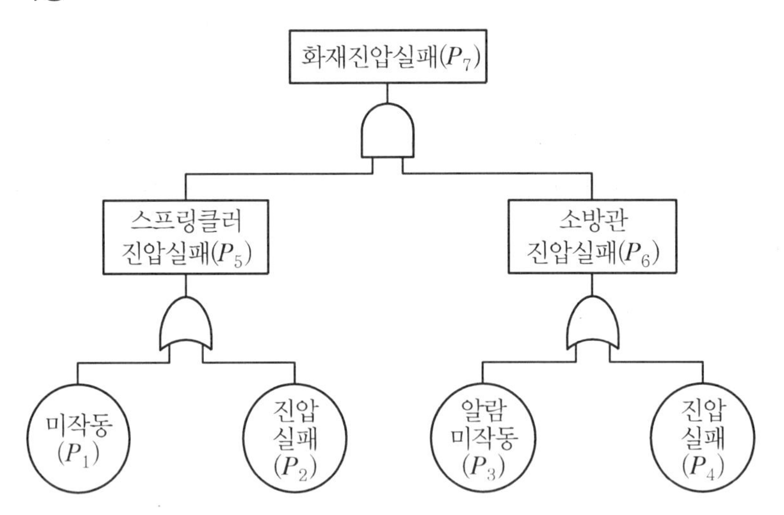

2) 화재진압 실패 확률 계산

① 스프링클러 진압실패(P_5)

$$P_5 = 1-(1-P_1)(1-P_2) = 1-(0.97\times0.95) = 0.0785$$

② 소방관 진압실패(P_6)

$$P_6 = 1-(1-P_3)(1-P_4) = 1-(0.99\times0.99) = 0.0298$$

③ 화재진압 실패 확률(P_7)

$$P_7 = P_5 \times P_6 = 0.0785 \times 0.0298 = 0.00234 = 0.234\%$$

2. 스프링클러설비와 알람시스템 설치 이유

1) 스프링클러와 알람시스템 설치 시 연간 진압실패 횟수

$$\frac{0.005\text{회}}{\text{Yr}} \times (0.00234) = 1.17 \times 10^{-5}\text{회/Yr}$$

2) 스프링클러 미설치 시 진압실패

① $\dfrac{0.005\text{회}}{\text{Yr}} \times (0.0298) = 1.49 \times 10^{-4}\text{회/Yr}$

② 연간 화재 시 진압실패가 12.74배 증가함

3) 알람시스템 미설치 시 진압실패

① $\dfrac{0.005\text{회}}{\text{Yr}} \times (0.0785) = 3.93 \times 10^{-4}\text{회/Yr}$

② 연간 화재 시 진압 실패가 33.56배 증가함

4) 설치 이유

스프링클러 또는 알람시스템을 설치하지 않을 경우, 연간 화재발생에 따른 진압실패 횟수가 수십 배 증가하므로, 화재진압을 위해 조기소화를 위한 스프링클러와 소방대의 조기출동을 위한 알람시스템 구축은 필수적이라 할 수 있다.

6 가솔린의 증발속도와 가솔린 화재에서의 화재플룸(Fire Plume)속도를 비교하여 설명하시오.(단, 가솔린은 최고 연소유속으로, 가솔린 증기밀도는 공기의 2배로, 화재플룸의 높이는 1 m로 가정한다.)

문제 6] 가솔린의 증발속도와 플룸속도의 비교

1. 가솔린의 증발속도

1) 공기밀도

① 가솔린의 증기온도를 80 ℃로 가정

② 공기밀도

$$\rho = \frac{353}{T} = 1.0\ \text{kg/m}^3 = 1{,}000\ \text{g/m}^3$$

2) 가솔린 증발속도

① 조건 : 가솔린 증기밀도는 공기의 2배

② 증발속도

$$V_e = \frac{55\ \text{g/m}^2\text{s}}{2 \times 1{,}000\ \text{g/m}^3} = 3\ \text{cm/s}$$

2. 플룸속도

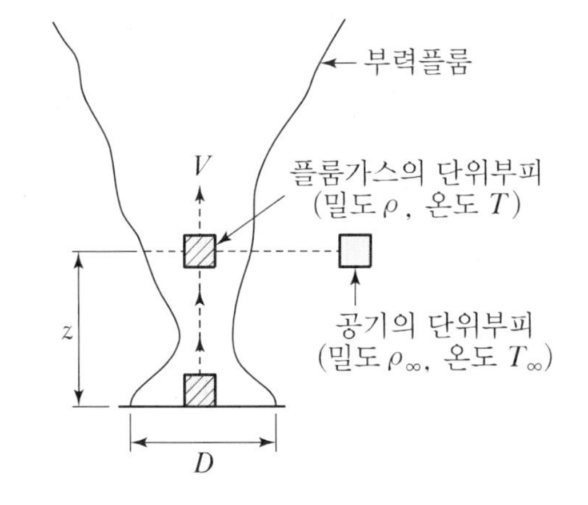

1) 높이 z에서의 위치에너지 : $(\rho_\infty - \rho)gz$

2) 플룸의 운동에너지 : $\dfrac{\rho V_p^2}{2}$

3) 플룸속도

$$(\rho_\infty - \rho)gz = \frac{\rho V_p^2}{2}$$

$$V_p = \sqrt{\frac{(\rho_\infty - \rho)2gz}{\rho}}$$

4) 여기서, 온도는 밀도에 반비례하므로

$$\frac{\rho_\infty - \rho}{\rho} = \left(\frac{\rho_\infty}{\rho} - \frac{\rho}{\rho}\right) = \left(\frac{T}{T_\infty} - \frac{T_\infty}{T_\infty}\right) = \frac{T - T_\infty}{T}$$ 가 되며,

플룸속도는 $V_p = \sqrt{\dfrac{(T - T_\infty)2gz}{T_\infty}}$

5) 여기서, 중력가속도(g) = 9.8 m/s², 화염높이(z) = 1 m이고

$\dfrac{T - T_\infty}{T} = \dfrac{2T_\infty - T_\infty}{T_\infty} = 1$이라 하면

$$V_p = \sqrt{\frac{(T - T_\infty)2gz}{T_\infty}} = \sqrt{1 \times 2 \times 9.8 \times 1} = 4.5\,\text{m/s}$$

3. 플룸속도와 증발속도 비교

1) 속도 크기

$$\frac{V_p}{V_e} = \frac{4.5 \times 10^2}{3} = 150$$

즉, 플룸속도가 증발속도의 약 100배 이상 더 크다.

2) 플룸에서의 공기인입 변수

① 가솔린의 증발속도는 느려서 공기의 인입을 가져올 수 없음

② 플룸으로의 공기인입은 부력에 의해 상승하는 풀룸속도가 온도상승에 따라 증가하여 발생하는 것이다.

CHAPTER 4

제 123 회 기출문제 풀이

123회 기출문제 1교시

1 고용노동부 고시의 「사업장 위험성평가에 관한 지침」에 따른 위험성 평가방법 및 위험성 평가 절차에 대하여 설명하시오.

문제 1] 사업장 위험성평가에 관한 지침

1. 위험성평가방법

1) 위험성평가 수행체제 구축

안전보건관리 책임자	• 해당 사업장의 총괄관리자가 수행 • 위험성평가의 실시를 총괄 관리
안전관리자 보건관리자	• 위험성평가 실시에 관해 안전보건관리책임자를 보좌하고 지도 · 조언 • 안전 · 보건관리자 선임의무 없는 경우 : 이 업무를 수행할 사람을 별도로 지정
관리감독자	• 유해 · 위험요인을 파악 • 그 결과에 따른 개선조치 시행
위험성평가 참여	• 기계 · 기구, 설비 등과 관련된 위험성평가 • 해당 기기 등에 전문지식을 갖춘 사람을 참여시켜야 함

2) 위 참여자에 대한 위험성평가 실시를 위해 필요한 교육 실시

3) 산업안전 · 보건전문가 또는 전문기관의 컨설팅

4) 다음의 경우 그 부분에 대한 위험성평가는 실시한 것으로 간주함

① 위험성평가방법을 적용한 안전 · 보건진단 수행

② 공정안전보고서 수행

③ 근골격계부담작업 유해요인조사 이행

④ 기타 법령에 따른 위험성평가 관련 제도 이행

2. 위험성평가의 절차

1) 평가대상의 선정 등 사전준비

2) 근로자의 작업과 관계되는 유해 · 위험요인의 파악

3) 파악된 유해 · 위험요인별 위험성의 추정

4) 추정한 위험성이 허용 가능한 위험성인지 여부의 결정

5) 위험성 감소대책의 수립 및 실행

6) 위험성평가 실시내용 및 결과에 관한 기록

2 가연성 혼합물의 연료와 공기량을 결정하는 방법에서 당량비(Equivalence Ratio, Φ)의 정의와 당량비(Φ) > 1, 당량비(Φ) = 1, 당량비(Φ) < 1일 경우 혼합기 상태에 대하여 설명하시오.

문제 2] 당량비의 정의와 당량비에 따른 혼합기 상태

1. 당량비의 정의

1) 화재플룸 내로 유입된 공기의 질량(m_a)과 연소되는 가연물의 질량(m_f)의 비를 화학양론적 가연물 - 공기비율(r)로 나눈 값

$$\Phi = \frac{m_f/m_a}{r}$$

2) 즉, 실제 연료와 공기의 질량비(F/A)를 완전연소에 필요한 비율인 이론연공비$(F/A)_{st}$로 나눈 값

$$\Phi = \frac{(F/A)}{(F/A)_{st}} = \frac{(\text{연료 질량} / \text{실제공기질량})}{(\text{연료 질량} / \text{이론공기질량})} = \frac{\text{이론공기량}}{\text{실제공기량}}$$

2. 혼합기의 상태

1) 당량비(Φ)>1

① 이론공기량 > 실제공기량 → 공기 부족

② 혼합기체 내에는 양론농도에 비해 가연성 가스의 비율이 높고, 산소가 부족한 상태

③ 구획실 화재의 경우 환기지배형 화재 발생

④ 연소생성물 : CO가 많이 발생, HCN, H_2S의 비율 증가

2) 당량비(Φ) = 1

① 이론공기량 = 실제공기량 → 양론농도의 상태

② 혼합기체 내에서 완전연소가 이루어지며, 발생열량 증가

③ 완전연소 생성물(CO_2, H_2O, N_2, F_2 등) 발생

3) 당량비(Φ) < 1

① 이론공기량 < 실제공기량 → 연료 부족

② 혼합기체 내에는 양론농도에 비해 공기는 충분하며 가연성 가스가 부족한 상태

③ 구획실 화재의 성장기 또는 감쇠기의 연료지배형 화재

④ CO_2, H_2O 외에 소량의 CO, NO_x, SO_2, HCl 등 발생

3 소방시설 법령에서 규정하고 있는 특정소방대상물의 증축 또는 용도변경 시의 소방시설기준 적용의 특례에 대하여 각각 설명하시오.

문제 3] 증축 및 용도변경 시의 소방시설기준 특례

1. 소방시설기준 적용의 원칙

1) 증축

특정소방대상물 전체에 대하여 증축 시점의 기준 적용

2) 용도변경

용도변경되는 부분에 한해 용도변경 시점의 기준 적용

2. 예외기준

1) 증축

기존 부분에 대해 증축 시점의 기준을 적용하지 않는 경우

① 기존 및 증축 부분이 내화구조로 된 바닥과 벽으로 구획된 경우

② 기존 및 증축 부분이 갑종방화문(자동방화셔터 포함)으로 구획되어 있는 경우

③ 자동차 생산공장 등 화재위험이 낮은 특정소방대상물 내부에 연면적 33 m^2 이하의 직원 휴게실을 증축하는 경우

④ 자동차 생산공장 등 화재위험이 낮은 특정소방대상물에 캐노피(기둥으로 받치거나 매달아 높은 덮개로서 3면 이상에 벽이 없는 구조의 것)를 설치하는 경우

2) 용도변경

특정소방대상물 전체에 대해 용도변경 전의 기준을 적용하는 경우

① 특정소방대상물의 구조 · 설비가 화재연소 확대요인이 적어지거나 피난 또는 화재진압활동이 쉬워지도록 변경되는 경우

② 문화 및 집회시설 중 공연장 · 집회장 · 관람장, 판매시설, 운수시설, 창고시설 중 물류터미널이 불특정 다수인이 이용하는 것이 아닌 일정한 근무자가 이용하는 용도로 변경되는 경우

③ 용도변경으로 인하여 천장 · 바닥 · 벽 등에 고정되어 있는 가연성 물질의 양이 줄어드는 경우

④ 다중이용업소, 문화 및 집회시설, 종교시설, 판매시설, 운수시설, 의료시설, 노유자시설, 수련시설, 운동시설, 숙박시설, 위락시설, 창고시설 중 물류터미널, 위험물 저장 및 처리시설 중 가스시설, 장례식장이 각각 이 호에 규정된 시설 외의 용도로 변경되는 경우

4 **최소산소농도(MOC, Minimum Oxygen Concentration)를 설명하고, 다음과 같은 데이터로 부탄가스의 최소산소농도를 추정하시오. 또한 불활성화(Inerting)의 정의 및 방법에 대하여 설명하시오.**

- 분자식 : 부탄가스(C_4H_{10})
- 분자량 : 58
- 연소범위 : 연소하한값(LFL) 1.6 %, 연소상한값(UFL) 8.4 %

문제 4] MOC의 개념 및 계산, 불활성화의 정의 및 방법

1. 최소산소농도(MOC)

1) 화염전파 가능한 최소한의 산소농도

→ 산소농도를 MOC 미만으로 낮추면 연료농도에 관계없이 연소 및 폭발 방지 가능함 (예혼합연소 예방)

2) 부탄가스의 최소산소농도

$C_4H_{10} + 6.5O_2 \rightarrow 4CO_2 + 5H_2O$

$$MOC = LFL \times \frac{(O_2\ \text{mol})}{(\text{fuel}\ \text{mol})} = 1.6\,\% \times \frac{6.5\ \text{mol}}{1\ \text{mol}} = 10.4\,\%$$

2. 불활성화(Inerting)

1) 정의

① 가연성 혼합기체에 불활성 물질(N_2, CO_2, 수증기 등)을 첨가하여 산소농도를 MOC 미만으로 낮추는 것

② CO_2를 불활성 기체로 사용할 경우 MOC가 N_2에 비해 2~3 % 정도 더 높음 (CO_2의 높은 열용량 때문)

2) 방법

① 진공퍼지

용기 내부의 기체를 배출(부압)하고, 대기압까지 불활성 가스를 주입하는 방식으로 원하는 산소농도가 될 때까지 반복

② 압력퍼지

용기 내부에 불활성 가스를 주입(고압)하고, 대기압까지 용기 내 기체를 배출하는 방식으로 원하는 산소농도가 될 때까지 반복

③ 스위프퍼지

용기 내를 대기압으로 유지하면서 용기내부 가스를 배출함과 동시에 불활성 가스를 주입하는 방식

④ 사이폰퍼지

용기 내에 액체를 주입하며 내부의 기체를 제거한 후 액체를 배출하면서 불활성 가스를 주입하는 방식

5 열감지기의 작동원리 중 샤를의 법칙(Charles' law)을 활용한 감지기의 작동원리에 대하여 설명하시오.

문제 5) 샤를의 법칙을 활용한 감지기

1. 개요

1) 샤를의 법칙

① 압력이 일정할 때, 기체의 부피는 온도에 비례

② 1 ℃ 상승할 때마다 0 ℃에서의 부피의 1/273씩 증가

2) 샤를의 법칙을 활용한 감지기는 화재로 인한 온도상승에 따른 공기의 팽창을 이용한 것

2. 샤를의 법칙을 이용한 감지기의 작동원리

1) 차동식 스포트형 감지기 중 공기팽창식

① 일정 온도상승률 이상

감열실 내의 급격한 공기팽창에 의해 다이어프램판이 접점을 형성

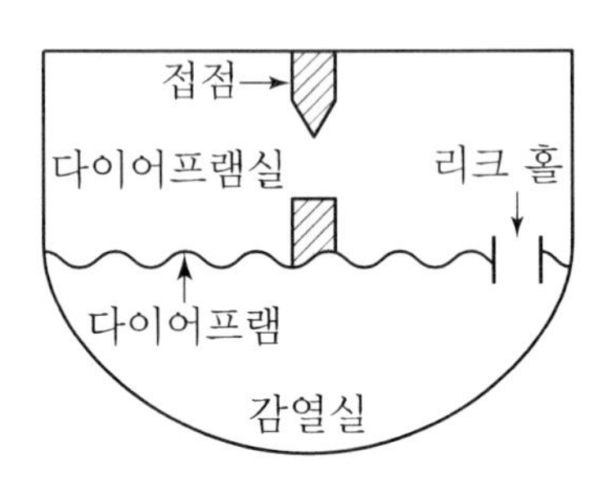

② 완만한 온도상승

리크홀로 감열실 내의 팽창공기가 다이어프램실로 유입되어 접점이 붙지 않음

2) 차동식 분포형 감지기 중 공기관식

① 화재 시

공기관 내의 공기가 급격히 팽창하여 다이어프램을 밀어올려 접점 형성

② 비화재 시

리크홀로 공기관 내의 팽창공기가 배출되어 접점이 붙지 않음

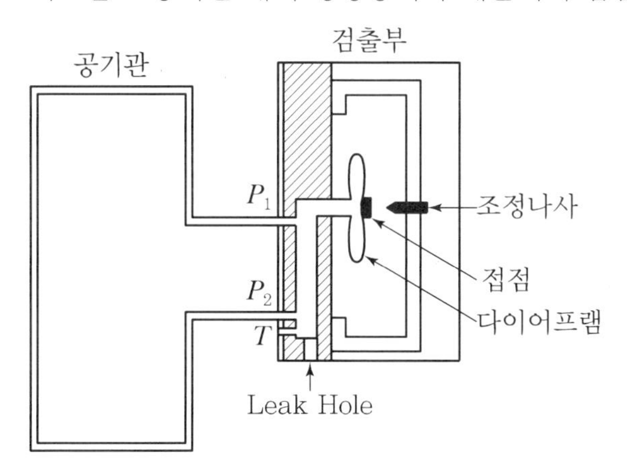

6 자동화재탐지설비 및 시각경보장치의 화재안전기준(NFSC 203)에서 감지기 설치 위치로 천장 또는 반자의 옥내에 면하는 부분에 설치를 규정한 기술적인 사유를 화재공학적인 측면에서 설명하시오.

문제 6] 감지기 설치위치의 기술적인 사유

1. 감지기 설치위치

1) 화재플룸에 의해 형성되는 Ceiling Jet 내에 감지기를 위치시키는 것을 원칙으로 함

2) 이는 열 또는 연기 감지기에 한하며, 불꽃감지기는 그 외의 장소에 설치 가능함

2. 화재공학적인 사유

1) Ceiling Jet의 형성

① 고온 기류의 낮은 밀도

$\rho = \frac{PM}{RT} = \frac{353}{T}$ → 즉, 온도가 높을수록 기체밀도 저하

② 부력에 의한 상승

온도상승에 따른 밀도저하로 부력이 발생되어 고온의 열, 연기가 상승

③ Ceiling Jet 형성

상승기류가 천장면에 닿으면 제트기류를 형성하며 천장면에서 확대됨

④ Ceiling Jet

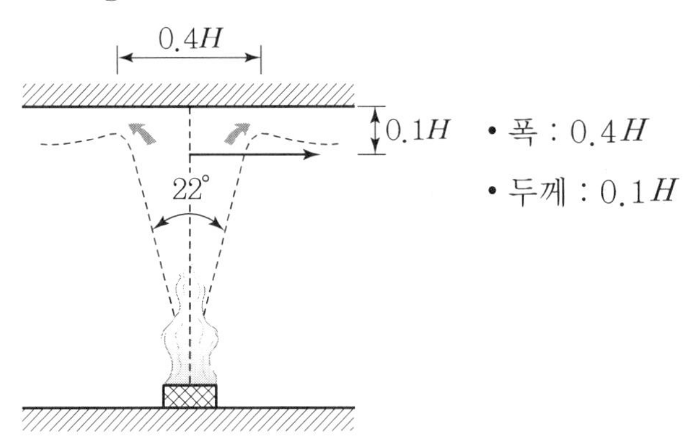

- 폭 : 0.4H
- 두께 : 0.1H

2) 감지기를 천장 또는 반자에 설치하는 이유

① 천장 또는 반자면을 따라 확대되는 Ceiling Jet 내에 감지기가 위치하도록 하기 위함

② 평평한 천장이 아닌 보구조의 천장의 경우, Ceiling Jet의 포켓 내 채움, 기류속도 저하 등에 의해 감지기 작동이 너무 지연되지 않도록 위치선정에 더욱 면밀한 검토가 필요함

7 제연시스템에 적용하고 있는 기술기준에 따른 방화댐퍼, 플랩댐퍼, 자동차압조절댐퍼 및 배출댐퍼에 대하여 작동 및 성능기준에 대하여 각각 설명하시오.

문제 7] 제연설비용 각종 댐퍼의 작동 및 성능기준

1. 작동 및 성능기준

1) 방화댐퍼

작동기준	감열체 용융에 의한 작동에서 화재로 인한 연기 또는 불꽃에 의해 자동 폐쇄로 개정됨 → 덕트 내 연기감지기가 요구됨
성능기준	• 방연성능(20 Pa에서 5 m^3/min 이하) • 내화성능 신설(비차열 1시간 성능)

2) 플랩댐퍼

작동기준	송풍기를 가압하여 시험기 내 최대 · 최소 차압의 ± 2 Pa에서 작동
성능기준	시험실 차압 : 출입문이 닫힌 시점에서 5초 이내에 작동압력 범위로 유지될 것

3) 자동차압조절댐퍼

작동기준	• 출입문이 닫힌 시점부터 차압이 작동차압 범위의 최대값으로 떨어질 때까지의 평균시간이 10초 미만일 것 • 출입문이 닫힌 시점부터 10초 이후에는 차압범위로 유지될 것
성능기준	• 누설량 성능곡선 신청값의 110 % 이내 • 최대사용풍압에서 댐퍼날개 개폐작동에 이상이 없을 것

4) 배출댐퍼

작동기준	화재층의 화재감지기 동작에 따라 당해층의 댐퍼 개방
성능기준	• 평상시 기밀상태 유지 • 개폐 여부를 확인할 수 있는 감지기능 내장

2. 결론

1) 배출댐퍼

① 닫힌 상태에서 누설량이 적은 에어타이트댐퍼가 요구됨

② 개방 외에 닫힘에 대한 접점 및 중계기회로 필요

2) 방화댐퍼

최근 방화댐퍼 기준 개정(2022.1.31. 시행)에 따라 작동방식 및 비차열성능을 확보해야 함

8 최근 에너지저장장치(ESS : Energy Storage System)를 활용한 전기저장시설의 화재가 빈발하여 화재사고 예방 및 피해 확산 방지를 위해 전기저장시설의 화재안전기준 제정(안)이 예고되었다. 이에 따른 스프링클러설비 및 배출설비 설계 시 고려사항에 대하여 설명하시오.

문제 8] ESS 화재안전기준에 따른 스프링클러 및 배출 설비의 설계 시 고려사항

1. 스프링클러설비 설계 시 고려사항

1) 설비 방식 : 습식 또는 준비작동식(더블인터록 제외)

→ 열폭주 현상에 의한 급격한 연소확대를 감안하여 즉각적 방수가 가능한 습식을 원칙으로 해야 함

2) 설계 기준

설계면적 : 230 m² 살수밀도 : 12.2 lpm/m² 방수시간 : 30분 이상	→	높은 살수밀도에 적합한 K-factor가 큰 스프링클러 도입 및 적용 필요함

3) 인접 헤드로의 방수영향을 최소화하기 위해 헤드 간격은 1.8 m 이상으로 할 것

→ 강한 기류와 높은 살수밀도에 따른 Skipping 방지

4) 준비작동식의 경우 제7조에 따른 감지기 설치

→ 동파 우려가 있는 장소에는 건식보다 방수지연시간이 비교적 짧은 준비작동식을 적용하되, 감지기는 조기감지 가능해야 함

5) 비상전원 : 30분 이상

→ 원거리 지역에 설치된 ESS의 경우 더 많은 용량 검토

6) 준비작동식의 수동기동장치 : 전기저장장치 출입구 부근

→ 무인시설이므로 외부에 설치하는 것이 바람직

7) 송수구 설치 : 소방차로부터 송수

2. 배출설비 설계 시 고려사항

1) 강제배출 : 배풍기, 배출덕트, 후드 이용

2) 배출용량 : 바닥면적 1 m^2당 18 m^3/hr 이상

3) 화재감지기의 감지에 따라 작동

4) 옥외와 면하는 벽체에 설치

→ ESS의 배출설비는 Off-Gas에 의한 폭발을 방지하기 위한 방식인 데 비해, 위 제정안은 화재에 의한 연소가스 배출 목적임. 이러한 방식은 KFS-410의 환기설비 등의 기준으로 개선 필요

9 국내 소방법령에 의한 성능위주설계 방법 및 기준에 대하여 다음 사항을 설명하시오.

(1) 성능위주설계를 하여야 하는 특정소방대상물

(2) 성능위주설계의 사전검토 신청서 서류

문제 9] 성능위주설계 대상 및 신청서류

1. 성능위주설계를 하여야 하는 특정소방대상물

다음에 해당하는 특정소방대상물을 신축하는 경우

1) 연면적 20만 m^2 이상인 특정소방대상물(아파트등 제외)

2) 다음 중 하나에 해당하는 특정소방대상물(아파트등 제외)

① 건축물의 높이가 100 m 이상인 특정소방대상물

② 지하층을 포함한 층수가 30층 이상인 특정소방대상물

3) 연면적 3만 m^2 이상인 특정소방대상물로서 다음 중 하나에 해당하는 특정소방대상물

① 철도 및 도시철도 시설

② 공항시설

4) 하나의 건축물에 영화상영관이 10개 이상인 특정소방대상물

2. 사전검토 신청서 서류

1) 건축물의 기본 설계도서

① 건물의 개요(위치, 규모, 구조, 용도)

② 부지 및 도로계획(소방차량 진입동선 포함)

③ 화재안전계획의 기본방침

④ 건축물의 기본 설계도면(주 단면도, 입면도, 용도별 기준층 평면도 및 창호도 등)

⑤ 건축물의 구조 설계에 따른 피난계획 및 피난동선도

⑥ 소방시설의 설치계획 및 설계 설명서

⑦ 화재 시나리오에 따른 화재 및 피난 시뮬레이션

2) 성능위주설계 설계업자 또는 설계기관 등록증 사본

3) 성능위주설계 용역 계약서 사본

10 최근 고층 건축물이 많아지면서 내부 화재 시 연기에 대한 재해도 증가 추세이다. 소방 감리자가 건축물의 준공을 앞두고 확인해야 할 사항 중 특별피난계단의 계단실 및 부속실 제연설비의 기능과 성능을 시험하고 조정하여 균형이 이루어지도록 하는 과정에 대하여 설명하시오.

문제 10] TAB의 과정

1. 제연 TAB 절차도

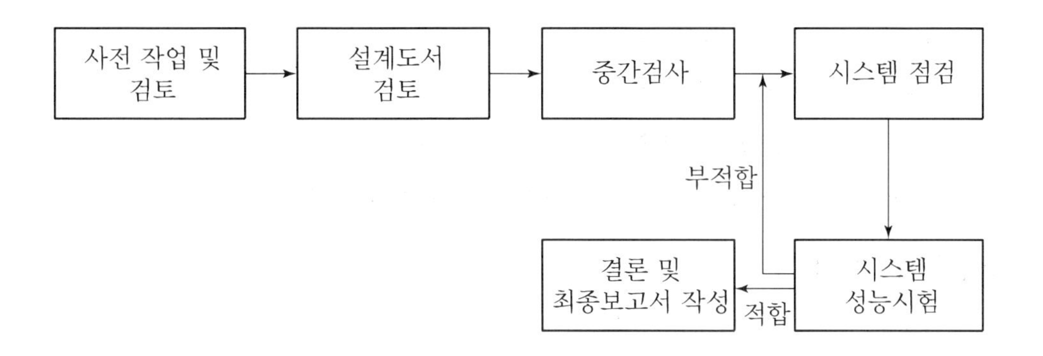

2. TAB 업무절차

1) 사전 작업 및 검토

① 자료 수집 : 건축도면, 설비도면, 제연 설계도서, 기기 자료 등

② 각 제연시스템의 계통도 작성을 통한 특이사항 파악

2) 설계도서 검토

다음과 같은 검토를 통한 문제점 도출 및 개선

① 도면 검토

② 엔지니어링 계산 수행

③ CONTAM 시뮬레이션 수행

3) 중간검사

① 덕트 누설시험

② 제연댐퍼의 누설량 검사

③ 방화문의 누설량 검사

4) 시스템 점검

TAB 수행 전 시스템이 정상 운전 가능한지 여부를 확인

5) 시스템 성능시험

화재안전기준에 따른 단계별 TAB(측정, 조정, 균형) 수행

① 출입문 : 크기, 개방방향, 틈새, 개방력에 대한 TAB

② 제연설비 작동 및 TAB 수행

- 차압 측정 및 조정

- 방연풍속의 측정 및 조정
- 출입문 개방력의 측정 및 조정
- 출입문이 개방되지 않은 층의 차압 측정 및 조정

③ 소방기술사회 인증 TAB 전문업체에 의뢰하여 수행하며, 감리원은 이를 참관

6) 종합보고서 작성

① TAB 결과와 화재안전기준의 비교

② TAB 수행 순서, 진행과정 및 결과 등을 기술

11 위험물안전관리법에서 규정한 인화성액체, 산업안전보건법에서 규정한 인화성액체, 인화성가스, 고압가스안전관리법에서 규정한 가연성가스의 정의에 대하여 각각 설명하시오.

문제 11] 인화성액체, 인화성가스 및 가연성가스의 정의

1. 위험물안전관리법의 인화성액체

1) 액체로서 인화의 위험성이 있는 것(인화점 250 ℃ 미만)

2) 제3, 4석유류와 동식물유류의 경우 1기압, 20 ℃에서 액체인 것만 해당

2. 산업안전보건법

1) 인화성 액체

① 표준압력(101.3 kPa)에서 인화점이 60 ℃ 이하이거나

② 고온 · 고압의 공정운전조건으로 인해 화재 · 폭발위험이 있는 상태에서 취급되는 가연성 물질

2) 인화성 가스

① 인화하한계(LFL)가 13 % 이하 또는 인화한계의 최고한도(UFL)와 최저한도(LFL)의 차이가 12 % 이상인 것으로서

② 표준압력(101.3 kPa)에서 가스 상태인 물질

3. 고압가스안전관리법의 가연성 가스

공기 중에서 연소하는 가스로서

1) 폭발하한계 : 10 % 이하

2) 폭발 상한계와 하한계 차이 : 20 % 이상인 것

4. 결론

1) 동일한 성상의 위험물질에 대한 정의가 각 법령에 존재하며, 그 기준이 상이함

2) NFPA에서와 같이 일괄적으로 관리하여 동일한 정의로 관리될 필요가 있음

⑫ 퍼킨제(Purkinje) 현상과 이를 응용한 유도등에 대하여 설명하시오.

문제 12) 퍼킨제현상과 이를 응용한 유도등

1. 퍼킨제현상

1) 주위장소의 밝기에 따라 색상에 대한 식별도가 변하는 현상

2) 눈의 색상 구분

① 간상체(Rod Cell)

색상 구분은 못하지만, 매우 약한 빛도 볼 수 있음

② 추상체(Cone Cell)

천연색에 민감하나 약한 빛에 둔감

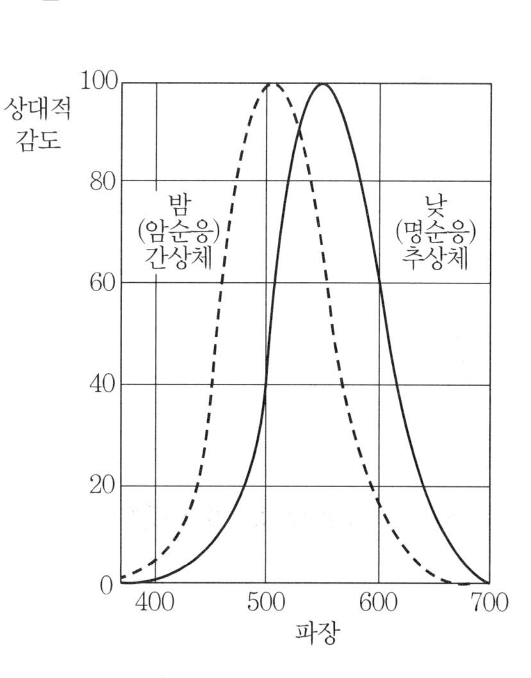

2. 이를 응용한 유도등

1) 화재 시의 주위 밝기

① 정전 시 또는 연기가 체류할 경우 주위는 어두워짐

② 이러한 경우 간상체에 의해 물체를 식별하게 됨
③ 간상체는 적색광은 흡수하여 잘 보이지 않고 오히려 녹색광에 대한 식별도가 높음

2) 유도등의 색상

① 위치를 식별해야 하는 피난구유도등 : 바탕색 녹색
② 방향을 식별해야 하는 통로유도등 : 방향표시 녹색

3) 적색 유도등을 사용하는 경우

NFPA 101 기준에 따르면

① 교통신호등의 녹색은 안전, 적색은 정지임을 감안하여 피난유도등의 색상을 녹색으로 정했었으나
② 주변의 높은 조도의 표지판보다 잘 보이는 적색 유도등을 많이 사용해왔기 때문에 녹색 표지판 규정의 시행이 어려워짐
③ 이로 인해 1949년에 적색 유도등 사용으로 복귀함
④ 경우에 따라 녹색이나 적색보다 더 잘 보이는 색이 있다는 가정을 근거로 현행 NFPA 101에서는 색상을 규정하지 않고 있음

3. 결론

최근 화재소방학회 논문에 따르면 반응시간은 녹색과 백색으로 조합된 유도등 색상일 때 가장 빠른 것으로 발표됨

⑬ 대피(피난)행동시 인간의 심리 특성에 대하여 설명하시오.

문제 13] 대피행동 시 인간의 심리특성

1. 개요

1) 피난행동 시 인간의 심리특성을 파악하여 그에 따른 적절한 피난계획을 수립해야 함
2) 특히 패닉현상이 발생하지 않도록 패닉바 적용, 대피방향으로의 출입문 개방 및 병목현상의 억제 등의 대책이 요구됨

2. 인간의 심리특성

1) 패닉현상

① 화재 등 비상사태가 발생하면 의외로 재실자는 침착해짐

② 그러나 출입문 폐쇄, 병목에 따른 대피지연, 독성가스 노출 등 위급한 상황이 발생하면 패닉현상이 발생될 수 있음

2) 대피 시의 인간본능

① 귀소본능

- 평상시 다니던 경로로 대피하는 특성
- 주 통로의 안전성 확보 및 평상시 이용하지 않는 피난로에 대한 주기적 대피훈련
- 백화점 · 대형마트 등의 경우 에스컬레이터의 화재 시 이용을 위해 Closely Spaced Sprinkler 및 제연경계 도입 등이 필요함

② 퇴피본능

- 출화점에서 멀리 떨어지려는 특성
- 양방향 피난로 확보가 필요함

③ 추종본능

- 위급 시 리더를 따르는 특성
- 불특정 다수가 이용하는 시설에 대한 직원의 주기적 피난유도교육 필요

④ 지광본능

- 어두워질 경우 밝은 쪽으로 이동하려는 특성
- 피난로의 조도 확보, 식별도가 높은 유도등 적용 필요

⑤ 좌회본능

- 오른손잡이는 계단 등에서 왼쪽으로 회전하려는 특성
- 계단의 경우 좌측으로 돌아서 피난층으로 대피하도록 설계

123회 기출문제 2교시

1 전기 설비를 위험 장소 및 사용 환경이 열악하여 화재 및 폭발의 우려가 있는 장소에서 사용하는 경우의 방폭형 소방 전기 기기에 대하여 아래 기호의 정의를 설명하고 이와 관련된 사항을 설명하시오.
(1) Ex d IIB T6　　(2) IP2X, IP54, IP67

문제 1] 방폭 기호의 정의

1. Ex d IIB T6

1) 기호의 정의

기호	기호의 의미
Ex	Explosion Proof(방폭구조)
d	Flame Proof(내압방폭)
II	가스폭발 분위기
B	내압방폭구조의 최대안전틈새 등급
T6	방폭형 소방전기기기의 최대표면온도 등급(85 ℃ 이하)

2) 관련 사항

① 방폭구조의 종류

기호	방폭구조	기호	방폭구조
d	내압	i	본질안전
p	압력	m	몰드
q	충전	n	비점화

기호	방폭구조	기호	방폭구조
o	유입	s	특수
e	안전증		

② 최대안전틈새 등급

폭발등급	IIA	IIB	IIC
최대안전틈새(mm)	0.9 이상	0.5~0.9	0.5 이하
적용가스	CO, 알칸	C_2H_4, HCN	H_2, C_2H_2

③ 폭발위험의 종류

Group	I	II	III
폭발위험	탄광	가스	분진

④ 발화온도에 따른 최고표면온도

기호	가스의 발화온도	방폭기기의 최대표면온도
T1	450 ℃ 초과	450 ℃ 이하
T2	300 ℃ 초과	300 ℃ 이하
T3	200 ℃ 초과	200 ℃ 이하
T4	135 ℃ 초과	135 ℃ 이하
T5	100 ℃ 초과	100 ℃ 이하
T6	85 ℃ 초과	85 ℃ 이하

2. IP2X, IP54, IP67

1) 기호의 정의

기호	기호의 의미
IP2X	• 손의 접근으로부터 보호 • 방수등급은 미정

기호	기호의 의미
IP54	• 분진으로부터 보호 • 모든 방향에서 분사되는 물방울 영향 없음
IP67	• 완전한 방진 • 일정시간 물에 침수되어도 영향 없음

2) 관련 사항

① 전기 · 전자기기의 먼지와 물에 대한 방호등급 표기방법

② IP : Ingress Protection(방수방진 등급)

③ 분류

번호	앞번호(방진등급)	뒷번호(방수등급)
0	보호 없음	보호 없음
1	직경 50 mm 이상 분진(손 접근 보호)	수직 낙하 물방울
2	직경 12 mm 이상 분진(손가락 접근 보호)	15° 이내 낙하 물방울
3	직경 2.5 mm 이상 분진(공구선단 보호)	60° 이내 낙하 물방울
4	직경 1 mm 이상 분진(Wire 보호)	모든 방향 분사 물방울
5	정상동작 방해하는 분진	모든 방향 분사되는 가압 물방울
6	완전한 방진	고압분사되는 물방울
7		일정시간 침수
8		계속적 수중 침수

3. 결론

1) 위험장소에 사용되는 소방전기기기는 해당 장소에 적합한 등급의 방폭구조를 가져야 하며, 설계 · 감리 시 이를 고려해야 한다.

2) 스프링클러가 설치된 장소에 적용되는 소방전기기기는 기본적으로 IPX6 이상의 방수등급을 가져야 한다.

2 이산화탄소소화설비에 대하여 다음 사항을 설명하시오.
(1) 배관의 구경 산정 기준(이산화탄소의 소요량이 시간 내에 방사될 수 있는 것)
(2) 방출시간(가스계소화설비 설계프로그램의 성능인증 및 제품검사의 기술기준)
(3) 배출설비
(4) 과압배출구(Pressure vent) 소요면적(m^2) 산출(식) 및 작동성능시험

문제 2] CO_2 소화설비의 구경산정, 방출시간 등의 기준

1. 배관의 구경 산정기준

구분		설계농도 도달시간
전역방출방식	표면화재	1분 이내
	심부화재	7분 이내 (2분 이내에 30 %에 도달)
국소방출방식		30초 이내

2. 방출시간

1) 방출 시 측정된 시간에 따른 방출헤드의 압력변화곡선에 의해 산출

2) 산출된 방출시간은 다음 표의 기준에 적합할 것

구분	방출시간 허용한계
표면화재 (60초 방출방식)	50~70초 (설계값 ±10초)
심부화재 (420초 방출방식)	378~462초 (설계값 ±10 %)

3) 압력곡선으로 방출시간을 산정할 수 없는 경우

① 공인된 다른 방법(온도, 농도 곡선 등)이나 기술적으로 충분히 과학적인 것으로 인정되는 시험방법을 적용하여 시험할 수 있다.

② 이에 따라 실무적인 방출시간 측정방법으로 방호구역 내의 산소농도 또는 CO_2 농도 측정을 이용하고 있음

3. 배출설비

1) 설치기준

지하층, 무창층 및 밀폐된 거실 등에 이산화탄소 소화설비를 설치한 경우에는 소화약제의 농도를 희석시키기 위한 배출설비를 갖추어야 함

2) 설치목적

① 이산화탄소는 유동성이 낮고 바닥에 가라앉아 자연적 배출이 어려우므로 밀폐된 방호구역에는 배출설비를 적용해야 함

② 배출설비는 소화 후 진입을 위해 설치하는 것이며, 공기보다 무거운 이산화탄소를 배출해야 하므로 낮은 부분에 설치함이 바람직함

4. 과압배출구

1) 소요면적 산출식

$$X(\text{mm}^2) = \frac{239\,Q}{\sqrt{P}}$$

여기서, Q : 방출유량(kg/min)

P : 방호구역 구조부의 허용인장강도(kPa)

(경량 : 1.2, 일반 : 2.4, Vault 건축물 : 4.8)

2) 작동성능시험

① 과압배출구 개방압력

- 개폐부 폐쇄상태 → 송풍기 가압 : 최소개방압력 측정
- 측정값 : 설계값의 ±20 % 이내이며, 50 Pa 이상

② 유효배출면적

송풍기로 계속 가압

→ 신청된 최대허용압력의 90~100 % 범위에서 개폐부 배출면적이 유효배출면적에 도달할 것

③ 최소폐쇄압력 측정

송풍기로 최대허용압력의 100 %까지 가압한 후, 송풍기 작동 정지

→ 최소폐쇄압력 측정

- 설계값의 ±30 % 범위 이내
- 30 Pa 이상
- 최소개방압력 설계값 미만일 것

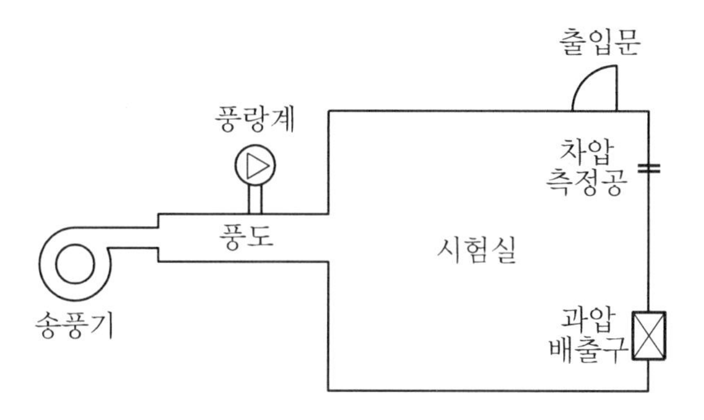

> **3 최근 전통시장에는 IoT기반의 무선통신 화재감지기를 많이 설치하고 있다. 무선통신 화재감지시스템의 구성요소와 이를 실현하기 위한 필수기술(또는 필수요소)에 대하여 설명하시오.**

문제 3] IoT 무선통신 화재감지시스템의 구성요소 및 필수요소

1. 무선통신 화재감지시스템의 구성요소

1) 무선식 수신기

① 무선식 감지기 · 중계기를 화재감시 정상상태로 전환시킬 수 있는 수동 복귀스위치를 설치

② 신호발신 개시로부터 200초 이내에 표시등 및 음향으로 경보

③ 통신점검 개시로부터 발신된 확인신호를 수신하는 소요시간은 200초 이내이어야 하며, 수신 소요시간을 초과할 경우 표시등 및 음향으로 경보

④ 통신점검시험 중에도 다른 회선의 감지기, 발신기, 중계기로부터 화재신호를 수신하는 경우 화재 표시될 것

2) 무선식 감지기

① 작동한 감지기

- 화재신호를 수신기/중계기에 60초 이내 주기 발신
- 수동복귀 신호를 수신하면 정상상태 복귀

② 무선통신 점검신호 수신 : 자동으로 확인신호

③ 건전지 주전원 : 리튬전지 동등 이상

- 용량산정

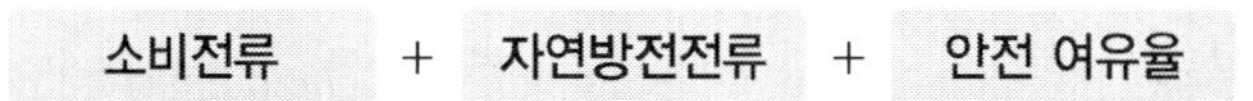

- 감시상태
- 수동/자동
- 통신점검
- 교체표시
- 부가장치 작동

- 건전지 교체 필요 시 : 표시등으로 수신부에 72시간 이상 표시

3) 무선식 중계기 및 발신기

4) LPWA(Low Power Wide Area) 무선통신

① 저전력으로 장거리 통신이 가능하도록 하는 저주파수 대역의 통신기능 구현

② 소방주파수 : 447 MHz

③ 많은 수량의 장치와 수신기 간의 양방향 다중통신에 적합

5) 무선게이트웨이

클라우드 서버로 Event 정보를 수신한 후, 이를 관리자, 시설관리업체, 소방서 등과 공유

2. 이를 실현하기 위한 필수기술(또는 필수요소)

1) 예비전원의 효율적 사용

① 감시방식

30초 이내에 공칭값 이상의 연기 발생을 감지하기 위해 10초에 한 번 감시 펄스 발생

② MCU 전원의 최소화

- Sleep 모드 유지
- 10초에 한 번씩 Wake 모드로 깨어나 감시
- 나머지 시간에는 전류소모를 하지 않도록 제어

2) 비화재보 저감기술 개발

① 빗살무늬 구조 미적용

먼지 침투가 용이하여 비화재보가 발생하기 쉬움

② 이중 격벽의 암실 사용

연기만 쉽게 들어가고 먼지는 아래로 가라앉으며 암실 내부로 들어간 먼지도 침착되지 않도록 적절한 유속을 유지

③ 환경오염 자동보정 알고리즘 구현

암실구조 개선으로도 유입되는 먼지에 의한 비화재보 감소

3) 헬리컬 안테나 설계 기술

① 원하는 주파수에서 최적 공진이 될 수 있는 설계

② 시제품 제작 전에 충분한 시뮬레이션 및 디버깅 수행

4 건축물 소방시설의 설계는 설계 전 준비를 포함한 ①기본계획 ②기본설계 ③실시설계 3단계로 구분된다. ②항의 기본설계 단계에서 수행되어야 할 주요 설계업무를 항목별로 설명하시오.

문제 4] 기본설계 단계에서의 수행 업무

1. 개요

1) 기본 설계 업무

계획설계 단계에서 정리된 건축물의 개요		·건축물의 구조, 규모, 형태, 치수, 사용재료, 각 공정별 시스템 결정 ·개략 공사비 산정 및 설계기간 결정

2) 기본설계도서 작성 목적

건축주의 요구와 설계자의 의도를 명확히 전달하기 위함

2. 기본설계 단계에서의 주요 설계업무

1) 기본설계의 업무범위

① 건축 기본계획안 검토

② 소방시설 설치공간 검토

③ 소화시스템 비교 검토

④ 기본설계도면 작성

⑤ 개략 공사비 산출서 작성

⑥ 소화장비 검토(개략계산서 작성)

⑦ 일반시방서 및 특기공사시방서(초안) 작성

⑧ 기본설계설명서 작성

⑨ 인허가도서 작성(실시설계 이후 작성할 수도 있음)

2) 기본설계 소방분야 검토내용

구분	내용
소화시스템 비교 검토	• 소화배관 이음방식 • 스프링클러설비 • 가스계 소화설비 • 자동화재탐지설비 수신기 • 감지기 • 무선통신보조설비 • 기타 신기술, 신공법
소방시설 기본설계 보고서	• 소방설계의 목표 및 기본 방향 • 소방 관계 법규 검토

구분	내용
소방시설 기본설계 보고서	• 소방시설 적용 계획
기본 설계도면	• 도면목록표 • 범례 및 장비일람표 • 계통도 • 기준층 평면도
기타	• 개략공사비 산출서 작성 • 소화장비 계산서 작성 • 일반시방서 및 특기공사시방서(초안) 작성

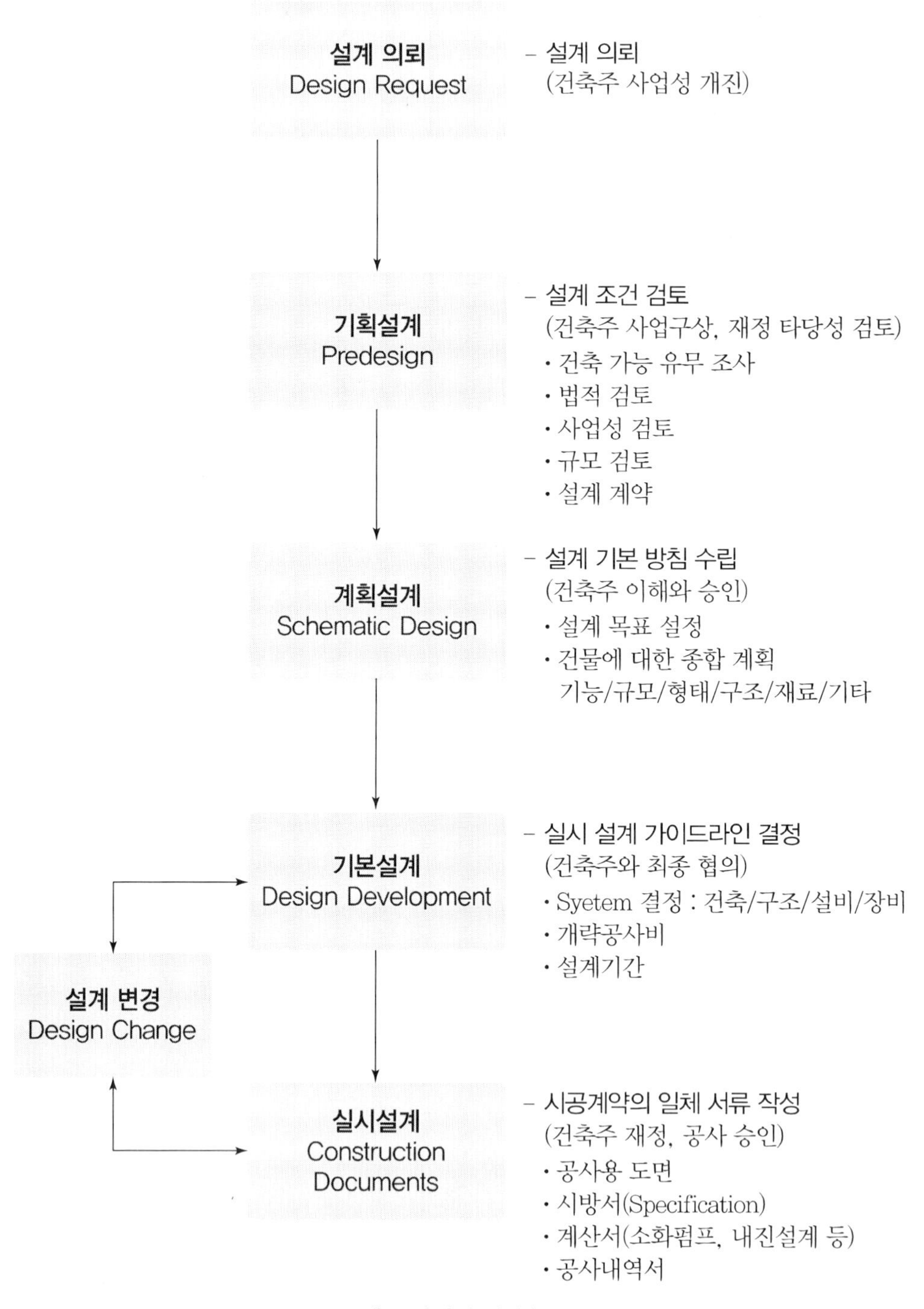
설계 의뢰
Design Request
- 설계 의뢰
(건축주 사업성 개진)
기획설계
Predesign
- 설계 조건 검토
(건축주 사업구상, 재정 타당성 검토)
· 건축 가능 유무 조사
· 법적 검토
· 사업성 검토
· 규모 검토
· 설계 계약
계획설계
Schematic Design
- 설계 기본 방침 수립
(건축주 이해와 승인)
· 설계 목표 설정
· 건물에 대한 종합 계획
기능/규모/형태/구조/재료/기타
기본설계
Design Development
- 실시 설계 가이드라인 결정
(건축주와 최종 협의)
· Syetem 결정 : 건축/구조/설비/장비
· 개략공사비
· 설계기간
설계 변경
Design Change
실시설계
Construction
Documents
- 시공계약의 일체 서류 작성
(건축주 재정, 공사 승인)
· 공사용 도면
· 시방서(Specification)
· 계산서(소화펌프, 내진설계 등)
· 공사내역서

‖ 소방설계 절차 ‖

5 건축법령에서 규정하고 있는 다음 사항에 대하여 설명하시오.
(1) 대피공간의 설치기준 및 제외 조건
(2) 방화판 또는 방화유리창의 구조
(3) 발코니 내부마감재료 등

문제 5] 대피공간, 방화판 또는 방화유리 및 발코니 내부마감재료

1. 대피공간 설치기준 및 제외 조건

1) 대피공간의 설치기준

① 바깥의 공기와 접할 것

② 실내 다른 부분과 방화구획할 것

③ 바닥면적 2 m^2(인접세대와 공용 시 3 m^2) 이상

④ 위치 및 출입문 구조

- 채광방향과 관계없이 거실 각 부분에서 접근이 용이하고, 외부에서 신속하고 원활한 구조활동을 할 수 있는 장소에 설치할 것
- 출입구에 설치하는 갑종방화문은 거실 쪽에서만 열 수 있는 구조(대피공간임을 알 수 있는 표지판을 설치할 것)로서
- 대피공간을 향해 열리는 밖여닫이로 할 것

⑤ 구획 및 내부마감

- 대피공간은 1시간 이상의 내화성능을 갖는 내화구조의 벽으로 구획
- 벽, 천장 및 바닥의 내부마감재료는 준불연재료 또는 불연재료 사용

⑥ 외기개방

- 대피공간은 외기에 개방될 것
- 창호를 설치하는 경우
  - 폭 0.7 m 이상, 높이 1.0 m 이상(구조체에 고정되는 창틀 부분은 제외)은 반드시 외기에 개방
  - 비상시 외부의 도움을 받는 경우 피난에 장애가 없는 구조로 설치할 것

⑦ 정전대비

정전에 대비해 휴대용 손전등을 비치하거나 비상전원이 연결된 조명설비 설치

⑧ 유지관리 및 겸용
- 대피에 지장이 없도록 시공 · 유지관리
- 보일러실, 창고 등 대피에 장애가 되는 공간으로 사용금지
- 실외기를 대피공간에 설치할 경우의 기준
  - 냉방설비의 배기장치를 불연재료로 구획할 것
  - 구획된 면적은 대피공간 바닥면적 산정 시 제외

2) 대피공간 제외 조건

① 인접세대와의 경계벽이 파괴하기 쉬운 경량구조 등인 경우
② 경계벽에 피난구를 설치한 경우
③ 발코니의 바닥에 하향식 피난구를 설치한 경우
④ 중앙건축위원회의 심의를 거친 대피공간과 동등 이상의 대체시설을 설치한 경우

2. 방화판 또는 방화유리창의 구조

1) 대상

아파트 2층 이상의 층을 발코니 확장하는 경우로서 스프링클러의 살수범위에 포함되지 않는 경우 적용

2) 구조

① 발코니 끝부분에서 높이 90 cm 이상(바닥판 두께 포함)
② 창호와 일체 또는 분리 설치 가능(난간은 별도 설치)
③ 불연재료인 방화판 또는 방화유리를 사용할 것
④ 화재 시 아래층에서의 화염을 차단할 수 있도록 발코니 바닥과 틈새가 없이 고정되어야 하며, 틈새가 있는 경우 내화채움구조로 메워야 함
⑤ 방화유리 : KS규격에 따른 비차열 30분 이상의 성능

3. 발코니 내부마감재료 등

1) 스프링클러의 살수범위에 포함되지 않은 발코니 구조변경 시

발코니에 자동화재탐지기 설치 및 내부마감재료 기준에 적합할 것

2) 내부마감재료 기준

벽 및 반자 : 불연, 준불연 또는 난연 재료

6 다중이용업소에 설치·유지하여야 하는 안전시설 중 ①소방시설의 종류와 ②비상구의 설치유지 공통기준에 대하여 설명하시오.

문제 6] 다중이용업소의 소방시설 및 비상구

1. 소방시설의 종류

1) 소화설비

① 소화기 또는 자동확산소화기

② 간이스프링클러설비(캐비닛형 간이스프링클러설비 포함)

2) 경보설비

① 비상벨설비 또는 자동화재탐지설비

② 가스누설경보기

3) 피난설비

① 피난기구 : 미끄럼대, 피난사다리, 구조대, 완강기

② 피난유도선

③ 유도등, 유도표지 또는 비상조명등

④ 휴대용 비상조명등

2. 비상구의 설치유지 공통기준

1) 설치위치

① 영업장(층별 영업장) 주된 출입구의 반대방향에 설치

② 건물구조로 인하여 주된 출입구의 반대방향에 설치할 수 없는 경우 : 영업장의 긴 변 길이의 1/2 이상 떨어진 위치에 설치 가능

2) 비상구 규격

가로 75 cm 이상, 세로 150 cm 이상(문틀을 제외한 길이)

3) 비상구 구조

① 비상구는 구획된 실 또는 천장으로 통하는 구조가 아닌 것으로 할 것

② 다른 영업장 또는 다른 용도의 시설(주차장은 제외)을 경유하는 구조가 아닐 것

③ 층별 영업장은 다른 영업장 또는 다른 용도의 시설과 불연 · 준불연재료로 된 차단벽이나 칸막이로 분리

4) 문이 열리는 방향

① 피난방향으로 열리는 구조로 할 것

② 예외

다음에 해당하는 경우 슬라이딩 자동문으로 설치 가능

• 주된 출입구의 문이 피난계단 또는 특별피난계단의 설치 기준에 따라 설치하여야 하는 문이 아닌 경우

• 방화구획이 아닌 곳에 위치한 주된 출입구가 다음의 기준을 충족하는 경우

- 화재감지기와 연동하여 개방되는 구조
- 정전 시 자동으로 개방되는 구조
- 정전 시 수동으로 개방되는 구조

5) 문의 재질

① 주요구조부가 내화구조인 경우 비상구와 주된 출입구의 문은 방화문으로 설치

② 예외

다음 중 하나에 해당 : 불연재료로 설치 가능

• 주요구조부가 내화구조가 아닌 경우

• 건물의 구조상 비상구 또는 주된 출입구의 문이 지표면과 접하는 경우로서 화재의 연소 확대 우려가 없는 경우

• 피난계단 또는 특별피난계단의 설치 기준에 따라 설치하여야 하는 문이 아닌 경우

• 방화구획이 아닌 곳에 위치한 경우

123회 기출문제 3교시

1 전통시장 화재에 대하여 다음 사항을 설명하시오.
가. 전통시장 화재의 특성(취약성)
나. 전통시장 화재알림시설 지원사업 목적 및 대상
다. 개별점포 및 공용부분 화재알림시설 설치기준 및 구성도(전통시설 화재알림시설 설치사업 가이드라인)

문제 1] 전통시장 화재 특성 및 화재알림시설

1. 전통시장 화재의 특성(취약성)

1) 구조적 한계

① 빠른 연소 확대

- 내부 물품의 높은 가연성
- 점포별 방화구획이 없음
- 연소 확대방지 시설의 설치가 어려움

② 소방차 진입 어려움

- 통로가 좌판, 상품 등으로 무단 점유됨
- 협소한 진입도로와 불법 주정차 차량

2) 전기 및 가스시설 사용상 문제

① 전기시설

- 임의 개조한 전기장치 사용
- 노후 전선의 방치

② 가연성 가스 시설

- 가스용기, 밸브, 배관 등의 시설관리 및 취급 부실
- 의류 등의 판매시설과 가연성가스를 사용하는 음식점 등이 혼재

3) 소방시설의 문제

① 기술기준에 따르지 않은 미검증된 수신기, 감지기 및 자동화재속보설비 등 설치

② 특정소방대상물에 전통시장이 포함되지 않은 시점의 기존 전통시장에 소방관련 법 미적용으로 인해 미검증 소방제품을 설치하는 문제가 발생하였음

4) 관리 부실

① 관리 및 경비 인원 감축에 따른 소방안전관리 운영 부실

② 화재 시 초기진압 실패 등의 원인

2. 전통시장 화재알림시설 지원사업 목적 및 대상

1) 목적

① 전통시장 내에 화재알림시설을 설치하여 화재 초기의 감지 및 소방관서와 상인에 대한 통보로 즉각적인 대응체계 마련

② 초기 진화 및 대형화재로의 확대 방지

2) 대상

전통시장 및 상점가 육성을 위한 특별법에 따른 전통시장 및 상권활성화구역(상점가 및 지하도상점가 제외)

3. 화재알림시설 설치기준 및 구성도

1) 구성도

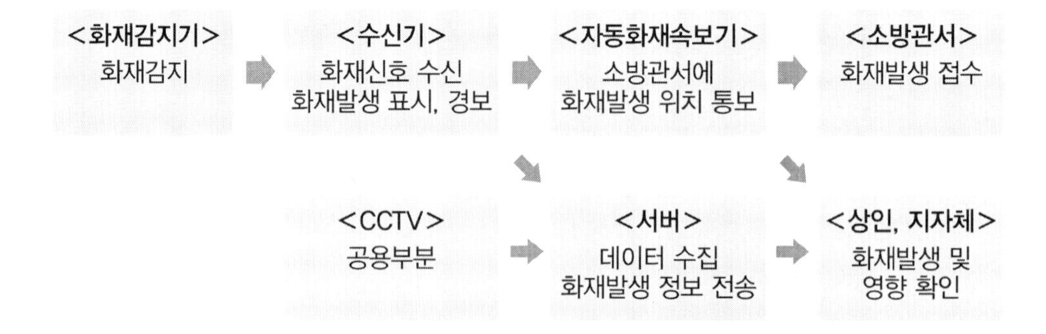

2) 설치기준

① 점포 유형

• 개별점포형 : IoT 기술을 접목한 점포별 화재알림시설 설치

• 오픈점포형 : 공용부분에 설치해도 화재감지가 가능한 시장

② 자동화재탐지설비 등의 기설치 시장은 기설치 장비를 제외한 장비를 지원하고, 신규설치 시장은 화재알림시설 기본 구성도를 참고하여 설치

③ 공통기준

• 소방관련법 준수를 위해 계획단계부터 관할 소방서와 협의하여 설치
• 형식승인, 성능인증, KC인증을 득한 제품 설치
• 감지기, 중계기, 수신기 간의 데이터통신은 유 · 무선방식이 모두 가능(유무선 혼용 가능)
• 최소 1개 이상의 감지기능을 갖춘 감지기 설치
• 자동화재속보설비 반드시 설치
• 비화재보를 최소화할 수 있는 장비 설치

2 하나의 단지내에 각 단위공장별로 산재된 자동화재탐지설비의 수신기를 근거리통신망(LAN)을 활용하여 관리하고자 한다. LAN의 Topology(통신망의 구조)중 RING형, STAR형, BUS형의 특징 및 장 · 단점을 설명하시오.

문제 2) 수신기의 근거리통신방식

1. 개요

1) 대형복합단지에서 여러 개의 수신기를 연결하는 통신네트워크 방식은 크게 Star 방식, Token Passing 방식, Multiple Access 방식 등이 있다.
2) 이 중에서 Token Passing 방식인 Ring 방식, Multiple Access 방식인 BUS(CSMA/CD) 방식이 많이 적용되고 있다.

2. Ring형

1) 각 수신기를 Loop 형태의 Class A 또는 X 배선방식으로 연결하고,(Class X 방식 권장) Token에 의해 데이터를 교환하는 Peer to Peer 방식의 통신네트워크방식

2) 특징

① 부하(수신기)의 증가에 따른 영향이 적다.

② 토큰이 올 때까지 수신기는 정보를 전송할 수 없으므로, 저 부하 상태에서도 기본적인 Overhead가 있다.

③ Peer to Peer 및 Stand Alone 방식이어서, 통신이 두절된 상태에서도 해당 동별로 독립적인 기능수행이 가능하고 중앙방재센터의 수신기가 고장 나더라도 동별 수신기는 정상 작동된다.

④ Loop 배선방식이므로 단선 시에도 정상적인 통신이 가능하며, 통신선로를 Class X 배선방식으로 할 경우에는 단락 시에도 통신할 수 있다.

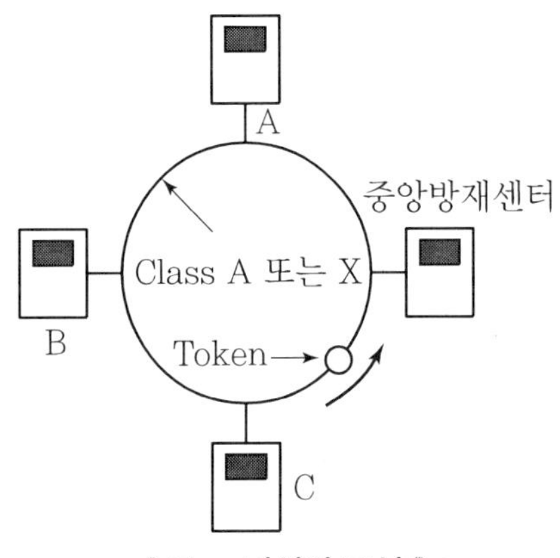

‖ Ring 방식의 구성 ‖

3. Star형

1) 중앙방재센터를 Master로 하고 각 동의 수신기를 Slave로 연결하는 Master－Slave 방식의 통신네트워크방식(수신기간 배선은 Class B 적용)

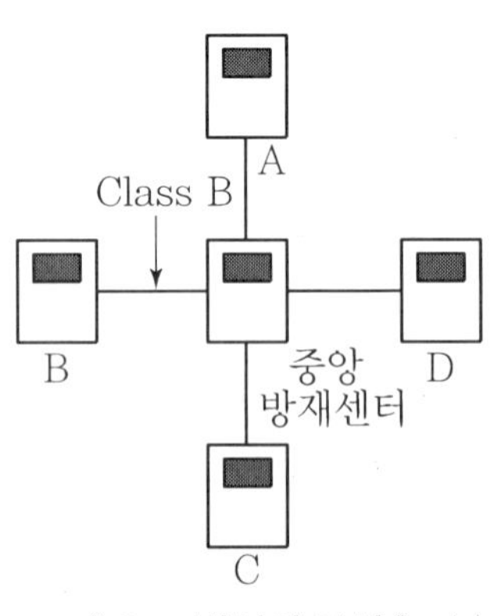

‖ Star 방식의 구성 ‖

2) 특징

① 수신기의 증설이나 보수가 용이

② 하나의 통신선로에서 단락 등이 발생해도 다른 수신기에는 영향 없음

③ Class B 배선방식이므로, 단선이나 단락 등의 고장 시 수신기 간의 통신 불가능

4. Bus형

1) 수신기를 Class B 또는 X 배선방식으로 직렬로 구성하는 Peer to Peer의 네트워크 방식

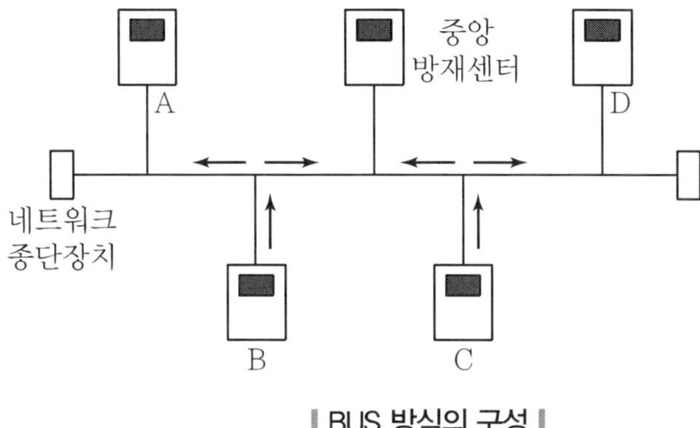

‖ BUS 방식의 구성 ‖

2) 특징

① Ring 방식과 달리 토큰을 기다릴 필요 없이 곧바로 데이터를 전송하므로, 적은 부하에서는 통신속도가 빠르다.

② 충돌 발생의 우려가 높아져서 재전송의 확률이 높아질 수 있으므로 부하의 증가에 영향을 받는다.

③ Peer to Peer 및 Stand Alone 방식이어서, 수신기별로 독립적인 기능수행이 가능하며, 중앙방재센터의 수신기가 고장 나더라도 각 수신기는 정상 작동된다.

④ 통신선로를 Class X로 하려면 2개가 아닌 4개의 통신선이 필요하지만, Class X로 할 경우 단선, 지락, 단락 시에도 통신할 수 있다.

❸ 대규모 건축물의 지하주차장 화재 시 공간특성 및 환기설비를 이용한 연기제어 방안과 연기특성을 고려한 성능평가 시험에 대하여 설명하시오.

문제 3] 지하주차장 화재 시의 연기제어방안과 성능평가 시험

1. 지하주차장 공간특성

1) 밀폐공간

① 열축적이 용이하여 연쇄 차량화재로 확산위험이 높음

② 방화구획 완화로 대형화재의 발생 위험

③ 제연설비 제외로 화재 시 다량의 열, 연기가 체류할 위험

2) 차량화재

① 차량 화재 발생으로 인한 고강도화재의 위험

② 전기차 충전장치 설치로 인해 화재위험 높음

3) 불완전한 소방시설

① 준비작동식 스프링클러의 낮은 작동 신뢰성

② 차동식 열감지기의 감지 지연

2. 환기설비를 이용한 연기제어 방안

성능위주설계 심의 등에서 매연 배출을 위한 환기설비를 화재 시에 제연모드로 사용하는 방안이 제시되고 있음

1) 급, 배기팬의 위치 및 용량

① 원활한 연기배출을 위해 급, 배기팬의 위치를 상호 반대방향에 배치해야 함

② 일반적으로 시간당 6회의 배출용량으로 적용하고 있음
(NFPA 88A : 1 m^3 당 300 lpm 이상의 용량)

2) 유인팬의 사용 제한

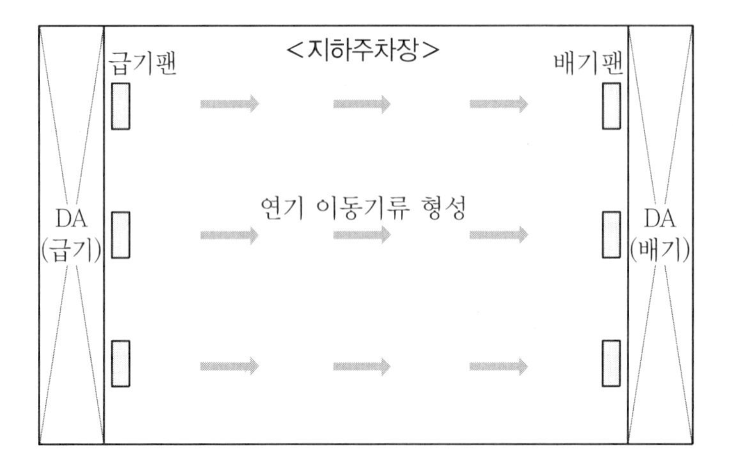

① 간혹 급, 배기팬을 반대방향에 위치시키지 않고 유인팬을 적용하는 경우가 있음

② 유인팬은 연기층을 교란시켜 오히려 연기확산을 유발하므로 이러한 방식은 적용하지 않아야 함

3) 대규모 공간인 경우 중간 배출시설 적용

대규모 주차장인 경우 연기 기류가 배기팬 위치까지 유지되기 어려우므로, 다음과 같이 중간 배출구의 설치가 바람직

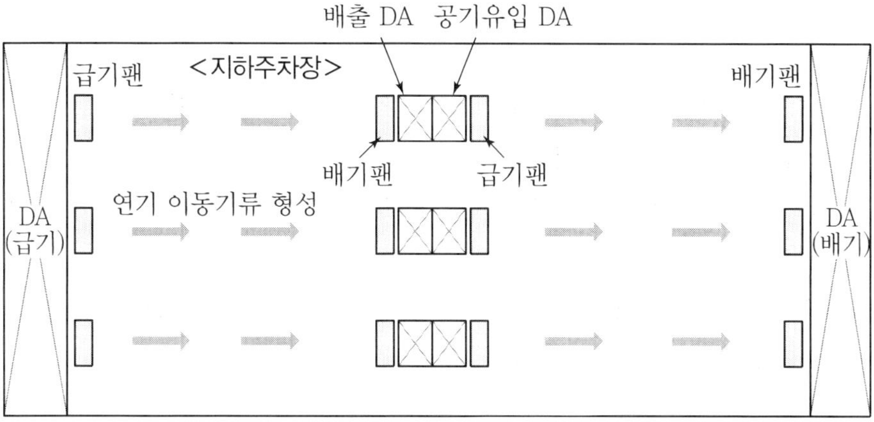

배출 DA 공기유입 DA
<지하주차장>
급기팬
배기팬
배기팬
급기팬
연기 이동기류 형성
DA (급기)
DA (배기)

3. 연기특성을 고려한 성능평가시험

1) 실제 연기는 독성, 부식성, 검댕을 포함하고 있어 건물 손상이나 독성가스에 의한 인명피해 우려가 있으므로 Hot Smoke Test로 성능평가를 수행함

2) 성능평가시험

① 시험 전 환기설비의 정상가동 유지

② 시험용 Hot Smoke를 발생시켜 감지기 작동

③ 자동화재탐지설비와 환기설비의 연동으로 환기설비가 제연모드로 작동되는지 확인

④ 시간에 따른 연기의 유동상황을 분석

4 특수제어 모드용(CMSA : Control Mode Specific Application) 스프링클러의 개요, 특성과 장 · 단점에 대하여 설명하고 표준형 / ESFR 스프링클러와 비교하시오.

문제 4] CMSA 스프링클러

1. 개요

1) 큰 물방울을 생성시켜 고위험(High-Challenge) 화재를 제어하는 기능으로 등록된 Spray 방식의 스프링클러헤드
2) CMSA 스프링클러는 상향식 또는 하향식으로 적용되며, K-factor가 160~360까지 다양함
3) 기존 라지드롭 스프링클러는 상향식 및 K=160인 헤드이며, CMSA 스프링클러 범위에 포함되었음

2. 특성

1) High-Piled Storage(적재높이 3.7 m 초과)의 고위험 화재의 제어 목적
   ① 살수밀도가 13.9 lpm/m^2 이상 필요한 경우에 화재제어 목적으로 적용 (그 이하의 살수밀도에는 K 80 또는 115 적용)
   ② 창고화재는 강한 열기류가 발생하므로 방수된 물입자가 커야 충분히 화점에 도달할 수 있으며 물입자 비산에 따른 Cold-Soldering 현상을 방지할 수 있음
2) 습식, 건식, 준비작동식 설비에 모두 적용 가능
   ① 습식설비 : 상온, 중간온도 및 고온도 등급 적용 가능
   ② 건식설비 : 고온도 등급의 헤드 적용
3) 배치간격 : 2.4~3.7 m
   ① 살수패턴이 Fire Plume을 통과하기에 충분하도록 중첩되어야 하므로 최대 이격거리 제한
   ② Skipping 현상 방지를 위해 최소 간격 이상 유지

③ 천장 부근에서 충분한 냉각이 유지될 수 있어야 함

4) 천장면에서의 거리 : 152~203 mm

① 최적 이격거리 : 180 mm(7 in.)

② 너무 가까울 경우 : 작동 헤드의 개수 증가로 살수분포, 침투력, 냉각효과가 감소됨

③ 너무 이격될 경우 : 작동지연으로 화세가 증가하여 더 많은 헤드 작동

3. 장단점

1) 장점

① 큰 물방울을 화점으로 직접 살수하여 연소를 신속하게 제어(표준형 헤드 : 가연재를 미리 적시는 효과)

② 천장온도를 신속히 냉각시킴

③ ESFR에 비해 살수장애 제한 기준이 덜 엄격함

2) 단점

① 가지배관에 직결 시 Pipe Shadow Effect 발생

② 다량 방수로 인한 수손 피해

③ 대부분 인랙 헤드의 설치가 필요함

④ 설계기준이 복잡함

4. 표준형, ESFR 스프링클러와의 비교

항목	표준형	CMSA	ESFR
목적	창고 화재제어 (CMDA 스프링클러)	창고 화재제어 (높은 살수밀도 요구 시)	창고 화재진압
K factor	80 또는 115	160~360	200~360
인랙 헤드	대부분 적용	대부분 적용	일부 적용
설치 장소	제한 없음	제한 없음	제한

5 건축법령상 특별피난계단의 구조와 특별피난계단 부속실의 배연설비 구조에 대하여 설명하시오.

문제 5) 특별피난계단의 구조 및 부속실의 배연설비 구조

1. 특별피난계단의 구조

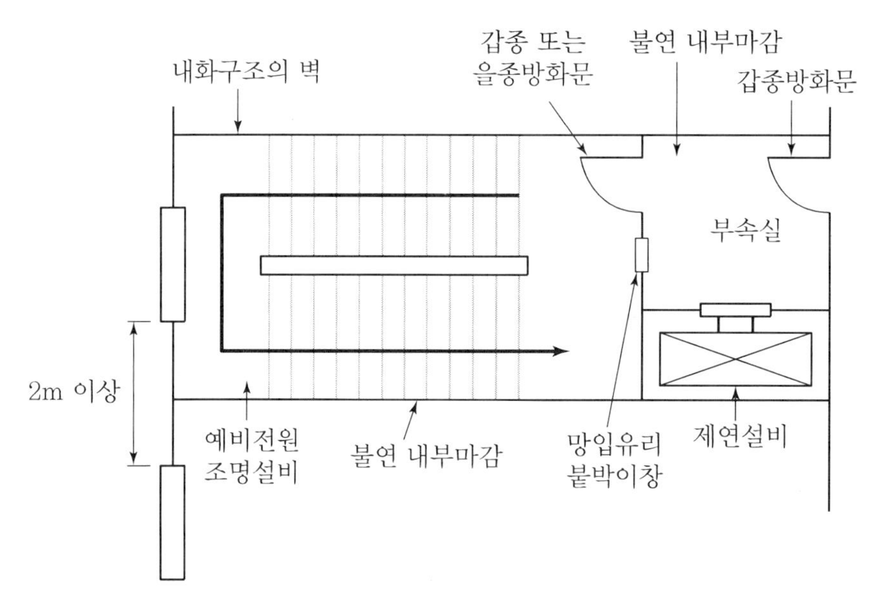

1) 계단실, 부속실의 실내(바닥, 반자 등 포함)에 접하는 부분의 마감(마감을 위한 바탕 포함)은 불연재료로 할 것
2) 계단실, 노대 및 부속실(비상용 승강기의 승강장겸용 부속실 포함)은 창문등을 제외하고는 내화구조의 벽으로 각각 구획할 것
3) 계단실에는 예비전원에 의한 조명설비를 할 것
4) 계단실에는 노대, 부속실에 접하는 부분 외에는 건축물 내부와 접하는 창문등을 설치하지 않을 것
5) 노대 및 부속실에는 계단실에 접하는 부분 외에는 건축물 내부와 접하는 창문등을 설치하지 않을 것
6) 계단실의 노대 또는 부속실에 접하는 창문등은 1 m^2 이하의 망입유리 붙박이창으로 할 것

7) 계단실, 노대 또는 부속실에 설치하는 건축물의 바깥쪽에 접하는 창문등은 당해 건축물의 다른 부분에 설치하는 창문등과 2 m 이상 이격시킬 것

※ 예외 : 망이 들어 있는 유리의 붙박이창으로서 그 면적이 각각 1 m^2 이하인 것

8) 계단의 구조

① 내화구조로 할 것

② 피난층 또는 지상까지 직접 연결되도록 할 것

9) 출입구

① 건물 내부 → 노대 또는 부속실 : 갑종방화문

② 노대 또는 부속실 → 계단실 : 갑종 또는 을종 방화문

③ 유효너비 : 0.9 m 이상

④ 피난방향으로 열 수 있을 것

⑤ 언제나 닫힌 상태를 유지하거나, 화재로 인한 연기 또는 불꽃 등을 가장 신속하게 감지하여 자동적으로 닫히는 구조

(불가능할 경우 온도를 감지하여 자동적으로 닫히는 구조를 할 수 있음)

10) 건축물 내부와 계단실은 노대를 통해 연결하거나 1 m^2 이상인 창문(높이 1 m 이상) 또는 배연설비가 있는 3 m^2 이상의 부속실을 통해 연결할 것

2. 부속실의 배연설비 구조

1) 배연구 및 배연풍도

① 불연재료로 할 것

② 화재 시 원활하게 배연시킬 수 있는 규모

③ 외기 또는 평상시에 사용하지 않는 굴뚝에 연결할 것

2) 배연구의 수동개방장치 및 자동개방장치

① 손으로도 열고 닫을 수 있도록 설치할 것

② 자동개방장치 : 열 또는 연기 감지기에 의한 것

3) 배연구 설치기준

① 평상시 닫힌 상태 유지

② 개방 시 배연에 의한 기류로 인해 닫히지 않도록 할 것

4) 배연기 설치기준

① 배연구가 외기에 접하지 않은 경우 배연기를 설치할 것

② 배연구 개방에 의해 자동적으로 작동하고, 충분한 공기배출 또는 가압능력이 있을 것

③ 배연기에는 예비전원을 설치

5) 공기유입방식이 급기가압방식 또는 급, 배기방식인 경우

소방관계법령의 규정에 적합하도록 할 것

6 초고층 및 지하연계 복합건축물 재난관리에 관한 특별법 법령에서 규정하고 있는 다음 사항에 대하여 설명하시오.

(1) 종합재난관리체제의 구축 시 포함될 사항

(2) 재난예방 및 피해경감계획 수립, 시행 등에 포함되어야 하는 내용

(3) 관리주체가 관계인, 상시근무자 및 거주자에 대하여 각각 실시하여야 하는 교육 및 훈련에 포함되어야 할 사항

문제 6] 초고층 특별법 관련 기준

1. 종합재난관리체제 구축 시 포함사항

1) 재난대응체제

① 재난상황 감지 및 전파체제

② 방재의사결정 지원 및 재난 유형별 대응체제

③ 피난유도 및 상호응원체제

2) 재난 · 테러 및 안전 정보관리체제

① 취약지역 안전점검 및 순찰정보 관리

② 유해 · 위험물질 반출 · 반입 관리

③ 소방시설 · 설비 및 방화관리 정보

④ 방범 · 보안 및 테러대비 시설 관리

3) 그 밖에 관리주체가 필요로 하는 사항

2. 재난예방 및 피해경감계획 포함내용

1) 재난 유형별 대응 · 상호응원 및 비상전파계획
2) 피난시설 및 피난유도계획
3) 재난 및 테러 등 대비 교육 · 훈련계획
4) 재난 및 안전관리 조직의 구성 · 운영
5) 어린이 · 노인 · 장애인 등 재난에 취약한 사람의 안전관리대책
6) 시설물의 유지관리계획
7) 소방시설 설치 · 유지 및 피난계획
8) 전기 · 가스 · 기계 · 위험물 등 다른 법령에 따른 안전관리계획
9) 건축물의 기본현황 및 이용계획
10) 초고층 건축물등의 층별 · 용도별 거주밀도 및 거주인원
11) 재난 및 안전관리협의회 구성 · 운영계획
12) 종합방재실 설치 · 운영계획
13) 종합재난관리체제 구축 · 운영계획
14) 재난예방 및 재난발생 시 안전한 대피를 위한 홍보계획

3. 교육 및 훈련에 포함될 사항

1) 관계인 및 상시근무자에 대한 교육 및 훈련

① 재난 발생 상황 보고 · 신고 및 전파에 관한 사항
② 입점자, 이용자 및 거주자 등(장애인 및 노약자 포함)의 대피유도에 관한 사항
③ 현장 통제와 재난의 대응 및 수습에 관한 사항
④ 재난 발생 시 임무, 재난 유형별 대처 및 행동 요령에 관한 사항
⑤ 2차 피해 방지 및 저감에 관한 사항
⑥ 외부기관 출동 관련 상황 인계에 관한 사항
⑦ 테러 예방 및 대응 활동에 관한 사항

2) 거주자 등에 대한 교육 및 훈련

① 피난안전구역의 위치에 관한 사항

② 피난층(피난안전구역 포함)으로의 대피요령 등에 관한 사항

③ 피해 저감을 위한 사항

④ 테러 예방 및 대응 활동에 관한 사항(입점자만 해당)

123회 기출문제 4교시

1 옥내소화전설비에서 정하는 내화배선과 내열배선의 기능, 사용전선의 종류에 따른 배선 공사방법 및 성능검증을 위한 시험방법을 설명하고 내열배선의 성능검증방법 중 적절한 검증방법을 설명하시오.

문제 1] 내화배선과 내열배선

1. 내화 · 내열 배선의 기능

1) 내화배선 : 화재에 노출되었을 때 전선의 기능을 유지할 수 있는 배선방법

2) 내열배선 : 화재에 의한 고온, 열에 노출되었을 때 전선의 기능을 유지할 수 있는 배선방법

2. 사용전선 종류에 따른 배선공사방법

1) 내화배선

① 공사방법에 따라 내화배선이 되는 경우

- 대상 : 450/750 V 저독성난연가교폴리올레핀절연전선 등
- 금속관, 2종금속제가요전선관 또는 합성수지관 내에 전선을 수납하여 내화구조로 된 벽 또는 바닥 등에 그 표면으로부터 25 mm 이상의 깊이로 매설
- 내화성능을 가진 배선전용실 또는 배선용 샤프트 · 피트 · 덕트 등에 전선을 설치
- 배선 전용실 등에 다른 설비의 배선이 있는 경우 이로부터 15 cm 이상 이격 또는 배선지름의 1.5배 이상 높이의 불연성 격벽을 설치

② 내화전선을 사용하는 경우 : 케이블 공사방법에 의함

2) 내열배선

① 공사방법에 따라 내열배선이 되는 경우

- 대상 : 450/750 V 저독성난연가교폴리올레핀절연전선 등
- 금속관, 금속제가요전선관, 금속덕트 또는 불연성 덕트에 전선을 수납
- 내화성능을 가진 배선전용실 또는 배선용 샤프트 · 피트 · 덕트 등에 전선을 설치
- 배선 전용실 등에 다른 설비의 배선이 있는 경우 이로부터 15 cm 이상 이격 또는 배선지름의 1.5배 이상 높이의 불연성격벽을 설치

② 내열전선을 사용하는 경우 : 케이블 공사방법에 의함

3. 성능검증을 위한 시험방법

1) 내화전선

① 현행 기준

버너의 노즐에서 75 mm의 거리에서 온도가 750±5 ℃인 불꽃으로 3시간 동안 가열한 다음, 12시간 경과 후 전선 간에 허용전류용량 3 A의 퓨즈를 연결하여 내화시험 전압을 가한 경우 퓨즈가 단선되지 아니하는 것

② 최근 행정예고

- 기존 성능기준은 일반내화(750 ℃) 성능으로 되어 화재 및 충격에 취약하고 KS규격과 상이함
- 830 ℃ 불꽃시험과 충격시험으로 기준을 개선할 예정

2) 내열전선

① 현행 기준

- 온도가 816±10 ℃인 불꽃을 20분간 가한 후 불꽃을 제거하였을 때, 10초 이내에 자연소화가 되고 전선의 연소된 길이가 180 mm 이하일 것
- 가열온도의 값을 한국산업표준(KS F 2257-1)에서 정한 건축구조부분의 내화시험방법으로 15분 동안 380 ℃까지 가열한 후 전선의 연소된 길이가 가열로의 벽으로부터 150 mm 이하일 것

② 최근 행정예고

현행 기준은 난연전선 기준이 혼재되어 있고 국제적 표준도 없으므로, 소방용 내열전선은 내화전선 성능 이상을 확보하도록 내화전선 기준을 삭제할 예정

4. 내열배선의 적절한 검증방법

1) 내열전선의 현행 성능기준은 전선이 직접 화염에 노출된 상태에서 시험하는 기준임
2) 내열전선은 전선이 고온의 열에 노출되었을 때에도 절연내력 저하와 같은 성능저하 없이 그 기능을 유지하면 됨
3) 따라서 고온에 노출된 상태에서 요구시간 동안 전선의 성능 저하 여부를 검증하는 방법이 적절하다고 판단됨

2 소방펌프 유지관리 시험 시 다음 사항에 대하여 설명하시오.
(1) 체절운전(무부하 운전) 시험방법
(2) NFPA 25에서 전기모터 펌프는 최소 10분 동안 구동하는 이유
(3) NFPA 25에서 디젤 펌프는 최소 30분 동안 구동하는 이유

문제 2] 소방펌프 유지관리 시험

1. 체절운전 시험방법

1) 체절운전 시험의 목적
   ① 체절압력이 정격압력의 140 % 이하인지 확인
   ② 체절압력 미만에서 릴리프밸브가 동작하는지 확인

2) 체절운전의 정의
   ① 국내 : 토출량이 0인 상태에서 펌프 운전상태
   ② NFPA 20 : 소방펌프가 작동 중이지만 펌프를 통과하는 물은 순환릴리프밸브를 통해 배출되거나 디젤엔진 구동을 위한 냉각용으로 흐르는 소유량뿐인 운전상태
   → NFPA 25에서는 순환 릴리프밸브를 개방상태로 하여 체절운전 시험 수행

3) 시험방법(소방공사 감리절차서 기준)
   ① 성능시험배관상의 개폐밸브 폐쇄
   ② 릴리프밸브 상단의 캡을 열어 작동압력을 최대로 높임

→ 릴리프밸브 개방 전 소방펌프가 낼 수 있는 최대의 압력을 확인하기 위함이라 고 설명되어 있음

③ 주펌프 수동기동

④ 펌프 토출 측 압력계의 압력이 변동하다가 정지될 때의 압력(체절압력)을 측정함

⑤ 주펌프 정지

⑥ 릴리프밸브 조절볼트를 적당히 돌려 스프링 힘이 작게 함

⑦ 주펌프를 다시 기동시켜 릴리프밸브에서 압력수가 방출되는지 확인

⑧ 만약 압력수를 방출하지 않으면 릴리프밸브가 압력수를 방출할 때까지 조절볼트 개방

⑨ 릴리프밸브에서 압력수를 방출하는 순간의 압력계상의 압력이 릴리프밸브에 세팅된 동작압력이 됨

⑩ 주펌프 정지

⑪ 릴리프밸브 상단 캡을 덮어 조여 놓음

2. 전기모터 펌프를 10분 이상 구동하는 이유

1) 전동기 권선 냉각

① 펌프 기동 시에는 펌프 가속에 소모되는 동력으로 인해 권선에 많은 열이 발생함

② 10분은 전동기 권선이 시동 후 냉각되는 데 필요한 최소 시간이며, 10분 미만의 펌프 운전을 반복하면 전동기 수명이 크게 단축됨

2) 펌프 패킹 및 베어링 점검시간 확보

펌프 패킹 및 베어링의 과열 또는 과도한 누수 발생 여부를 확인하기 위해 10분 이상 운전이 필요함

3. 디젤 펌프를 30분 이상 구동하는 이유

1) 펌프 및 구동장치의 과열 여부 확인

① 30분 이상 운전해야 펌프 및 구동장치가 작동온도에 도달

② 이 작동온도에서 펌프 과열 문제가 발생되는지 여부를 확인

2) 저장탱크 내 연료의 정체 방지

디젤 연료를 충분히 소모하여 연료가 공급배관이나 탱크에 정체되지 않도록 함

3) 불연소 배기 현상(Wet Stacking) 방지

① Wet Stacking

디젤엔진 실린더 내에서 미연소된 액체연료가 섞여 배기되는 현상

② 이러한 현상이 지속되면 엔진 성능의 심각한 저하 및 연료 소비량 증가를 일으켜 엔진 고장이 발생 가능

③ 구동장치가 정격온도에 도달하도록 운전하여 이러한 Wet Stacking 현상을 방지해야 함

4. 결론

1) 소방공사 감리절차서에 따른 소방펌프 성능시험 절차는 체절, 정격 및 최대 부하운전 시험마다 펌프를 정지시키도록 규정되었으나, 이렇게 운전할 경우 펌프의 고장을 유발할 우려가 크다.

2) 따라서 펌프를 기동시킨 상태에서 정지 없이 연속해서 체절, 정격 및 최대 부하운전 시험을 수행하도록 절차를 규정해야 한다.(NFPA 25에서도 펌프의 정지 없이 한 번에 시험)

3 이산화탄소 소화설비를 전역방출방식으로 설치하려고 한다. 다음 조건을 참조하여 각 물음에 답하시오.

〈조건〉
- 기압 : 1 atm
- 온도 : 10 ℃
- 설계농도 : 65 %
- 용도 : 목재가공품창고
- 체적 : 400 m^3
- 이산화탄소 저장용기 : 45 kg 고압용기
- 개구부는 화재시 자동 폐쇄된다.
- 소화약제 방출시간을 설계농도 도달시간으로 가정한다.
- 기타 다른 조건은 무시한다.

(1) 자유유출(Free Efflux) 상태에서 목재가공품 창고의 소화에 필요한 소화약제량을 구하시오.
(2) 필요한 이산화탄소 저장용기 수량과 저장하는 소화약제량을 구하시오.
(3) 소화약제 방출시간을 구하시오.

문제 3] CO_2 소화설비의 계산

1. 소화약제량

1) 비체적 계산

① CO_2의 분자량 : 44

② 비체적 : $S = K_1 + K_2 t = \dfrac{22.4}{\text{분자량}} + \dfrac{K_1}{273} t = \dfrac{22.4}{44} + \dfrac{K_1}{273}(10) = 0.5277$

2) 소화약제량

① 방출률

$$f.f = 2.303 \log \frac{100}{100 - C} \times \frac{1}{S} = 2.303 \log \frac{100}{100 - 65} \times \frac{1}{0.5277} = 1.99 \text{ kg/m}^3$$

② 필요 소화약제량

$$W = f.f \times V = 1.99 \times (400\ \text{m}^3) = 796\ \text{kg}$$

2. 저장용기 수량 및 저장 약제량

1) 저장용기 수량

① 저장용기 : 45 kg/병

② 저장용기 수량 : $\dfrac{\text{필요약제량}}{\text{1병당 저장량}} = \dfrac{796\ \text{kg}}{45\ \text{kg/병}} = 17.7 \fallingdotseq 18\text{병}$

2) 저장약제량

18병 × 45 kg/병 = 810 kg

3. 소화약제 방출시간

1) 심부화재의 방사율

① 2분 이내에 설계농도가 30 %에 도달해야 함

② 시간당 방사율

$$f.f = 2.303\ \log \frac{100}{100-30} \times \frac{1}{0.5277} = 0.676\ \text{kg/m}^3$$

$$\text{방사율} : \frac{(0.676\ \text{kg/m}^3) \times (400\ \text{m}^3)}{(2\,\text{min})} = 135.2\ \text{kg/min}$$

2) 소화약제 방출시간

문제 조건에 따라 소화약제 방출시간은 설계농도 도달시간으로 가정하므로,

$$T = \frac{\text{필요 약제량}}{\text{방출률}} = \frac{796\ \text{kg}}{135.2\ \text{kg/min}} = 5.89 \fallingdotseq 5\text{분 }54\text{초}$$

4 단열재 설치 공사 중 경질 폴리 우레탄폼 발포시(작업 전, 중, 후) 화재예방 대책에 대하여 설명하시오.

문제 4] 경질 폴리우레탄 발포시 화재예방 대책

1. 개요

1) 최근 이천 물류창고 공사장에서 산소용접 작업 중에 발생한 비산불티가 우레탄폼에 튀어 화재가 발생하여 38명이 사망함
2) 이는 KOSHA Guide에 따른 화재예방수칙을 무시한 결과로 발생한 화재로서 우레탄폼을 사용하는 현장에서는 이러한 기준을 준수해야 함

2. 발포 시 화재예방 대책

1) 작업 전

① 발포전 용접 등 화기작업 중지 및 타 공종의 작업자와 안전회의 실시
② 필요시 발포현장과 동일한 장소에서의 배관, 전기 공사 등의 병행 금지
③ 발포현장 주변
- "화기취급 주의 또는 경고" 등의 안내표시
- 소화기구 비치
- 발포현장이 지하공간 또는 냉동창고 등과 같은 실내인 경우 정전대비 유도등 및 비상조명기구를 설치

④ 사전 안전교육 실시
- 발포작업 시의 화재 위험성
- 작업 전 비상구 확인 및 비상시 대피 요령
- 여러 업체가 동시에 작업시 타 작업자와 의사소통

⑤ 밀폐공간에서 발포작업 시 발생하는 유해가스 제거를 위한 강제 급 · 배기장치 설치
⑥ 사이클로펜탄 등 고인화성 발포제를 사용하는 경우 방폭형 전기기계 · 기구를 사용할 것
⑦ 우레탄폼을 화학공정 장치 · 설비 등의 외부단열용으로 사용할 경우 다음 보호대책 수립
- 햇빛의 자외선과 악천후로부터 보호대책
- 물리적 충격으로부터 보호대책
- 점화원으로부터 보호대책

2) 작업 중

① 시공자는 6단계 화재예방 안전수칙을 준수할 것

• 안전회의
• 화기작업 시 가연물 이동
• 화재감시원 배치
• 경고표지
• 가연물에 대한 방화덮개 등 보호
• 발포면의 불연재 보호

② 시공자는 시방서, 설계도서 및 건축 코드 등에 따라 엄격하게 시공할 것
③ 안전보건정보의 준수 및 고온 · 저온일 때는 시공을 피할 것
④ 지하공간 또는 냉동창고 등 발포작업이 수행되는 장소
- 인화성 증기 또는 가연성 가스농도 측정 및 경보장치를 설치하고 작업 전, 이상 발견, 가스 정체 위험 시, 장시간 작업 지속 시에 가스농도를 측정할 것
- 폭발하한계의 25 % 이상일 경우에는
  ㉠ 근로자 대피
  ㉡ 점화원 가능성 있는 기계 · 기구 등의 사용 중지
  ㉢ 통풍 · 환기를 수행할 것

⑤ 발포 시 ㉠ 흡연 또는 용접 등의 화기작업 금지, ㉡ 지속적으로 화재 감시원이 감시할 것

3) 작업 후

① 시공자는 발포작업 후에도 화재예방 안전수칙을 준수할 것
② 우레탄폼 표면의 상부 또는 표면 등과 11 m 이내에서 화기작업을 수행해야 할 경우에는 방화덮개 또는 방염포로 표면을 차단하고, 화재 감시원을 배치할 것
③ 우레탄폼 적재 또는 시공된 장소에서 화기작업을 할 경우 화기작업허가서 발행 등 사전 안전조치를 수행한 후 실시할 것
④ 발포된 우레탄폼은 용접 또는 용단 중인 고열물체 등과 접촉되지 않도록 주의하고, 우레탄폼으로 내부 마감할 경우 그 표면 위에 12.5 mm 이상의 석고보드 등의 불연재로 덮어 점화원에서 격리시킬 것
⑤ 액상원료를 혼합 발포한 후 혼합헤더 내의 경화방지를 위해 인화성 물질로 청소할 경우에는 고인화성 유증기가 발생할 수 있으므로 주변 점화원을 제거할 것

5 위험물 안전관리법령상 제조소의 위치 · 구조 및 설비의 기준에 대한 다음 내용에 대하여 설명하시오.

(1) 건축물의 구조

(2) 배출설비

(3) 압력계 및 안전장치

문제 5] 위험물제조소의 기준

1. 건축물의 구조

1) 지하층이 없도록 할 것

위험물을 취급하지 않는 지하층으로서 위험물의 취급장소에서 새어나온 위험물 또는 가연성의 증기가 흘러 들어갈 우려가 없는 구조로 된 경우에는 지하층 설치 가능

2) 벽, 기둥, 바닥, 서까래, 계단

① 불연재료

② 연소의 우려가 있는 외벽

출입구 외의 개구부가 없는 내화구조의 벽으로 할 것

③ 제6류 위험물 취급하는 건축물

위험물이 스며들 우려가 있는 부분에는 아스팔트 그 밖에 부식되지 않는 재료로 피복해야 함

3) 지붕

① 폭발력이 위로 방출될 정도의 가벼운 불연재료로 덮을 것

② 지붕을 내화구조로 할 수 있는 경우

- 제2류 위험물(분상, 인화성 고체 제외), 제4류 위험물 중 제4석유류, 동식물유류 또는 제6류 위험물 제조소
- 발생 가능한 내부의 과압 또는 부압에 견딜 수 있는 철근콘크리트조이며 외부화재에 90분 이상 견딜 수 있는 구조로 된 밀폐형 구조의 건축물

4) 출입구, 비상구

① 갑종 또는 을종 방화문

② 연소할 우려가 있는 외벽의 출입구

→ 수시로 열 수 있는 자동폐쇄식 갑종방화문

5) 유리

창 및 출입구의 유리는 망입유리로 설치할 것

6) 액체 위험물을 취급하는 건축물의 바닥

① 위험물이 스며들지 않는 재료 사용

② 적당한 경사를 두어 그 최저부에 집유설비를 할 것

2. 배출설비

1) 대상

가연성의 증기 또는 미분이 체류할 우려가 있는 건축물에는 그 증기 또는 미분을 옥외의 높은 곳으로 배출할 수 있도록 배출설비를 설치

2) 배출방식

① 국소배출방식으로 할 것

② 전역배출방식을 적용할 수 있는 경우

- 위험물 취급설비가 배관이음 등으로만 된 경우
- 건축물의 구조 · 작업장소의 분포 등의 조건에 의하여 전역배출방식이 유효한 경우

③ 강제배출방식 : 배출설비는 배풍기 · 배출덕트 · 후드 등을 이용하여 강제적으로 배출하는 것으로 할 것(배출덕트는 전용인 불연재료로 해야 함)

3) 배출능력

① 1시간당 배출장소 용적의 20배 이상인 것으로 할 것

② 전역방출방식은 바닥면적 1 m^2당 18 m^3으로 할 수 있음

4) 급기구 및 배출구 기준

① 급기구

- 높은 곳에 설치할 것(처마 이상 또는 지상 4 m 이상 높이)
- 가는 눈의 구리망 등으로 인화방지망을 설치할 것

② 배출구

- 지상 2 m 이상의 연소의 우려가 없는 장소에 설치할 것
- 배출덕트가 관통하는 벽부분의 바로 가까이에 화재 시 자동으로 폐쇄되는 방화 댐퍼를 설치할 것

5) 배풍기

① 강제배기방식으로 할 것

② 옥내덕트의 내압이 대기압 이상이 되지 않는 위치에 설치할 것

3. 압력계 및 안전장치

위험물을 가압하거나 위험물의 압력이 상승할 우려가 있을 경우, 압력계와 다음 장치 중에서 1가지를 설치할 것

1) 자동적으로 압력의 상승을 정지시키는 장치

2) 감압 측에 안전밸브를 부착한 감압밸브

3) 안전밸브를 병용하는 경보장치

4) 파괴판 : 위험물의 성질에 따라 안전밸브의 작동이 곤란한 가압설비에 한함

6 다음 각 물음에 답하시오.

(1) 일반감지기와 아날로그감지기의 주요특성을 비교하시오.

(2) 인텔리전트(intelligent) 수신기의 기능, 신뢰도, 네트워크 시스템의 Peer to Peer와 Stand Alone 기능에 대하여 설명하시오.

문제 6] 아날로그 감지기 및 인텔리전트 수신기 등

1. 일반 감지기와 아날로그 감지기 비교

주요특성	일반 감지기	아날로그 감지기
감지방식	열, 연기 등이 한계 기준을 초과하면 화재신호 전송 → 비화재보 우려가 높고, 감지기의 상태 확인 불가능	다양한 상태 정도를 나타내는 신호를 전송 → 연기농도, 온도의 변화 등 다양한 값을 전송

주요특성	일반 감지기	아날로그 감지기
자기보상	불가능	상태 변화를 전송하여 오염, 고온 상태 등에 대한 보상
자가진단	불가능	오염, 탈락, 고장 등의 신호를 수신기로 전송
감도조정	불가능	열, 연기 감도조정 및 오염 정도 확인 가능
다단계표시	불가능	다단계표시 기능
배선	일반 전선으로 중계기 연결	통신선 이용(중계기 불필요)
주소표시	중계기를 설치해야만 가능	주소표시 및 화재위치 확인 가능
기타		① 아날로그 연기감지기는 매시간마다 수신기에 보고한 농도값을 저장 ② 아날로그 열감지기는 수신기에서 감도한계값을 조정하여 실, 화재특성을 고려한 작동온도 등을 설정 가능

2. 수신기 및 네트워크 시스템

1) 인텔리전트 수신기의 기능 및 신뢰도

① 모니터에 정보표시

- 아날로그 감지기의 상태 정보를 LCD 화면에 표시
- 작동한 장치의 위치를 쉽게 확인 가능

② 예비경보 기능

- 아날로그 감지기의 신호를 계속 감시하여 화재경보 전 단계에서 미리 경보
- 관리자는 화재에 대한 신속한 조치 가능

③ Loop Back 기능

회로의 단선, 지락, 단락 시 경보 및 고장표시

④ 접지장애 알람 기능

전원선, 신호선의 접지 불량 시 경보 및 표시

⑤ 작동 기록 저장 및 조회

⑥ 계통(Channel)별로 64의 배수(128개, 256개 등) 수량의 기기를 연결하여 멀티플렉싱으로 정보 송수신 가능

2) Peer to Peer 및 Stand Alone 기능

① Peer to Peer

- 네트워크에 연결된 각 수신기가 동등한 상태에서의 통신하는 것 (Master – Slave 방식의 반대)
- 특정 수신기의 고장 시에도 Loop로 구성된 네트워크를 통해 다른 수신기 간의 통신이 가능

② Stand Alone

- 네트워크에 연결된 각 수신기가 독립적으로 운용 가능한 상태
- 주 수신기의 고장이나 네트워크 통신이 차단된 경우에도 각 수신기별로 화재감시 등의 기능을 유지할 수 있음

CHAPTER 35

제 124 회 기출문제 풀이

124회 기출문제 1교시

기출분석
120회
121회
122회
123회
124회-1
125회

1 **위험물안전관리법령에서 정하는 「수소충전설비를 설치한 주유취급소의 특례」상의 기준 중 충전설비와 압축수소의 수입설비(受入設備)에 대하여 설명하시오.**

문제 1] 수소충전설비와 수입설비

1. 충전설비

1) 위치

① 주유공지 또는 급유공지 외의 장소로 하되

② 주유공지 또는 급유공지에서 압축수소를 충전하는 것이 불가능한 장소로 할 것

2) 충전호스

자동차등의 가스충전구와 정상적으로 접속되지 않는 경우

- 가스가 공급되지 않는 구조로 할 것
- 200 kg_f 이하의 하중에 의하여 파단 또는 이탈될 것
- 파단 또는 이탈된 부분으로부터 가스 누출을 방지할 수 있는 구조일 것

3) 자동차등의 충돌을 방지하는 조치를 마련할 것

4) 자동차등의 충돌을 감지하여 운전을 자동으로 정지시키는 구조일 것

2. 압축수소의 수입설비

1) 위치

① 주유공지 또는 급유공지 외의 장소로 하되

② 주유공지 또는 급유공지에서 압축수소를 충전하는 것이 불가능한 장소로 할 것

2) 자동차등의 충돌을 방지하는 조치를 마련할 것

❷ 독성에 관한 하버(Haber, F.)의 법칙에 대하여 설명하시오.

문제 2] 하버의 법칙

1. 정의

1) 독성은 축적 복용량에 따라 달라지며, 노출시간(t)과 유해물질 농도(C)의 곱은 일정

2) $W = C \times t$

여기서, W(mg · min/liter) : 어떤 효과에 대해 일정하게 유지되는 복용량

3) LC_{50}에 해당하는 효과

① 대상 동물 50 %가 사망하는 양

② 계산식 : $W = LC \times t_{50}$

4) CO 등 일부 휘발성 물질의 경우 폐에서 흡입과 동시에 배출이 동시에 발생하므로 다음과 같은 지수적 흡입량으로 표시됨

$W = C \times (1 - e^{-tk})$

2. 활용

1) 질식성 가스에 의한 영향 또는 자극성 가스에 의한 폐의 부종, 수종 발생은 하버의 법칙에 의한 흡입량이 결정

2) 이에 비해 자극성 가스에 의한 감각기관 자극은 흡입량보다는 노출 농도(C)에 영향을 받게 됨

3) 따라서 연기에 노출된 사람이 어떤 영향을 받게 될지 예측하려면 농도, 시간과 효과의 관계를 고려해야 함

❸ 장방형덕트의 Aspect Ratio와 상당지름 환산식에 대하여 설명하시오.

문제 3] Aspect Ratio와 상당지름 환산식

1. 종횡비(Aspect Ratio)

1) 장방형 덕트의 단면에서의 장변과 단변의 비율

2) 원칙적으로 종횡비는 4 : 1 이하로 제한하며, 제연설비에서는 2 : 1 이하로 설계함이 바람직함

2. 상당지름

1) 장방형 덕트와 동일한 저항을 가진 원형 덕트의 직경

→ 장방형 덕트의 단면적을 원형 덕트로 환산하는 데 이용

2) 환산식

$$d_e = 1.3 \times \left[\frac{(ab)^5}{(a+b)^2} \right]^{1/8}$$

3. 종횡비를 제한하는 이유

1) 상당지름 비교

① 500 × 400 장방형 덕트의 상당직경

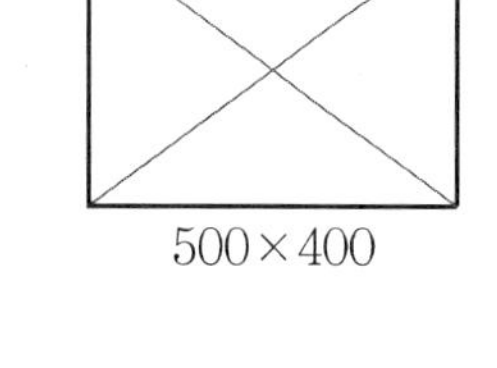

500×400

- 단면적 : $0.5 \times 0.4 = 0.2\ \text{m}^2$
- 상당직경

$$d_e = 1.3 \times \left[\frac{(0.5 \times 0.4)^5}{(0.5 + 0.4)^2} \right]^{1/8} = 0.488\ \text{m}$$

② 800 × 250 장방형 덕트의 상당직경

800×250

- 단면적 : $0.8 \times 0.25 = 0.2\ \text{m}^2$
- 상당직경

$$d_e = 1.3 \times \left[\frac{(0.8 \times 0.25)^5}{(0.8 + 0.25)^2} \right]^{1/8} = 0.4696\ \text{m}$$

③ 위 2가지 덕트의 단면적 크기는 같지만, 원형 덕트로 환산하면 종횡비가 클수록 상당직경이 작아진다.

2) 종횡비를 제한하는 이유

① 종횡비가 큰 장방형 덕트는 동일한 상당직경이 되게 하려면 단면적이 커져야 한다.

② 동일한 저항을 갖도록 설계하려면 종횡비가 작은 덕트에 비해 덕트 단면적이 증가하므로 덕트 재료를 줄이기 위해 종횡비를 제한하게 된다.

4 소화설비의 수원 및 가압송수장치 내진설계 기준에 대하여 설명하시오.

문제 4] 수원 및 가압송수장치 내진설계 기준

1. 수원의 내진설계 기준

1) 지진에 의해 손상되거나 과도한 변위가 발생하지 않도록 기초(패드 포함), 본체 및 연결부분의 구조안전성을 확인할 것

→ 수원의 양, 수조형상 및 재질에 따라 정하중과 지진하중을 검토하여 수조의 고정방법을 결정한 후, 구조안전성을 확인해야 함. 구조안전성의 확인은 수조에 대한 내진모델링 등으로 검증 가능

2) 수조는 건축물의 구조부재나 구조부재와 연결된 수조 기초부(패드)에 고정하여 지진 시 파손(손상), 변형, 이동, 전도 등이 발생하지 않아야 함

3) 수조와 연결되는 소화배관에는 지진 시 상대변위를 고려하여 가요성이음장치를 설치할 것

2. 가압송수장치의 내진설계 기준

1) 앵커볼트로 지지 및 고정하는 것이 원칙

2) 방진장치가 있어 앵커볼트로 지지 및 고정할 수 없는 경우에는 내진스토퍼 등을 설치할 것(방진장치에 내진성능이 있는 경우 제외)

① 정상운전에 지장이 없도록 내진스토퍼와 본체 사이에 최소 3 mm 이상 이격하여 설치할 것

② 내진스토퍼는 제조사에서 제시한 허용하중이 지진하중 이상을 견딜 수 있는 것으로 설치할 것(내진스토퍼와 본체 사이의 이격거리가 6 mm를 초과한 경우에는 수평지진하중의 2배 이상을 견딜 수 있는 것으로 설치할 것)

3) 가압송수장치의 흡입 및 토출 측에는 지진 시 상대변위를 고려하여 가요성 이음장치를 설치하여야 한다.

5 방염대상물품 중 얇은 포와 두꺼운 포에 대하여 아래 내용을 설명하시오.
(1) 구분 기준
(2) 방염성능 기준

문제 5] 방염대상물품 중 얇은 포와 두꺼운 포 기준

1. 구분기준

1) 얇은 포

포지형태의 방염물품으로서 1 m²의 중량이 450 g 이하인 것

2) 두꺼운 포

포지형태의 방염물품으로서 1 m²의 중량이 450 g을 초과하는 것

2. 방염성능기준

성능기준	얇은 포	두꺼운 포
잔염시간	3초 이내	5초 이내
잔신시간	5초 이내	20초 이내
탄화면적	30 cm² 이내	40 cm² 이내
탄화길이	20 cm 이내	20 cm 이내
접염횟수	3회 이상	3회 이상
내세탁성 측정물품	세탁 전과 후에 이 기준에 적합할 것	

6 미분무소화설비의 설계도서 작성 시 고려사항에 대하여 설명하시오.

문제 6] 미분무 설계도서 작성 시 고려사항

1. 개요

1) 미분무소화설비의 불확실성으로 인해 해외에서는 실제 규모의 화재시험을 통한 검증을 요구

2) 이에 비해 국내에서는 설계도서(화재모델링)에 의한 검증을 허용하고 있음

2. 설계도서 작성 시 고려사항

1) 점화원의 형태

2) 초기 점화되는 연료 유형

① 화재를 발생시키는 가연물에 따라 A급, B급, C급 또는 복합적인 화재가 발생하며, 화재의 종류에 따라 열방출률, 화재성장속도 및 지속시간 등이 달라질 수 있음

② 화재종류별 고려사항

구분	고려사항
A급 화재	가연물의 양, 형태, 훈소 및 심부화재 가능성
B급 화재(2차원)	가연물의 양, 형상, 인화점, 지속시간, 유출면 크기
B급 화재(3차원)	가연물의 양, 형상, 인화점, 분출압력, 유량, 분출방향, 분무각도, 배관 압력, 유량, 재점화원 등
C급 화재	물의 전기전도성 고려

3) 화재위치

① 높은 위치, 환기구 부근, 모서리 부분 또는 벽 근처 등의 여부 고려

② 화재 위치에 따라 화재성장이 달라짐

4) 문과 창문의 초기상태(열림, 닫힘) 및 시간에 따른 변화상태

미분무는 매우 작은 물입자이므로 환기조건에 큰 영향을 받음

5) 공기조화설비, 자연형(문, 창문) 및 기계형 여부

6) 시공 유형과 내장재 유형

일반적인 화재는 초기 이후 벽면과 천장을 따라 확산되므로, 시공 및 내장재 유형이 화재성장속도에 큰 영향을 줌

7 비상용승강기 대수를 정하는 기준과 비상용승강기를 설치하지 아니할 수 있는 건축물의 조건에 대하여 설명하시오.

문제 7] 비상용승강기 대수 기준과 제외 조건

1. 대수 결정기준

1) 일반 건축물

높이 31 m를 넘는 각 층의 바닥면적 중 최대 바닥면적이

① 1,500 m^2 이하 : 1대 이상

② 1,500 m^2 초과 : 1대 + 1,500 m^2를 넘는 3,000 m^2마다 1대 이상

2) 공동주택

① 계단실형 공동주택 : 계단실마다 1대 이상

② 복도형 공동주택

- 100세대 이하 : 1대 이상
- 100세대 초과 : 100세대마다 1대 이상 추가

2. 비상용승강기 설치 제외가 가능한 건축물의 조건

1) 높이 31 m를 넘는 각 층을 거실 외의 용도로 쓰는 건축물

2) 높이 31 m를 넘는 각 층의 바닥면적의 합계가 500 m^2 이하인 건축물

3) 높이 31 m를 넘는 층수가 4개 층 이하로서, 당해 각 층의 바닥면적의 합계 200 m^2 이내마다 방화구획한 건축물(벽 및 반자의 실내마감을 불연재료로 한 경우 500 m^2 이하)

8 화재플럼(fire plume)의 발생 메커니즘(mechanism)과 활용방안을 설명하시오.

문제 8] 화재플룸의 발생 메커니즘과 활용방안

1. 발생 메커니즘

1) 화재로 인하여 고온의 가스가 생성되어 밀도차에 의한 부력으로 상승기류를 형성한다.

2) 더운 플룸가스가 속도를 가지고 상승함에 따라 주위의 찬 공기가 화재플룸 내로 유입된다.

3) 인입된 공기가 연소생성물과 혼합, 희석되어 온도가 저하되며 연기가 발생된다.

4) 부력 플룸이 유체를 상승시키고, 이것의 차가운 끝부분이 아래로 내려와 와류를 형성한다.

5) 와류에 의한 난류효과로 난류확산화염을 형성하게 된다.
(난류확산화염 : 일정 높이의 일정한 교란영역이 있는 화염)

2. 활용방안

1) Ceiling Jet

① 화재플룸이 천장면에 도달되어 수평으로 흐르는 열 · 연기 기류

② 두께 : $0.1H$, 폭 : $0.4H$

③ Ceiling Jet 내에 감지기, 헤드가 배치되도록 설계해야 함

④ 실의 모서리 Dead Air Space는 열기류에 대해서만 형성되며, 연기에 경우에는 형성되지 않는다.

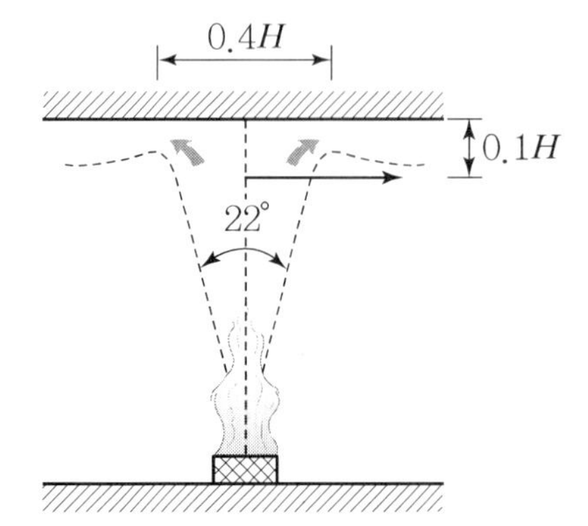

2) Confined Plume

① 벽에 가까운 화재플룸은 화염영역이 더 길어지며 벽면과 천장면을 따라 확장됨

② 따라서 벽, 반자의 내부마감재료는 화염확산지수(FSI)가 낮은 재료를 적용하는 것이 바람직함

9 다중이용업소의 안전관리에 관한 특별법령에 따른 다중이용업소 화재위험평가의 정의, 대상, 화재위험유발지수에 대하여 설명하시오.

문제 9) 다중이용업소 화재위험평가

1. 정의

다중이용업소가 밀집된 지역 또는 설치된 건축물에 대하여 화재 발생 가능성과 화재로 인한 인명, 재산 피해 및 주변에 미치는 영향을 예측 · 분석하고 대책을 마련하는 것

2. 대상

다음 중 어느 하나에 해당하는 경우 화재 예방과 피해를 방지하기 위해 필요하다고 인정하는 경우

1) 2,000 m^2 지역 안에 다중이용업소가 50개 이상 밀집하여 있는 경우

2) 5층 이상인 건축물로서 다중이용업소가 10개 이상 있는 경우

3) 하나의 건축물에 다중이용업소로 사용하는 영업장 바닥면적의 합계가 1,000 m^2 이상인 경우

3. 화재위험유발지수

등급	평가점수	위험수준
A	80 이상	20 미만
B	60 이상 79 이하	20 이상 39 이하
C	40 이상 59 이하	40 이상 59 이하

등급	평가점수	위험수준
D	20 이상 39 이하	60 이상 79 이하
E	20 미만	80 이상

1) 평가점수

영업소 등에 사용되거나 설치된 가연물의 양, 소방시설의 화재진화를 위한 성능 등을 고려한 영업소의 화재안정성을 100점 만점 기준으로 환산한 점수

2) 위험수준

영업소 등에 사용되거나 설치된 가연물의 양, 화기취급의 종류 등을 고려한 영업소의 화재발생 가능성을 100점 만점 기준으로 환산한 점수

10 연결송수관설비의 방수구 설치기준을 설명하시오.

문제 10] 연결송수관설비의 방수구 설치기준

1. 설치 층

1) 층마다 설치할 것

2) 방수구 제외 층

① 아파트 1층 및 2층

→ 옥외에서 직접 호스를 가지고 피난층으로 진입하여 화재진압이 가능하므로 제외 가능

② 송수구 부설 옥내소화전을 설치한 건물의 다음 층

(집회장 · 관람장 · 백화점 · 도 · 소매시장 · 판매시설 · 공장 · 창고시설 또는 지하가 제외)

- 지하층 제외 층수가 4층 이하 + 연면적이 6,000 m^2 미만인 지상층
- 지하층의 층수가 2 이하인 지하층

→ 비교적 큰 화재가 발생하지 않고 규모가 작은 건물에서는 옥내소화전을 이용해서 화재진압이 가능하여 제외 가능

2. 설치위치 및 간격

1) 아파트 또는 바닥면적 1,000 m^2 미만인 층

계단에서 5 m 이내(2 이상 계단 중 1개)

2) 바닥면적 1,000 m^2 이상인 층

계단에서 5 m 이내(3 이상 계단 중 2개)

3) 수평거리 초과시 방수구 추가 설치

① 지하가 또는 지하층의 바닥면적 합계 3,000 m^2 이상 : 수평거리 25 m 초과

② 그 외 : 수평거리 50 m 초과

3. 형태, 구경 등

1) 단구형 : 10층 이하, 아파트 용도 층, 스프링클러가 설치되고 방수구가 2개소 이상인 층

2) 호스접결구 : 높이 0.5~1 m, 구경 65 mm

3) 위치표시 : 표시등 또는 축광식 표지

4) 개폐기능을 가진 것으로 설치하고 평상시 닫힌 상태 유지

→ 최근 화재 시 앵글밸브가 개방되지 않은 사례가 있었으므로, 이에 대한 주기적 개폐시험이 요구됨

11 소방시설공사의 분리발주 제도와 관련하여 일괄발주와 분리발주를 비교하고, 소방시설 공사 분리도급의 예외규정에 대하여 설명하시오.

문제 11] 소방시설공사의 분리발주

1. 일괄발주와 분리발주

1) 개념

① 일괄발주

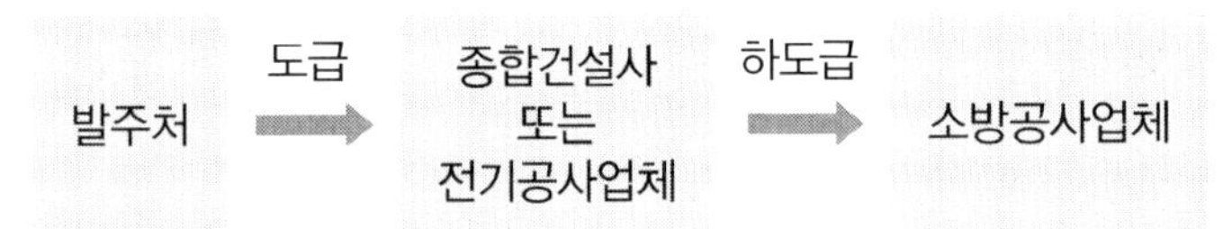

② 분리발주

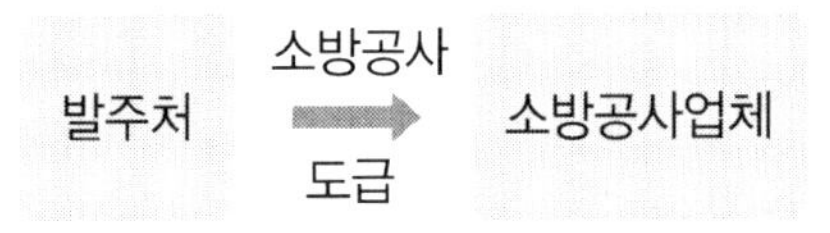

2) 비교

일괄발주	분리발주
소방시설공사를 다른 공종의 공사와 함께 도급하는 방식	소방시설공사를 다른 공종의 공사와 분리하여 도급하는 방식
• 하도급에 따른 실제 공사업체의 낮은 공사금액으로 품질 저하 • 하도급 지위에서의 공사수행으로 소방공사의 공기 단축 등 문제 발생 우려	• 적정 공사금액 지급에 따른 시공품질 확보 • 전문성 향상 • 타 공종과 동등 지위에서 소방공사 수행

2. 분리도급의 예외

1) 재난 발생으로 긴급착공이 필요한 공사

2) 국방 · 국가안보 등 관련 기밀을 유지해야 하는 공사

3) 착공신고 대상 소방시설공사에 해당하지 않는 공사

4) 연면적 1,000 m^2 이하인 특정소방대상물에 비상경보설비를 설치하는 공사

5) 국가계약법 및 지방계약법에 따른 다음의 공사

① 대안입찰 또는 일괄입찰

② 실시설계 기술제안입찰 또는 기본설계 기술제안입찰

6) 분리도급이 곤란하다고 소방청장이 인정한 문화재수리 및 재개발 · 재건축 등의 공사

⑫ ERPG(Emergency Response Planning Guideline) 1, 2, 3 에 대하여 설명하시오.

문제 12] ERPG 1, 2, 3

1. 개요

1) 화학물질의 유출사고에 대한 한계값을 규정하는 개념으로 비상대응요원을 지원하기 위한 개념

2) 일반적으로 1시간 노출을 기준으로 분류

2. 할로겐화합물 소화설비 설치장소에서의 개념

1) 열분해 생성물 농도의 정량적 표현

① 화재 시 방호구역에 할로겐화합물 소화약제를 방출할 경우 열분해에 의해 HF 등 열분해생성물이 다량 발생함

② 이러한 열분해생성물은 피부분해 현상 및 호흡기 독성으로 인명 피해를 발생시킬 위험이 있음

③ 이러한 열분해 생성물의 유해성을 정량적으로 표현하기 위해 NFPA 2001에서는 ERPG 개념을 활용하고 있음

2) HF의 ERPG 등급

ERPG 3	170 ppm	거의 모든 사람에게는 비치명적인 한계
ERPG 2	50 ppm	피난, 은신 마스크 착용 등의 위험경감조치가 요구됨
ERPG 1	2 ppm	화학물질의 냄새 감지

① 화재 시의 비상대응 및 대피에 활용하므로 10분 노출을 기준으로 분류

② NFPA 2001에 따르면 HF의 염증 임계농도(3 ppm), 위험독성하중(DTL, 12,000 ppm · min) 등은 소화약제 노출에 적용하기 적정하지 않은 것으로 간주함

⑬ 상업용 주방자동소화장치의 설치기준과 소화시험 방법에 대하여 설명하시오.

문제 13] 상업용 주방자동소화장치

1. 설치기준

1) 소화장치는 조리기구의 종류별로 성능인증 받은 설계 매뉴얼에 적합하게 설치할 것
2) 감지부는 성능인증 받은 유효높이 및 위치에 설치할 것
3) 차단장치(전기 또는 가스)는 상시 확인 및 점검이 가능하도록 설치할 것
4) 후드에 방출되는 분사헤드는 후드의 가장 긴 변의 길이까지 방출될 수 있도록 약제방출 방향 및 거리를 고려하여 설치할 것
5) 덕트에 방출되는 분사헤드는 성능인증 받은 길이 이내로 설치할 것

2. 소화시험방법

1) 공통시험 및 조리설비 종류(튀김기, 부침기, 레인지 등)에 따른 소화시험

① 1분 이내에 약제 방출을 완료하고 모든 화염은 소화될 것

② 튀김기, 웍, 레인지의 경우 약제방출 종료 후 20분 또는 그리스 온도가 AIT의 33 ℃ 아래로 내려갈 때까지 재연되지 않을 것
(그 외 조리설비에서는 약제방출 종료 후 5분간 재연되지 않을 것)

2) 스플래시 소화시험

고압 방출에 의한 소화가능 및 그리스 비산 여부 확인

① 1분 이내에 약제 방출이 완료되고 완전소화되어 재연되지 않을 것

② 약제방출로 인해 연소 중인 그리스가 시험용기 밖으로 비산된 흔적이 없어야 함

3) 후드, 덕트 소화시험

소화장치 작동 후 완전소화되어야 하며, 후드와 덕트 내부에 그리스 잔여물이 남아 있어야 함

4) 플리넘 소화시험

시험 결과 완전소화되고, 잔염이 스스로 소화될 것

1 변압기 화재, 폭발의 발생과정과 안전대책에 대하여 설명하시오.

문제 1] 변압기 화재, 폭발 과정 및 대책

1. 개요

변압기 화재, 폭발은 일반적으로 고압권선의 절연파괴로부터 시작되어 아크전류가 발생하며, 고온에 따른 절연유 분해에 의해 압력이 상승하여 발생한다.

2. 변압기 화재, 폭발의 발생과정

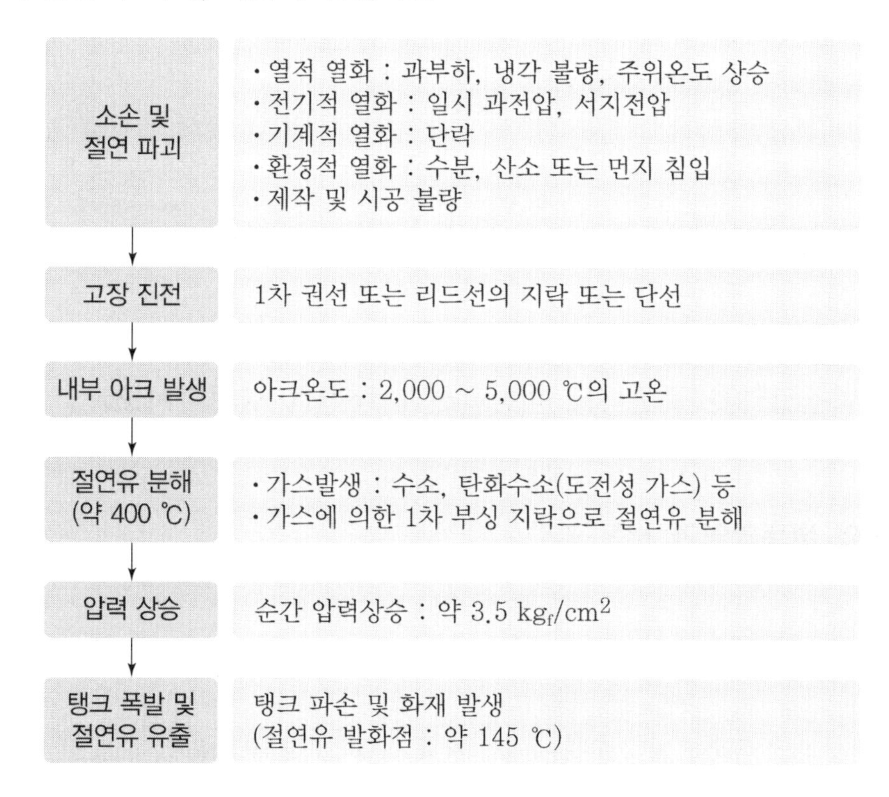

3. 안전대책

1) 유입식 변압기의 안전확보
   ① 1차 측(고압 측)에 피뢰기, 보호퓨즈 설치
   ② 2차 측에 과부하 차단기 설치
      → 서지 전압의 차단을 통한 열적 · 전기적 스트레스 방지
2) 변압기 내부 고장, 2차 측 고장 및 과부하 발생 시 차단이 가능한 퓨즈 설치
3) 수분 및 산소 침입 방지를 위한 기밀 유지 및 과압 방출
4) 적절한 부하 관리 및 과부하 차단기 사용으로 과도한 열적 스트레스를 받지 않도록 관리(단시간 과부하운전, 장시간 운전에 따른 폭발 방지)
5) 절연유 탱크의 공기체적을 1/3 정도 유지하여 절연유 열분해 등에 따른 압력상승을 흡수하여 폭발 지연 및 제어
6) 유입식 변압기의 정기적인 절연유 절연내력시험 실시
7) 가급적 절연유를 사용하지 않는 건식 및 가스절연 변압기 사용
8) 변압기 사고사례에 대한 안전교육 실시
9) 지상형 유입식 변압기에 화재 발생 시 폭발이 일어날 가능성이 있음을 인지하고 소화활동 시 주의
   ① 화재 발생 시 1, 2차 측 부하를 차단한 후 소화활동
   ② 절연유가 분해되어 변압기 내부 압력이 상승되었을 것을 고려하여 충분한 냉각으로 폭발 방지(고정식 물분무 소화설비 적용)
10) 옥외 유입식 변압기에 물분무 소화설비 설치 의무화

2 액체의 비등영역을 구분하고 비등곡선에 대하여 설명하시오.

문제 2] 액체의 비등영역과 비등곡선

1. 개요

1) 증발
   ① 액면에서의 증기압이 해당 온도에서의 액체 포화압력보다 낮을 경우 발생

② 증발은 상온에서도 발생

2) 비등(끓음)

① 액체 온도(T_s)가 포화온도(T_{sat})보다 높을 때 발생

② 1기압에서 물의 포화온도 : 100 ℃

2. 액체의 비등영역

1) 자연대류 비등(비등곡선의 A까지 영역)

① 해당 압력에서의 포화온도에 도달하여 비등이 시작됨

② 가열면에서 T_{sat} ~ T_{sat}+5 ℃ 정도까지 액체가 가열되고 자연대류에 의해 유동하여 액면까지 올라올 때 기화됨

③ 온도상승에 따라 가열면에서 액면으로의 열유속은 계속 증가

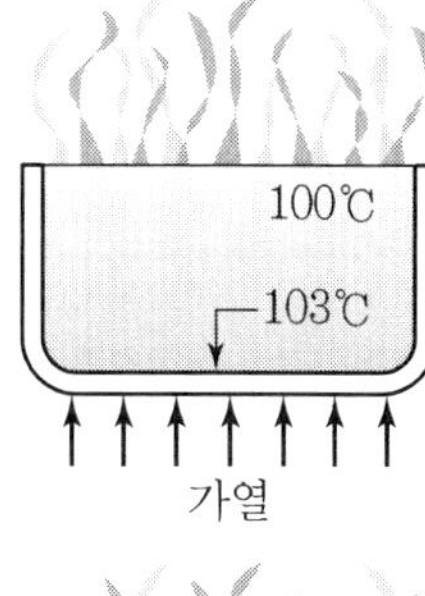

2) 핵 비등(비등곡선의 A~C 영역)

① 점 A에서 기포가 발생하기 시작

② 포화온도보다 5~30 ℃ 높은 범위

③ A~B : 생성 기포가 액체 내에서 소멸

④ B~C : 기포 발생량이 증가하고 액면까지 도달

⑤ 온도상승에 따라 가열면~액면으로의 열유속 증가

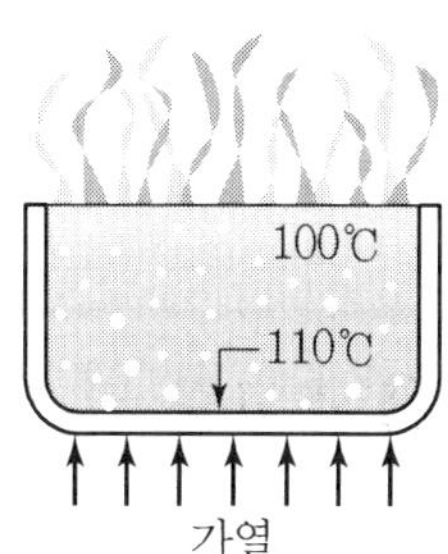

3) 천이 비등(비등곡선의 C~D 영역)

① 포화온도보다 30~120 ℃ 높은 범위

② 온도상승에 따라 열유속이 감소

→ 그림과 같이 가열면이 증기막으로 덮여 있어서 액체보다 열전도도가 낮아 열전달이 감소하기 때문

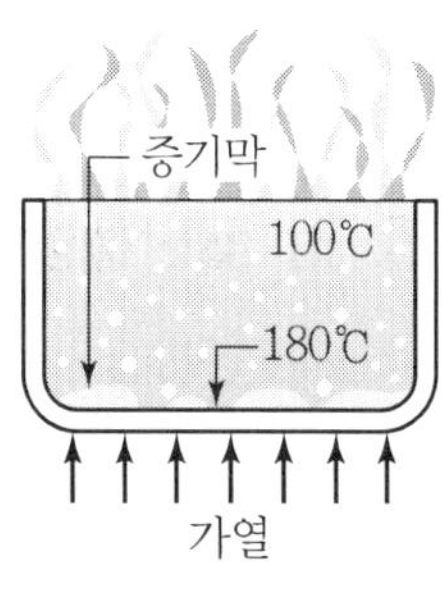

4) 막 비등(비등곡선의 D 이후 영역)

① 포화온도보다 120 ℃ 초과하여 높은 범위

② 가열면이 완전히 연속적이고 안정된 증기막으로 덮인 상태

③ 이 영역에서는 열유속이 증가함

→ 고온인 가열표면에서 복사에 의해 증기막을 통하여 열전달되기 때문

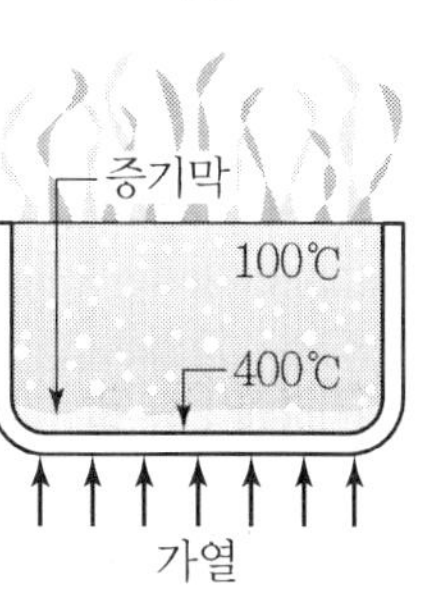

3. 비등곡선

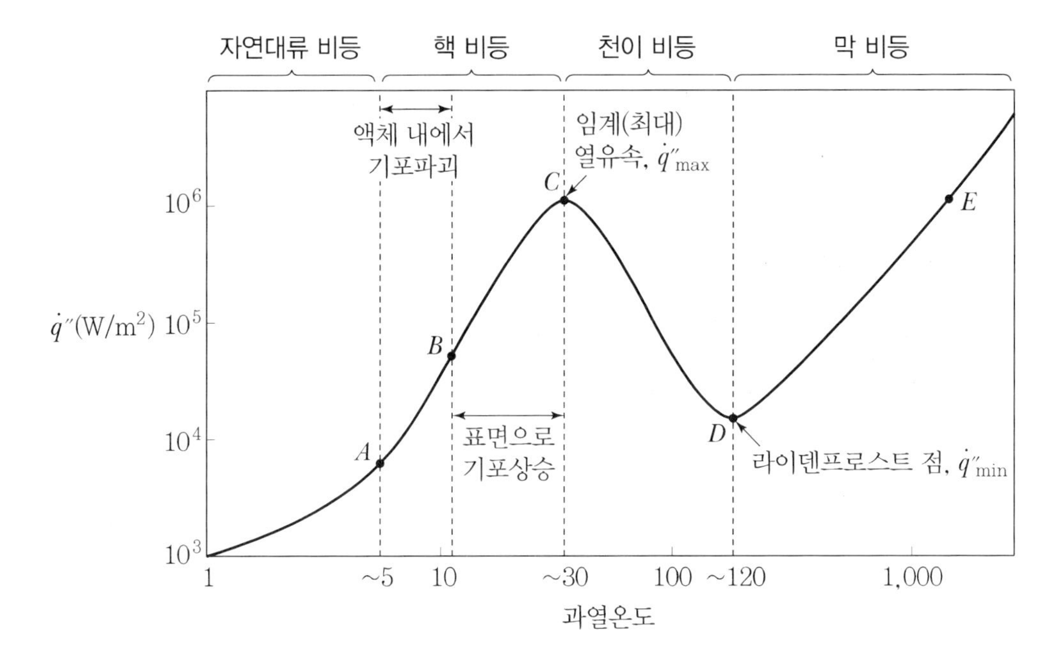

> **❸ 초고층 및 지하연계 복합건축물 재난관리에 관한 특별법령에 따라 재난예방 및 피해경감계획의 수립 시 고려해야 할 사항에 대하여 설명하시오.**

문제 3] 재난예방 및 피해경감계획

1. 개요

재난예방 및 피해경감계획은 초고층건축물 및 지하연계복합건축물의 화재 · 지진 · 테러 등 각종 재난으로부터 재실자와 이용자 등을 보호하기 위해 관리주체가 매년 수립하여 시행해야 한다.

2. 고려해야 할 사항

1) 재난예방 및 피해경감계획에 포함할 사항

① 재난 유형별 대응 · 상호응원 및 비상전파 계획
② 피난시설 및 피난유도계획
③ 재난 및 테러 등 대비 교육 · 훈련 계획
④ 재난 및 안전관리 조직의 구성 · 운영
⑤ 어린이 · 노인 · 장애인 등 재난에 취약한 사람의 안전관리대책
⑥ 시설물의 유지관리계획
⑦ 소방시설 설치 · 유지 및 피난계획
⑧ 전기 · 가스 · 기계 · 위험물 등 다른 법령에 따른 안전관리계획
⑨ 건축물의 기본현황 및 이용계획
⑩ 초고층 건축물등의 층별 · 용도별 거주밀도 및 거주인원
⑪ 재난 및 안전관리협의회 구성 · 운영계획
⑫ 종합방재실 설치 · 운영계획
⑬ 종합재난관리체제 구축 · 운영계획
⑭ 재난예방 및 재난발생 시 안전한 대피를 위한 홍보계획

2) 작성주체

① 재난예방 및 피해경감계획서의 작성주체는 관리주체임
② 관리주체는 재난예방 및 피해경감계획의 수립에 관한 모든 권한을 총괄재난관리자에게 위임할 수 있음

3) 적용대상

① 건축물에 근무하거나, 출입하는 모든 자
② 재난관리업무의 일부를 수탁하는 자
③ 건축물 및 부지 내 모든 장소
④ 관리권한이 미치는 범위는 건축물 및 부지 내의 장소로서 관리자 및 권한자가 초고층건축물등의 실태를 파악하여 총괄재난관리자를 통해 재난안전관리업무를 적정하게 시행하기 위해 필요한 모든 구역

4) 수립절차

① 관리주체는 재난예방 및 피해경감 계획서를 작성하여 다음 제출 기한 내에 시 · 군 · 구본부장에게 제출
• 특별법 적용대상 신축건축물은 사용승인 또는 사용검사 등을 받은 후 30일 이내

• 사용 중인 건축물이 초고층건축물등으로 변경되어 특별법의 적용을 받게 되는 경우 사용승인 또는 사용검사 등을 받은 후 30일 이내

② 최초 제출 이후 매년 계획서를 작성 · 시행하여야 하며, 시 · 도 본부장 또는 시 · 군 · 구 본부장은 관리주체가 수립한 재난예방 및 피해경감계획의 이행 여부를 연 1회 이상 확인하여야 한다.

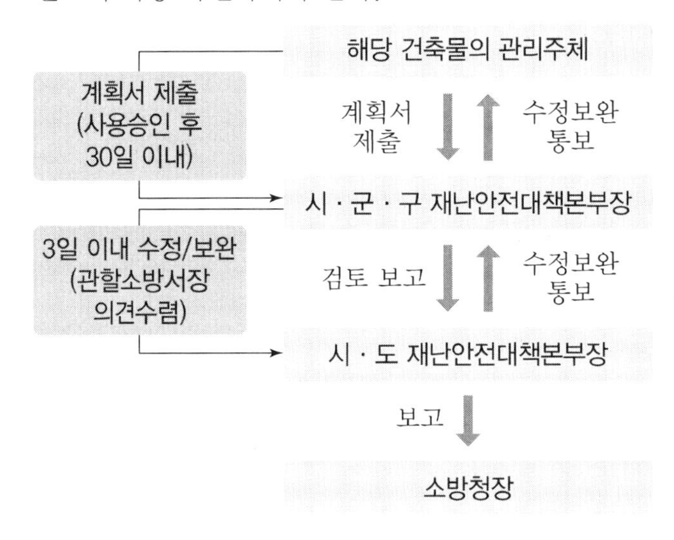

‖ 재난예방 및 피해경감계획 제출절차 ‖

4 위험물안전관리에 관한 세부기준 중 탱크안전성능검사에 대하여 발생할 수 있는 용접부의 구조상 결함의 종류 및 비파괴 시험방법에 대하여 설명하시오.

문제 4] 용접부 결함의 종류 및 비파괴 검사방법

1. 개요

특정옥외저장탱크의 용접부는 완공검사 신청 전 법령에서 정하는 용접부검사(비파괴검사)를 받아야 한다.

2. 용접부 구조상 결함의 종류

종류	형상	형태
언더컷		용접의 지단을 따라 모재가 파이고 융착금속이 채워지지 않아 홈으로 남아 있는 부분
오버랩		융착금속이 지단에서 모재에 융합되지 않고 겹친 부분
용입부족		융착금속이 용접부에 녹아들어가지 않은 부분이 있는 것
융합불량		용접경계면에 충분히 용접되지 않은 것
기공		용접부에 작은 구멍들이 발생한 형태로 가장 취약적인 상황
슬래그 혼입		Slag가 융착금속 속에 섞여 있는 것
갈라짐		융착금속의 냉각 후 실모양의 균열이 발생한 상태

3. 비파괴 시험방법

1) 방사선투과시험

① X선이나 γ선 등이 물체를 투과하는 성질을 이용한 것으로 탱크 측판 사이의 용접 이음부에 대한 검사에 적용함

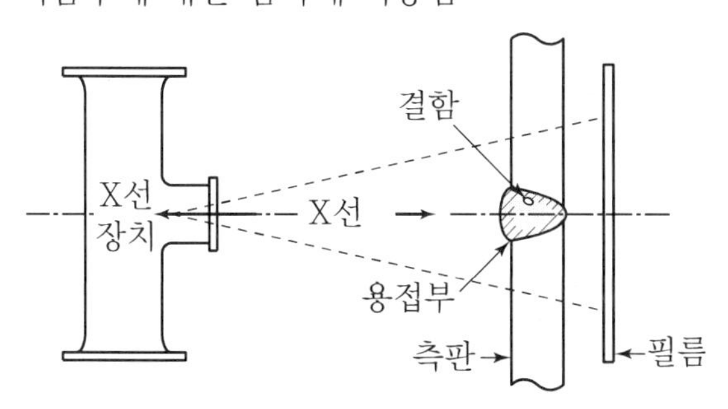

② 필름에는 용접결함의 유무에 따라 X선 투과량이 달라지며, 이에 따라 진하고 열음의 차이가 발생한다.

③ 판정기준

- 균열, 용입부족, 융합부족이 없을 것
- 언더컷 깊이 : 수직이음 0.4 mm 이하, 수평이음 0.8 mm 이하

2) 자기탐상시험

① 물체를 자화한 경우, 그 표면 근처에 용접결함 부분은 자기적 불연속부분으로 되어 누설자기가 발생

② 여기에 자분을 뿌리면 누설부분에 부착되어 자분 모양이 형성됨

③ 측판, 애뉼러 판 및 밑판 사이의 용접이음 검사에 적용

④ 판정기준

다음의 결함 발생 시 불합격 판정

- 균열 확인
- 4 mm를 초과한 선 또는 원형 모양의 결함 발생

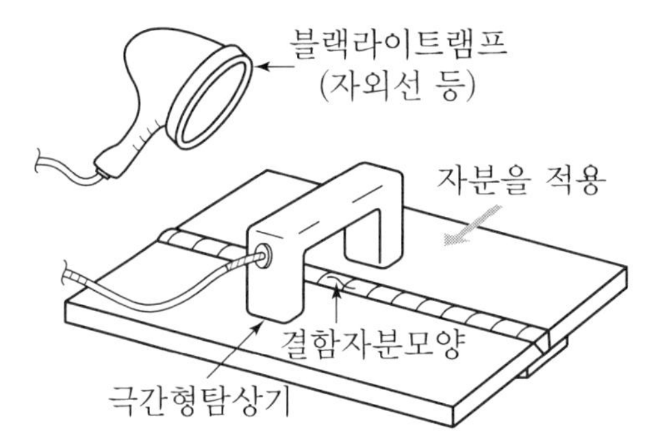

3) 침투탐상시험

① 침투액을 발라 결함 내부까지 침투시킨 후 여분의 침투액을 제거한 후 개구결함 내부에 잔존하는 침투액이 스며들게 하여 결함을 검출하는 방법

② 표면의 개구결함에 대해 자기탐상시험이 곤란한 경우에 사용

③ 판정기준

다음의 결함 발생 시 불합격 판정

- 균열 확인
- 4 mm를 초과한 선 또는 원형 모양의 결함 발생

5 **소방시설공사업법령에서 정한 소방시설공사 감리자 지정대상, 감리업무, 위반사항에 대한 조치에 대하여 설명하시오.**

문제 5] 소방시설공사 감리자 지정대상, 업무 및 위반 시 조치

1. 감리자 지정대상

1) 다음에 해당하는 소방시설을 시공할 경우

소방시설	감리자 지정대상
• 옥 · 내외소화전설비	신설 · 개설 또는 증설
• 스프링클러설비등 (캐비닛형 간이스프링클러 제외)	신설 · 개설 또는 방호 · 방수 구역 증설
• 물분무등소화설비(호스릴 제외)	
• 자동화재탐지설비	신설 또는 개설
• 비상방송설비	
• 통합감시시설	
• 비상조명등	
• 소화용수설비	
• 연결송수관설비	
• 무선통신보조설비	
• 제연설비	신설 · 개설 또는 제연구역 증설
• 연결살수설비	신설 · 개설 또는 송수구역 증설
• 비상콘센트설비	신설 · 개설 또는 전용회로 증설
• 연소방지설비	신설 · 개설 또는 살수구역 증설

2) 다음에 해당하는 경우 감리자를 지정하지 않을 수 있음

① 자진 소방시설을 설치하는 경우

② 비상경보설비 대상 특정소방대상물에 자동화재탐지설비를 대신 설치하는 경우

③ 착공신고 대상에 해당되지 않는 경우

2. 감리업무

1) 소방시설등의 설치계획표의 적법성 검토

2) 소방시설등 설계도서의 적합성(적법성과 기술상의 합리성) 검토

3) 소방시설등 설계 변경 사항의 적합성 검토

4) 소방용품의 위치 · 규격 및 사용 자재의 적합성 검토

5) 공사업자가 한 소방시설등의 시공이 설계도서와 화재안전기준에 맞는지에 대한 지도 · 감독

6) 완공된 소방시설등의 성능시험

7) 공사업자가 작성한 시공 상세 도면의 적합성 검토

8) 피난시설 및 방화시설의 적법성 검토

9) 실내장식물의 불연화와 방염 물품의 적법성 검토

3. 위반사항에 대한 조치

1) 소방시설공사가 설계도서나 화재안전기준에 맞지 않을 경우

① 관계인에게 알리고

② 공사업자에게 그 공사의 시정 또는 보완 등을 요구할 것

2) 공사업자

① 상기 요구를 받을 경우 그 요구에 따라야 함

② 상기 요구에 따르지 않을 경우 등록취소 또는 6개월 영업정지 조치

3) 공사업자가 요구를 미이행하고 공사를 계속할 경우

① 감리업자는 소방본부장이나 소방서장에게 그 사실을 보고해야 함

② 이를 위반하여 보고하지 않을 경우 등록 취소 또는 6개월 이내 영업정지 조치

4) 관계인

소방본부장이나 소방서장에게 보고한 것을 이유로 감리계약의 해지, 감리대가 지급 거부 또는 지연, 그 밖의 불이익을 주면 안 됨

6 내진설계기준의 수평력(F_{pw})과 세장비(λ)를 설명하고, 압력배관용 탄소강관 25A의 세장비가 300 이하일 때 버팀대 최대길이(cm)를 구하시오.(단, 25A(Sch 40)의 외경 34.0 mm, 배관의 두께 3.4 mm $\lambda=\frac{L}{r}$를 이용하고, 여기서 r : 최소 회전반경($\sqrt{\frac{I}{A}}$), I : 버팀대단면 2차모멘트, A : 버팀대의 단면적)

문제 6] 내진설계기준의 수평력과 세장비 및 버팀대 길이 계산

1. 수평력(F_{pw})

1) 정의

① 지진 시 흔들림 방지 버팀대에 전달되는

- 배관의 동적 지지하중 또는
- 같은 크기의 정적 지진하중으로 환산한 값

② 허용응력설계법으로 계산

2) 산정방법

다음 중 1가지 방법을 적용하여 계산

① 지진계수에 의한 계산

$F_{pw} = C_p \times W_p$

여기서, C_p : S_s(단주기 응답지수)에 따라 선정(별표 1)

S_s : 유효수평지반가속도(S)에 2.5배 한 값

$S_s = 2.5 \times S = 2.5 \times (Z \times I)$

② 설계지진력에 의한 계산

- 허용응력설계법 외의 방법으로 산정된 설계지진력에 0.7을 곱하여 산정

- $F_{pw} = 0.7 \times F_p$

2. 세장비(λ)

1) 정의

① 흔들림 방지 버팀대 지지대의 길이(L)와 최소회전반경(r)의 비율

② 세장비가 커질수록 → 좌굴현상이 발생하여 지진 발생 시 파괴 · 손상되기 쉬움

2) 적용 기준

① 흔들림 방지 버팀대 : 300을 초과하지 않을 것

② 가지배관의 환봉타입 고정장치 : 400 이하일 것

(양쪽 방향으로 2개 고정장치 설치 시 세장비를 적용하지 않음)

3. 버팀대 최대길이(cm)

1) 최소회전반경(r)

$$r = \sqrt{\frac{I}{A}} = \sqrt{\frac{\frac{\pi}{64}(D^4 - d^4)}{\frac{\pi}{4}(D^2 - d^2)}} = \sqrt{\frac{(D^2 + d^2)}{16}} = 10.885 \text{ mm}$$

2) 버팀대 최대길이

$$\lambda = \frac{L}{10.885} \leq 300$$

$\therefore L = 3,265.5 \text{ mm} \fallingdotseq 326 \text{ cm}$

124회 기출문제 3교시

1 지하구의 화재안전기준이 2021년 1월 15일부터 시행되었다. 다음에 대하여 설명하시오.

(1) 지하구의 화재안전기준 제정 · 개정 배경

(2) 지하구의 화재특성

(3) 소방시설 등의 설치기준

문제 1) 지하구 화재안전기준

1. 제 · 개정 배경

1) KT 아현지사 화재사고를 계기로 화재안전성능강화의 필요성 대두

① 지하구 내 감지기의 성능 강화

② 연소방지설비 설치 확대

③ 연소방지도료의 성능 유효기간 제한에 따른 대체

2) 이에 따라 연소방지설비의 화재안전기준을 폐지하고, 지하구 관련 화재안전 규정을 포괄적으로 정하는 지하구 전용의 화재안전기준으로 전부 개정함

2. 지하구의 화재특성

1) 지하구 내의 Cable Bundle

① 화재 시 주변 Cable로 연소확대가 계속적으로 진행되기 쉽다.

② 고분자물질 화재로 인해 유해가스가 다량 발생된다.

2) 지하의 밀폐공간

① 산소부족으로 인한 불완전 연소로 CO가 많이 발생된다.

② 가시도가 낮아 발화지점의 조기발견이 어렵다.

③ 공간이 좁아 소화작업이 어렵다.

3) 주된 피해

① 사람이 상주하지 않으므로 인명피해는 거의 없으나

② 사회에 근간이 되는 전력 및 통신 등의 공급원 차단으로 인한 많은 피해가 발생된다.

3. 소방시설 등의 설치기준

1) 소화기

① 적응성 및 능력단위

A급(3단위 이상), B급(5단위 이상), C급(적응성)

② 총중량 : 7 kg 이하(사용 및 운반의 편리성 고려)

③ 출입구(환기구, 작업구 포함) 부근에 5개 이상 설치

2) 자동소화장치

적용 장소	자동소화장치
지하구 내 발전실 · 변전실 · 송전실 · 변압기실 · 배전반실 · 통신기기실 · 전산기기실 등의 장소 중 바닥면적 300 m² 미만	가스 · 분말 · 고체에어로졸 · 캐비닛형
제어반 또는 분전반	가스 · 분말 · 고체에어로졸 자동소화장치 또는 유효설치 방호체적 이내의 소공간용 소화용구
절연유를 포함한 케이블 접속부	다음 자동소화장치를 설치하되 소화성능이 확보될 수 있도록 방호공간을 구획하는 등 유효한 조치를 할 것 • 가스 · 분말 · 고체에어로졸 자동소화장치 • 중앙소방기술심의위원회의 심의를 거쳐 소방청장이 인정하는 자동소화장치

3) 자동화재탐지설비

① 감지기

• 먼지 · 습기 등의 영향을 받지 아니하고 발화지점(1 m 단위)과 온도를 확인할

수 있는 것

- 지하구 천장의 중심부에 설치하되 감지기와 천장 중심부 하단과의 수직거리는 30 cm 이내로 할 것(형식승인에 설치방법이 규정되거나, 중앙소방기술심의위원회 심의를 거쳐 시방서에 따른 설치방법이 인정된 경우 제외)
- 발화지점이 지하구의 실제 거리와 일치하도록 수신기 등에 표시할 것
- 공동구 내부에 상수도용 또는 냉·난방용 설비만 존재하는 부분은 감지기 제외 가능

② 발신기, 지구음향장치, 시각경보기
설치 제외 가능

4) 유도등

사람이 출입할 수 있는 출입구(환기구, 작업구 포함)에 해당 지하구 환경에 적합한 피난구유도등 설치

5) 연소방지설비

① 살수구역 범위

- 소방대원의 출입이 가능한 환기구·작업구마다 지하구의 양쪽 방향으로 살수구역 설정
- 환기구 사이의 간격이 700 m를 초과할 경우에는 700 m 이내마다 살수구역을 설정(방화벽을 설치한 경우 제외)

② 한쪽 방향의 살수구역의 길이 : 3 m 이상

6) 연소방지재

① KS규격에 따른 난연성능 이상의 제품 사용

- 시험에 사용되는 연소방지재는 시료의 아래쪽에서 30 cm 지점부터 부착 또는 설치될 것
- 시료(케이블 등) 단면적 : 325 mm^2
- 시험성적서 유효기간 : 발급 후 3년

② 다음 부분에 시험성적서에 명시된 방식과 길이 이상으로 설치하되 설치간격은 350 m 이내일 것

- 분기구
- 지하구의 인입부 또는 인출부

• 절연유 순환펌프 등이 설치된 부분
• 기타 화재발생 위험이 우려되는 부분

7) 방화벽

① 항상 닫힌 상태를 유지하거나 자동폐쇄장치에 의해 화재신호를 받으면 닫히는 구조의 갑종방화문을 설치
② 내화구조로서 홀로 설 수 있는 구조일 것
③ 방화벽을 관통하는 케이블 · 전선 등 : 내화충전구조로 마감
④ 분기구 및 국사 · 변전소 등의 건축물과 지하구가 연결되는 부위(건축물에서 20 m 이내)에 설치
⑤ 자동폐쇄장치 : 성능인증 및 제품검사 기술기준에 적합

8) 무선통신보조설비

무전기 접속단자를 다음 장소에 설치
① 방재실과 공동구의 입구
② 연소방지설비 송수구가 설치된 지상

9) 통합감시시설

① 소방관서와 지하구의 통제실 간에 화재 등 소방활동과 관련된 정보를 상시 교환할 수 있는 정보통신망을 구축할 것
② ①의 정보통신망(무선통신망 포함)은 광케이블 또는 이와 유사한 성능을 가진 선로일 것
③ 수신기는 지하구의 통제실에 설치하되 화재신호, 경보, 발화지점 등 수신기에 표시되는 정보가 별표 1에 적합한 방식으로 119상황실이 있는 관할 소방관서의 정보통신장치에 표시되도록 할 것

2 액체가연물의 연소에 의한 화재패턴에 대하여 설명하시오.
(1) 일반적인 특징
(2) 종류 5가지

문제 2) 액체가연물의 화재패턴

1. 일반적인 특징

1) 낮은 곳으로 흐르며 고인다는 점
2) 바닥재의 특성에 따라 광범위하게 퍼지거나 흡수될 수 있다는 점
3) 증발하면서 증발잠열에 의한 냉각효과가 있다는 점
4) 쏟아지거나 끓게 되면 주변으로 방울이 튈 수 있다는 점
5) 어떠한 액체가연물은 고분자물질을 침식시키거나 변형시키는 등 용매로서의 성질을 가지기도 한다는 점

2. 종류 5가지

1) Pool – Shaped Burn 패턴(포어 패턴)

① 개념

- 인화성 액체가연물이 바닥에 쏟아졌을 때 발생하는 액체가연물이 쏟아진 부분과 쏟아지지 않은 부분 사이의 탄화경계 흔적
- 이러한 형태는 화재가 진행되며, 액체가연물이 있는 곳은 다른 곳보다 연소가 강하기 때문에 탄화 정도의 강, 약에 의해서 구분됨

② 용어

- 포어패턴보다 Pool – Shaped Burn Pattern이 적합한 용어
- 포어패턴은 방화 등의 목적으로 인위적으로 인화성 액체를 뿌린 흔적

2) 스플래시 패턴

① 개념

액체가연물이 쏟아져 주변으로 튀거나 연소되면서 발생하는 열에 의해 스스로 가열되어 액면에서 끓으며 주변으로 튄 액체가 포어 패턴 부근의 미연소 부분에서 국부적으로 점처럼 연소된 흔적

② 특징

- 주변으로 튀어나간 가연성 물방울에 의해 생성되므로 약한 풍향에도 영향을 받음
- 바람이 부는 방향으로는 잘 생기지 않으며, 반대 방향으로는 비교적 먼 지점에서도 생길 수 있음

3) 고스트마크

① 개념

- 타일 부착면 내부로 액체가연물 유입
- 액체가연물과 접착제 화합물의 연소
- 고스트마크 형성

② 특징

다른 패턴들과 달리 플래시오버와 같은 강한 화재열기 속에서 발생함

4) 틈새연소 패턴

① 개념

- 바닥부의 틈새를 따라서 더 많은 액체가 고이게 됨
- 틈새부에서 고인 액체가 연소되면서 타 부위에 비하여 더 강하게 더 오래 연소하게 되므로, 진화 후에는 탄화 정도에 따라서 구별할 수 있는 패턴을 남기게 됨

② 고스트마크와의 차이점

- 접착제와의 혼합물이 아닌 가연성 액체의 연소임
- 콘크리트나 시멘트 바닥이 아니라 마감재 표면에서 보이는 패턴
- 주로 화재 초기에 나타나며, 플래시오버와 같은 강한 화염 속에서 쉽게 사라질 수 있음

5) 도넛 패턴

① 발생원인

- 고리처럼 보이는 주변부나 얕은 곳에서는 화염이 바닥이나 바닥재를 탄화시킴
- 비교적 깊은 중심부는 액체가 증발하면서 기화열에 의해 식게 되므로 바닥재가 탄화되지 않음

② 특징

도넛과 같이 완전히 동그란 형태는 아니겠지만, 대부분의 액체 연소패턴은 유류가 쏟아진 곳의 가장자리 부분이 중심부에 비해 강한 연소 흔적을 보이는 것이 일반적(가연물이 뿌려진 영역의 경계부분이 더 많이 연소)

③ 화재안전기준에서 명시한 비상조명등의 조도 기준을 KS표준 및 NFPA와 비교하여 설명하시오.

문제 3] 비상조명등의 조도기준

1. 화재안전기준의 조도기준

1) 일반 특정소방대상물

① 특정소방대상물의 각 거실과 그로부터 지상에 이르는 복도, 계단 및 그 밖의 통로에 설치할 것

② 비상조명등 설치장소의 각 부분 바닥에서 1 lx 이상

2) 초고층건축물

피난안전구역의 상시 조명이 소등된 상태에서 비상조명등 점등 시, 각 부분의 바닥에서 조도 10 lx 이상이 될 수 있도록 설치할 것

3) 도로터널

상시 조명이 소등된 상태에서 비상조명등이 점등되는 경우,

① 터널 안의 차도 및 보도의 바닥면의 조도 : 10 lx 이상

② 그 외 모든 지점의 조도 : 1 lx 이상

2. KS표준

활동유형	조도 분류	조도범위(lx)			비고
		최저	표준	최고	
어두운 분위기 중의 시식별 작업장	A	3	4	6	공간의 전반 조명
어두운 분위기의 이용이 빈번하지 않은 장소	B	6	10	15	
어두운 분위기의 공공 장소	C	15	20	30	
잠시 동안의 단순 작업장	D	30	40	60	
시작업이 빈번하지 않은 작업장	E	60	100	150	

3. NFPA 101의 조도기준

1) 상시 점등의 고장 시에 최소 1.5시간 동안 점등될 것
2) 조도는 바닥면에서 피난 경로를 따라 측정하여 평균 10.8 lx 이상이고 어떤 지점에서도 최소 1.1 lx 이상이어야 함
3) 조도는 1.5시간 경과 시에 평균 6.5 lx, 어떤 지점에서도 최소 0.65 lx 이하로 낮아지지 않아야 함
4) 최대 · 최소 조도비율은 40 : 1 이하일 것

4. 화재안전기준에 따른 조도기준의 문제점

1) 조도기준 중 1 lx의 기준은 너무 낮음

① NFPA 101 : 피난경로상 평균 6.5~10.8 lx

② KS 기준
- 가장 낮은 A등급의 경우에도 4 lx
- 어두운 분위기의 이용이 빈번하지 않은 장소는 10 lx

③ 평상시 조도가 300~400 lx인 상시조명이 정전되어 비상조명등이 점등되어 1 lx로 낮아지면 피난자의 암순응 시간이 필요하게 되어 시력과 인식능력이 저하될 수 있음

2) 비상조명등 설치간격 기준이 없음

① 형식 승인받은 예비전원 내장형 비상조명등의 설치높이에 따른 배광번호(1 lx가 되는 수평거리)가 제품마다 상이함

② 그에 따라 각 현장마다 비상조명등 설치간격을 상이하게 적용해야 함

3) 조도측정 위치

일반 특정소방대상물에서 조도 측정 위치가 비상조명등이 설치된 장소의 각 부분의 바닥으로 규정되어 있음

5. 결론

1) 비상조명등을 적용함에 있어, 비상조명등의 설치간격, 설치높이, 조도확보의 정도가 현장마다 다르게 되고 있음
2) 따라서 비상조명등의 배광번호를 확인하여 피난경로에 대한 조도 확보가 이루어질 수 있도록 충분히 검토해야 함

3) 1 lx의 조도기준이 암순응 및 피난에 적합한 조도인지 검증 필요함

4) 비상조명등의 조도 측정 부분은 전체 피난경로로 하는 것이 바람직함

4 건축물관리법령에서 정한 건축물 구조형식에 따른 화재안전성능 보강공법에 대하여 다음을 설명하시오.

(1) 필수적용 및 선택적용 항목

(2) 1층 상부 화재확산방지구조 적용공법에 대한 시공기준

문제 4] 화재안전성능 보강공법

1. 개요

1) 필로티 주차장이 설치되고 가연성 재료를 사용한 외단열 공법의 외벽 마감 건축물들이 많이 건축된 상태임

2) 최근 많은 인명피해를 일으킨 화재가 발생하여 위와 같은 형태의 기존 건축물을 보강하기 위해 건축물관리법에서 화재안전성능 보강에 대한 규정이 시행됨

① 2020. 05에 시행

② 2022. 12. 31까지 보강 후 보고해야 함

2. 필수적용 및 선택적용 항목

1) 필수적용 항목

건축물 구조형식	적용	보강공법
필로티 건축물	필수	1층 필로티 천장 보강 공법
	다음 5가지 중 택 1 필수	(1층 상부) 차양식 캔틸레버 수평구조 적용 공법
		(1층 상부) 화재확산방지구조 적용 공법
		(전층) 외벽 준불연재료 적용 공법

건축물 구조형식	적용	보강공법
필로티 건축물	다음 5가지 중 택 1 필수	(전층) 화재확산방지구조 적용 공법
		옥상 드렌처설비 적용 공법
일반 건축물	다음 3가지 중 택 1 필수	스프링클러 또는 간이스프링클러 설치 공법
		(전층) 외벽 준불연재료 적용 공법
		(전층) 화재확산방지구조 적용 공법

2) 선택적용 항목

적용	보강공법
일반건축물 필수	스프링클러 또는 간이스프링클러 설치 공법
모든 층	옥외피난계단 설치 공법
–	방화문 설치 공법
–	하향식 피난구 설치 공법

3. 1층 상부 화재확산방지구조 적용공법

1) 기존 제거

1층 필로티 기둥 최상단 기준으로 2,500 mm 이내에 적용된 단열재를 포함한 외부 마감재료를 완전히 제거

2) 제거 부위의 마감

두께 155 mm 이상의 불연재료로 마감

5 방화지구내 건축물에 설치하는 드렌처설비의 설치대상, 수원의 저수량, 가압송수장치, 작동방식에 대하여 설명하시오.

문제 5] 방화지구 내 건축물의 드렌처설비

1. 개요

1) 건축법령에 따른 방화지구 내 건축물에 설치하는 드렌처설비는 그 상세 설치기준이 부재한 상태임

2) 이에 따라 드렌처설비에 대한 적용이 각 지역별로 다른 문제가 발생하고 있는데, 2020. 03에 부산시 소방재난본부에서는 이러한 드렌처설비 설치 적용지침을 수립하여 시행하고 있음

2. 설치대상

1) 방화지구 내 인접대지경계선에 접하는 외벽에 설치하는 창문등으로서 연소할 우려가 있는 부분에 설치할 것

2) 연소할 우려가 있는 부분

인접대지경계선으로부터 ① 1층 : 3 m 이내
② 2층 이상 : 5 m 이내에 있는 각 부분

3. 수원의 저수량

1) 수원의 양

$Q = N \times 1.6\text{m}^3$ 이상

여기서, N : 하나의 제어밸브에 연결된 가장 많은 드렌처헤드의 수
1.6 : 30층 이상은 3.2, 50층 이상은 4.8을 곱함

2) 저수량

① 각 설비에 필요한 저수량을 합산

② 부산본부 지침에서는 다음과 같은 이유로 타 소화설비와의 수조 겸용을 허용

- 드렌처와 스프링클러 설비의 흡수관을 겸용으로 적용
- 해당 건물 화재 시 소화수원으로 드렌처설비용 수원까지 함께 사용 가능
- 외부 화재가 연소 확대되는 경우, 드렌처설비가 작동하여 물을 사용하다가 화재상황의 진전에 따라 제어밸브 폐쇄를 통해 제어

4. 가압송수장치

1) 드렌처설비의 요구성능

① 각 헤드 선단의 방수압력 : 0.1 MPa 이상

② 각 헤드에서의 방수량 : 80 lpm 이상
(간이스프링클러를 적용하는 소규모 건축물의 경우 : 50 lpm 이상)

2) 가압송수장치 용량

① 펌프는 전용을 원칙으로 하되, 소화설비와 겸용할 경우 각 설비에 필요한 토출량 중 최대값(드렌처헤드가 설치되는 개구부에 방화유리 등이 설치된 경우에 한함)으로 할 수 있음

② 겸용 시에는 스프링클러설비를 사용할 경우 반드시 드렌처설비의 제어밸브를 폐쇄해야 함

5. 작동방식

1) 드렌처 전용의 감지기 작동 또는 폐쇄형 헤드의 개방에 따라 제어밸브가 개방되도록 할 것

2) 감지기와 폐쇄형 헤드는 연소할 우려가 있는 창문등으로부터 수평거리 50 cm 이내의 천장 또는 반자의 옥내의 면하는 부분에 설치할 것

3) 다음에 해당할 경우 수동식 기동장치에 따라 개방되도록 설치 가능함

① 24시간 관리인이 근무하는 건축물

② 자동화재탐지설비 경계구역을 드렌처설비 전용으로 별도의 회로를 구성하고 감지기(연기감지기 제외)를 연소할 우려가 있는 부분으로부터 수평거리 50 cm 이내에 설치된 경우
(관계인이 상시 거주하여 감지기 작동 시 수동으로 드렌처설비를 작동시킬 수 있는 건축물에 한함)

4) 폐쇄형 헤드를 기동장치로 사용하는 경우

① 표시온도가 79 ℃ 미만의 것을 사용하고, 1개의 스프링클러헤드의 경계면적(창문면적)은 20 m^2 이하로 할 것

② 부착면의 높이는 바닥으로부터 5 m 이하로 하고, 화재를 유효하게 감지할 수 있도록 할 것

Ref.

- 상기 저수조, 펌프, 작동방식에는 논란이 있음
- 드렌처설비는 외부화재에 대응하기 위한 목적으로 적용하는 설비인데, 지침에서는 옥내에 설치된 감지기 등에 의해 작동하는 방식을 적용함
- 옥내의 해당 창문등의 인근에서 화재 발생 시 스프링클러와 드렌처설비가 동시에 작동하는 문제가 발생할 수 있음
- 이러한 경우 스프링클러를 위한 펌프용량과 수원의 지속시간이 부족한 문제가 발생하게 됨

6 위험물 안전관리법령에서 명시한 알코올류에 대하여 다음을 설명하시오.
(1) 알코올류의 정의(제외기준 포함)
(2) 알코올류의 종류별 분자구조식, 위험성, 저장·취급방법

문제 6] 위험물법령에 의한 알코올류

1. 알코올류의 정의

1) 1분자를 구성하는 탄소원자의 수가 1개부터 3개까지인 포화1가 알코올(변성알코올 포함)

2) 제외기준

① 1분자를 구성하는 탄소원자의 수가 1개 내지 3개의 포화1가 알코올의 함유량이 60 wt.% 미만인 수용액

② 가연성 액체량이 60 wt.% 미만이고 인화점 및 연소점(태그개방식 인화점측정기에 의한 연소점)이 에틸알코올 60 wt.% 수용액의 인화점 및 연소점을 초과하는 것

2. 알코올류의 종류별 분자구조식, 위험성, 저장 · 취급방법

1) 메틸알코올

① 분자구조식

$$\begin{array}{c} \quad H \\ \quad | \\ H-C-OH \\ \quad | \\ \quad H \end{array}$$

② 위험성

- 수용액 농도가 높을수록 인화점이 낮아져 더욱 위험
- $KMnO_4$, CrO_3, $HClO_4$과 접촉하면 폭발
- 고농도의 과산화수소와 혼합한 것은 충격에 의해 폭발
- Na, K 등 알칼리금속과 반응하여 수소 발생

  $2Na + 2CH_3OH \rightarrow 2CH_3ONa + H_2$
- 독성이 강하여 먹으면 실명하거나 사망에 이름

③ 저장 · 취급방법

- 화기 등을 멀리하고 액체 온도가 인화점 이상으로 상승하지 않도록 해야 함
- 밀봉 · 밀전하며 통풍이 잘되는 냉암소 등에 저장하고 취급소 내 방폭조치

2) 에틸알코올

① 분자구조식

$$\begin{array}{c} \quad H \quad H \\ \quad | \quad\; | \\ H-C-C-OH \\ \quad | \quad\; | \\ \quad H \quad H \end{array}$$

② 위험성

- 연소 시 불꽃이 잘 보이지 않으므로 화상의 위험이 있음
- 인화점(13 ℃) 이상이 되면 폭발성 혼합가스를 생성하여 밀폐장소에서 폭발함
- 수용액 농도가 높을수록 인화점이 낮아져 더욱 위험
- $KMnO_4$, CrO_3, $HClO_4$과 접촉하면 발화
- 고농도의 과산화수소와 혼합한 것은 충격에 의해 폭발
- Na, K 등 알칼리금속과 반응하여 수소 발생

③ 저장 · 취급방법

메틸알코올에 준함

3) 프로필알코올

① 분자구조식

```
    H   H   H
    |   |   |
H - C - C - C - OH
    |   |   |
    H   H   H
```

② 위험성

메틸알코올에 준함

③ 저장 · 취급방법

메틸알코올에 준함

4) 이소프로필알코올

① 분자구조식

```
    H  OH   H
    |   |   |
H - C - C - C - H
    |   |   |
    H   H   H
```

② 위험성

메틸알코올에 준함

③ 저장 · 취급방법

메틸알코올에 준함

124회 기출문제 4교시

1 「소방시설 등의 성능위주설계 방법 및 기준」에서 정하고 있는 화재 및 피난 시뮬레이션의 시나리오 작성에 있어 인명안전 기준과 피난가능시간 기준에 대하여 설명하시오.

문제 1] 인명안전 기준과 피난가능시간 기준

1. 인명안전 기준

1) 적용범위

① 화재 시 거주가능조건을 충족하는 시간(ASET)을 산정하는 기준

② 일반적으로 가시거리 영향에 의해 ASET이 결정되므로, 발생하는 Soot의 수율(Y_{soot}) 입력이 가장 중요함

③ 그러나 수술실, 중환자실과 같이 일시농성방식으로 피난설계하는 장소에 대해서는 독성가스의 영향도 평가해야 함

2) 인명안전 기준

<table>
<tr><th>구분</th><th>성능기준</th><th>비고</th></tr>
<tr><td>호흡한계선</td><td>바닥으로부터 1.8 m 기준</td><td></td></tr>
<tr><td>열에 의한 영향</td><td>60 ℃ 이하</td><td></td></tr>
<tr><td>가시거리에 의한 영향</td><td><table><tr><th>용도</th><th>허용가시거리 한계</th></tr><tr><td>기타 시설</td><td>5 m</td></tr><tr><td>집회시설
판매시설</td><td>10 m</td></tr></table></td><td>• 고휘도유도등
• 바닥유도등
• 축광유도표지 설치 시, 집회시설 및 판매시설은 7 m를 적용 가능</td></tr>
</table>

<table>
<tr><th>구분</th><th>성능기준</th><th>비고</th></tr>
<tr><td>독성에 의한 영향</td><td><table><tr><th>성분</th><th>독성 기준치</th></tr><tr><td>CO</td><td>1,400 ppm</td></tr><tr><td>O_2</td><td>15 % 이상</td></tr><tr><td>CO_2</td><td>5 % 이하</td></tr></table></td><td>기타 독성 가스는 실험결과에 따른 기준치를 적용 가능</td></tr>
</table>

[비고] 이 기준을 적용하지 않을 경우, 실험적 · 공학적 또는 국제적으로 검증된 명확한 근거 및 출처 또는 기술적인 검토자료를 제출하여야 함

2. 피난가능시간 기준

1) 적용범위

① 피난소요시간(RSET)은 다음과 같이 계산됨

$$RSET = T_d + (T_a + T_o + T_i) + T_e$$

② 여기서, 감지시간(T_d)과 피난행동시간(T_e)은 시뮬레이션에 의해 산출 가능함

③ 지연시간($T_a + T_o + T_i$)은 소방청고시에 따른 피난가능시간 기준에 따라 결정하게 되며, 이는 SFPE 핸드북의 기준을 준용한 것

2) 피난가능시간 기준

(단위 : 분)

용도	W1	W2	W3
사무실, 상업 및 산업건물, 학교, 대학교 (거주자는 건물의 내부, 경보, 탈출로에 익숙하고, 상시 깨어 있음)	<1	3	>4
상점, 박물관, 레저스포츠 센터, 그 밖의 문화집회시설 (거주자는 상시 깨어 있으나, 건물의 내부, 경보, 탈출로에 익숙하지 않음)	<2	3	>6
기숙사, 중/고층 주택 (거주자는 건물의 내부, 경보, 탈출로에 익숙하고, 수면상태일 가능성 있음)	<2	4	>5

용도	W1	W2	W3
호텔, 하숙용도 (거주자는 건물의 내부, 경보, 탈출로에 익숙하지도 않고, 수면상태일 가능성 있음)	<2	4	>6
병원, 요양소, 그 밖의 공공 숙소 (대부분의 거주자는 주변의 도움이 필요함)	<3	5	>8

[비고]

(1) W1 : • 방재센터 등 CCTV 설비가 갖춰진 통제실의 방송을 통해 육성지침을 제공할 수 있는 경우
• 훈련된 직원에 의해 해당 공간 내의 모든 거주자들이 인지할 수 있는 육성지침을 제공할 수 있는 경우

(2) W2 : 녹음된 음성 메시지 또는 훈련된 직원과 함께 경고방송을 제공할 수 있는 경우

(3) W3 : 화재경보신호를 이용한 경보설비와 함께 비훈련 직원을 활용할 경우

3) 실무에서의 적용

① 성능위주설계에서 피난가능시간 결정은 매우 중요하며, 현실적으로 가능한 방안에 따라 W1, W2, W3 중 한 가지로 결정해야 함

② 용도상 W1으로 유지관리하기 불가능한 경우에도 W1을 적용하여 피난모델링을 수행하는 것은 개선되어야 함

2 소방시설 등의 전원과 관련하여 다음 사항을 설명하시오.

(1) 스프링클러설비의 상용전원회로 설치 기준

(2) 소방부하 및 비상부하의 구분

(3) 부하용도와 조건에 따른 자가발전설비 용량 산정방법

문제 2] 소방시설 등의 전원

1. 상용전원회로 설치기준

1) 저압수전인 경우

인입개폐기 직후에서 분기하여 전용배선으로 하고, 전용의 전선관에 보호되도록 할 것

2) 특별고압수전 또는 고압수전인 경우

① 전력용 변압기 2차 측의 주차단기 1차측에서 분기하여 전용배선으로 하되

② 상용전원의 상시공급에 지장이 없을 경우에는 주차단기 2차 측에서 분기하여 전용배선으로 할 것

③ 단, 가압송수장치의 정격 입력전압이 수전전압과 같은 경우에는 저압수전의 기준에 따름

2. 소방부하와 비상부하

1) 소방부하

① 화재 시의 인명 보호를 위한 전략부하

② 대상

- 소방법령상의 소방시설(소화설비, 피난구조설비, 소화용수설비, 소화활동설비 등)
- 건축법령상의 피난 · 방화시설(비상용 승강기, 피난용 승강기, 배연설비, 방화문, 방화셔터 등)
- 의료법령에 의한 의료시설 및 소방시설 작동으로 침수 우려가 있는 지하기계실의 배수펌프도 포함

2) 비상부하

① 소방부하 외의 비상용 전력부하

② 대상

항온항습시설, 비상급수펌프, 보안시설, 냉동시설, 승용 및 비상용 승강기, 정화조 동력, 급기팬, 배기팬, 공용전등, 기계식 주차장 동력 등

3. 자가발전설비 용량 산정방법

1) 정격 출력용량

① 하나의 건축물에서의 소방부하의 설비용량을 기준으로 함

② 소방부하 겸용 발전기의 경우 비상부하는 건축전기설비 설계기준의 수용률 범위 중 최대값 이상을 적용

2) 발전기 종류별 용량 산정방법

① 소방전용 발전기 : 소방부하용량을 기준으로 정격출력용량을 산정하여 사용하는 발전기

② 소방부하 겸용 발전기 : 소방 및 비상부하 겸용으로서 소방부하와 비상부하의 전원용량을 합산하여 정격출력용량을 산정하여 사용하는 발전기

③ 소방전원 보존형 발전기 : 소방 및 비상부하 겸용으로서 소방부하의 전원용량을 기준으로 정격출력용량을 산정하여 사용하는 발전기

4. 결론

1) 현행 화재안전기준에 따르면 가장 일반적으로 적용되는 소방전원 겸용 발전기의 용량 산정 시, 비상부하에 대해 수용률 적용을 허용하고 있다.

2) 비상발전기의 경우 다음과 같이 과전류에 취약하여 소방시설 작동 불능 사태를 초래할 우려가 있다.

① 비상발전기 : 보통 정격전류의 110 %에서 차단기로 보호하도록 구성되어 과전류에 취약함

② 화재 시 비상부하가 수용률을 초과하여 전부 가동될 경우 차단기 작동에 의해 소방시설로의 비상전원 공급이 불가능해질 우려가 있음

3) 따라서 소방전원 겸용 발전기의 경우 과부하 위험을 방지하기 위해 비상부하의 수용률을 1로 적용함이 바람직하다.

3 도로터널의 화재안전기준 중 다음 소방시설의 설치기준에 대하여 설명하시오.

(1) 비상경보설비와 비상조명등

(2) 제연설비

(3) 연결송수관 설비

문제 3] 도로터널의 화재안전기준

1. 비상경보설비와 비상조명등

1) 발신기

① 주행차로 한쪽 측벽에 50 m 이내의 간격으로 설치
(편도 2차선 이상의 양방향 터널이나 4차로 이상의 일방향 터널의 경우 양쪽의 측벽에 각각 50 m 이내의 간격으로 엇갈리게 설치할 것)

② 바닥면으로부터 0.8~1.5 m 높이에 설치할 것

2) 음향장치

① 발신기 설치위치와 동일하게 설치할 것

② 비상방송설비를 비상경보설비와 연동하여 작동하도록 설치한 경우 지구음향장치를 설치하지 않을 수 있음

③ 부착된 음향장치의 중심으로부터 1 m 떨어진 위치에서 90 dB 이상이 되도록 할 것

④ 터널 내부 전체에 경보를 발하도록 설치할 것

3) 시각경보기

주행차로 한쪽 측벽에 50 m 이내의 간격으로 비상경보설비 상부 직근에 설치하고 전체 시각경보기는 동기방식에 의해 작동될 수 있도록 할 것

4) 비상조명등

① 상시 조명이 소등된 상태에서 비상조명등 점등 시
- 터널 안의 차도 및 보도의 바닥면 조도 : 10 lx 이상
- 그 외 모든 지점의 조도 : 1 lx 이상

② 비상전원
- 상용전원이 차단되는 경우, 자동으로 비상전원에 의해 60분 이상 점등되도록 설치
- 비상조명등에 내장된 예비전원이나 축전지설비는 상용전원 공급에 의하여 상시 충전상태를 유지할 수 있도록 설치할 것

2. 제연설비

1) 설계기준

① 설계화재강도는 20 MW, 연기발생률은 80 m^3/s로 하고, 배출량은 발생된 연기

와 혼합된 공기를 충분히 배출할 수 있는 용량 이상을 확보할 것

② 화재강도가 상기 설계화재강도보다 높을 것으로 예상될 경우 위험도분석을 통하여 설계화재강도를 설정할 것

2) 설치기준

① 종류 환기방식의 경우 제트팬의 소손을 고려하여 예비용 제트팬을 설치할 것

② 횡류 또는 반횡류 환기방식 및 대배기구방식의 배연용 팬은 덕트의 길이에 따라서 노출온도가 달라질 수 있으므로, 수치해석 등을 통해서 내열온도 등을 검토한 후에 적용할 것

③ 대배기구의 개폐용 전동모터는 정전 등 전원이 차단되는 경우에도 조작상태를 유지할 수 있을 것

④ 화재에 노출이 우려되는 제연설비와 전원공급선 및 제트팬 사이의 전원공급장치 등 250 ℃의 온도에서 60분 이상 운전상태를 유지할 수 있을 것

3) 제연설비의 기동

① 화재감지기가 동작되는 경우

② 발신기의 스위치 조작 또는 자동소화설비의 기동장치를 동작시키는 경우

③ 화재수신기 또는 감시제어반의 수동 조작스위치를 동작시키는 경우

4) 비상전원

제연설비를 60분 이상 작동할 수 있을 것

3. 연결송수관설비

1) 방수압력 : 0.35 MPa 이상, 방수량 : 400 lpm 이상

2) 방수구

① 50 m 이내의 간격으로 설치

② 옥내소화전함에 병설 또는 독립적으로 터널출입구 부근과 피난연결통로에 설치할 것

3) 방수기구함

① 50 m 이내의 간격으로 옥내소화전함 내 설치 또는 독립적으로 설치

② 65 mm 노즐 1개와 15 m 이상의 호스 3본을 설치할 것

4 거실제연설비의 공기유입 및 유입량 관련 화재안전기준을 NFPA 92와 비교하여 차이를 설명하시오.

문제 4] 거실제연의 공기유입 및 유입량 기준 비교

1. 화재안전기준

1) 유입방식 : 다음 3가지 방식을 적용 가능

① 강제유입 방식

② 자연유입 방식

③ 인접 제연구역 또는 통로를 통한 공기유입 방식

2) 유입량 기준

산출된 배출량 이상이 되어야 함

(행정예고 : 배출량의 배출에 지장이 없는 양)

3) 공기유입구 설치기준

바닥면적 400 m^2 미만의 거실	바닥면적 400 m^2 이상의 거실
• 바닥 외의 장소에 설치 (행정예고 : 삭제 예정) • 배출구와 5 m 이상 이격하여 설치 (행정예고 : 또는 구획실 장변의 1/2 이상 이격 추가 예정)	• 바닥에서 1.5 m 이하 • 공기유입구 2 m 이내에 가연성 내용물이 없도록 할 것 (행정예고 : 공기유입구 주변은 공기 유입에 장애가 없도록 조치할 것으로 변경 예정)

4) 유입풍속

① 유입풍도 : 20 m/s 이하

② 유입 순간의 풍속 : 5 m/s 이하

2. NFPA 92

1) 유입방식

① 강제 유입방식

② 자연 유입방식 : 개방된 출입문, 창문, 통풍구 등 이용
(자연배기를 할 경우, 유입공기도 자연급기에 의할 것)

2) 유입량 기준

① 배출량을 이동시킬 수 있고, 출입문 개방력 기준을 초과하지 않도록 급기할 것

② 작은 경로를 통한 누설을 포함하지 않은 조건에서 급기는 배기의 85~95 %로 설계함이 바람직함
→ 경험적으로 잔여 5~15 %의 공기는 작은 경로를 통해 유입되기 때문

③ 배출량보다 적은 공기를 유입시키는 이유는 공간을 가압하지 않기 위함

3) 공기유입구 기준

설치위치 : 연기층 아래에 위치해야 함

4) 유입풍속

화재플룸과 접촉할 수 있는 장소에서는 1.02 m/s를 초과하지 않을 것
→ 플룸이 연기층 경계부에서 기울어지거나 분리되는 것을 방지하기 위함

3. 결론

1) 차이점

구분	화재안전기준	NFPA 92
유입량	배출량 이상 (행정예고 : 배출량의 배출에 지장이 없는 양)	배출량의 85~95 %
유입구 위치	소규모 거실의 경우 연기층 내에 설치 가능	연기층 아래
유입풍속	5 m/s 이하	1.02 m/s 이하

2) 개선할 의견

① 최근 화재안전기준 행정예고에 따른 개정 예정은 주로 공기유입구 설치위치에 관련된 내용이며, 유입량 기준은 일부 개정될 것으로 예상된다.

② 유입구가 연기층 내부에 설치되거나 높은 풍속일 경우 연기층을 교란하여 피해가 우려되고, 이는 제연설비 본래의 목적을 상실하는 것이므로 이에 대한 추가적인 개정이 필요하다.

5 「건축물의 피난 · 방화구조 등의 기준에 관한 규칙」에 의한 방화구획 설치기준을 설명하시오.

문제 5] 방화구획의 설치기준

1. 대상

① 주요구조부가 내화구조 또는 불연재료로 된 건축물로서 연면적 1,000 m^2를 넘는 건축물

② 4층 이상의 층의 각 세대가 2개 이상의 직통계단을 사용할 수 없는 아파트에는 다른 부분과 방화구획된 대피공간을 1개 이상 설치

③ 요양병원, 정신병원, 노인요양시설, 장애인 거주시설, 장애인 의료재활시설의 피난층 외의 각 층마다 별도 방화구획된 대피공간, 노대등 또는 경사로 설치

2. 방화구획의 기준

구분		대상	기준	자동식 소화설비 설치 시
면적별	저층부	10층 이하의 층	바닥면적 1,000 m^2 이내마다 구획	3배 (3,000 m^2 이내)
	고층부	11층 이상의 층	• 바닥면적 200 m^2 이내마다 구획 • 벽 및 반자의 실내 마감이 불연재료인 경우 500 m^2 이내마다 구획	3배 (600 또는 1,500 m^2 이내)

구분	대상	기준	자동식 소화설비 설치 시
층별 구획	전층	층마다 구획	지하1층 ~ 지상으로 직접 연결되는 경사로 제외
수직관통부 구획	수직관통부	수직관통부를 건축물의 다른 부분과 방화구획	계단실, 승강로, 샤프트, 에스컬레이터, 린넨슈트, 파이프덕트 등
용도별 구획	내화구조 대상 및 비대상	주요구조부 내화구조 대상을 다른 부분과 방화구획	
	방화구획 완화부	방화구획 완화기준 적용부분은 다른 부분과 방화구획	
	필로티	필로티 부분을 주차장으로 사용하는 경우 건축물의 다른 부분과 방화구획	벽면적의 1/2 이상이 1층 바닥면에서 위층 바닥면 아랫면까지 공간으로 된 것

3. 방화구획의 방법

1) 국토교통부령이 정하는 기준에 따라 다음의 구조물로 구획할 것

① 내화구조로 된 바닥 및 벽

② 방화문 또는 자동방화셔터

2) 갑종방화문

① 언제나 닫힌 상태를 유지하거나

② 화재로 인한 연기 또는 불꽃을 감지하여 자동적으로 닫히는 구조
(연기 또는 불꽃을 감지하는 구조로 할 수 없는 경우 : 온도를 감지)

3) 내화충전

① 외벽, 바닥 사이의 틈이 생긴 때나 급수관 · 배전관 그 밖의 관이 방화구획 부분을 관통하여 틈이 생긴 경우

② 국토교통부장관이 정하여 고시하는 기준에 따라 내화충전성능을 인정한 구조로 메울 것

4) 방화댐퍼

① 환기, 냉난방 시설 풍도가 방화구획을 관통하는 경우 그 관통부분 또는 이에 근접한 부분에 방화댐퍼를 설치할 것

※ 예외 : 반도체공장에서 관통 풍도 주위에 스프링클러헤드를 설치한 경우

② 방화댐퍼의 설치기준

- 철재로서 철판의 두께가 1.5 mm 이상
- 화재 발생 시 연기의 발생 또는 온도의 상승에 의하여 자동적으로 닫힐 것
- 닫힌 경우 방화에 지장이 있는 틈이 생기지 않을 것
- KS규격상 방화댐퍼의 방연시험방법에 적합할 것

4. 결론

1) 현행 방화구획을 구성하는 구조물의 기준이 개정되어 각각 시행될 예정

① 방화문

- 갑종 방화문 : 60분+ 또는 60분 방화문
- 현행 비차열 또는 차열 성능에 연기를 차단하는 성능 요건을 추가함

② 내화충전구조

국토교통부장관이 정하여 고시하는 기준에 따른 내화채움성능을 인정한 구조로 개정 예정

③ 방화댐퍼

- 두께 1.5 mm 이상의 철재 기준에서 비차열 1시간의 내화성능을 갖추는 것으로 개정
- 방화댐퍼의 작동은 반드시 연기 또는 불꽃 감지에 의한 방식으로 개정되어 모터 구동 방식의 댐퍼로만 적용될 예정(용융 퓨즈 방식의 방화댐퍼 사용 불가)

2) 방화구획 완화기준에 다음 사항 추가

① 계단실, 복도, 승강장 및 승강로로서 다른 부분과 방화구획으로 구획된 부분 중 해당 부분에 위치하는 설비배관 등이 바닥을 관통하는 부분은 완화 기준에서 제외

② 건축물의 1층과 2층의 일부를 동일한 용도로 사용하며 그 건축물의 다른 부분과 방화구획으로 구획된 부분(바닥면적의 합계가 500 m^2 이하인 경우로 한정)을 완화기준에 추가

6 단열압축에 대하여 설명하고 아래 조건의 경우 단열압축 하였을 때 기체의 온도(℃)를 구하시오.

〈조건〉
- 단열압축 이전의 기체 : 25 ℃ 1기압
- 단열압축 이후의 기체 : 20기압
- 여기서 정적비열 C_v = 1 [cal/g ℃], 정압비열 C_p = 1.4 [cal/g ℃]이다.

문제 6] 단열압축의 개념 및 기체 온도 계산

1. 단열압축

1) 정의

① 흡열이나 방열과 같은 열교환이 없는 상태에서 발생하는 압축

② 단열압축 시 계의 온도는 상승

2) 특성

① 자동차 엔진의 점화에 활용

- 단열압축은 의도적인 점화방법으로 이용된다.
- 예를 들어 자동차 실린더 내의 가솔린 연료와 공기 혼합기체가 발화온도를 초과하는 단열온도까지 압축되면 점화된다.

② 공기압축기에서의 위험

- 공기압축기의 흡입구로 빨려들어간 가연성 증기가 압축되어 그 결과 발화되어 일어난 대형화재 사례가 있다.
- 압축기는 냉각기가 고장 날 경우 자연발화되기 쉬우므로, 압축공정을 설계할 때에는 단열압축으로 인한 화재를 방지하기 위한 안전장치가 포함되어야 한다.

③ 기체의 단열압축

- 압축기 등으로 기체를 고압으로 압축하는 경우에는 단열상태로서 압력이 상승한다.
- 또한 압력상승에 의해 온도가 상승하므로 만약 충분한 냉각시설이 없다면 압축기 오일 및 윤활유가 열분해될 수 있다.

④ 화학공장에서의 화재발생 원인

착화 원인이 분명하지 않은 경우의 사고에서는 단열압축이 그 원인이 되는 경우가 매우 많다.

3) 계산식

$$\frac{T_2}{T_1} = \left(\frac{P_2}{P_1}\right)^{\frac{\gamma - 1}{\gamma}}$$

여기서, γ : 비열비 $\left(\frac{C_p}{C_v}\right)$

2. 기체의 온도 계산

1) 비열비

$$\gamma = \frac{C_p}{C_V} = \frac{1.4}{1} = 1.4$$

2) 단열압축에 의한 온도 변화

$$\frac{T_2}{T_1} = \left(\frac{P_2}{P_1}\right)^{\frac{\gamma - 1}{\gamma}}$$

$$T_2 = T_1 \times \left(\frac{P_2}{P_1}\right)^{\frac{\gamma - 1}{\gamma}} = (273 + 25) \times \left(\frac{20\,\text{atm}}{1\,\text{atm}}\right)^{\frac{1.4 - 1}{1.4}} = (298) \times (20)^{0.4/1.4}$$

$T_2 = 701.36\ \text{K} = 428.36\ ℃$

→ 즉, 20기압으로 단열압축하면 25 ℃의 공기는 428 ℃로 상승한다.

CHAPTER 06

제 125 회 기출문제 풀이

125회 기출문제 1교시

1 **프로판 70%, 메탄 20%, 에탄 10%로 이루어진 탄화수소 혼합기의 연소하한을 구하시오.(단, 각각의 연소하한은 프로판 2.1%, 메탄 5.0%, 에탄 3.0%이다.)**

문제 1) 혼합기체의 연소하한

1. 개요

1) 르샤트리에 공식

혼합기체의 연소한계 추정에 활용

2) 계산식

$$LFL = \frac{100}{\frac{C_1}{L_1} + \frac{C_2}{L_2} + \frac{C_3}{L_3}}$$

2. 연소하한 계산

$$LFL = \frac{100}{\frac{C_1}{L_1} + \frac{C_2}{L_2} + \frac{C_3}{L_3}} = \frac{100}{\frac{70}{2.1} + \frac{20}{5.0} + \frac{10}{3.0}} = 2.46\ \%$$

3. 결론

탄화수소 혼합기의 연소하한은 2.46 %로 추정된다.

❷ 감광계수와 가시거리의 관계에 대하여 설명하시오.

문제 2] 감광계수와 가시거리의 관계

1. 감광계수(C_s)

1) 연기층 두께당 빛이 연기를 통과하면서 그 광도가 감소하는 비율

2) 계산식

$$C_s = \frac{1}{l} ln\left(\frac{I_0}{I}\right)$$

2. 가시거리

1) 거주인이 피난 시 식별할 수 있는 거리

2) 계산식

① 일반 연기에서의 가시거리

$$L_v = \frac{K}{C_s} \quad ⇨ \ C_s \times L_v = K \ (K : 상수)$$

② 자극성 연기에서의 가시거리

$$L_v = \frac{K}{C_s}(0.133 - 1.47 \log C_s)$$

3. 감광계수와 가시거리의 관계

감광계수(m^{-1})	가시거리(m)	농도상황
0.1	20~30	연기감지기의 작동
0.3	5	내부에 익숙한 사람이 피난에 불편
0.5	3	어두침침함을 느낄 정도
1.0	2	앞이 거의 보이지 않음
10	0.2~0.3	최성기의 연기농도로 유도등 보이지 않음
30	–	화재실에서 연기가 분출될 시점

감광계수가 높을수록 가시거리는 점점 짧아지며, 자극성 연기 중에서는 가시거리가 더 짧아진다.

❸ 초고층 및 지하연계 복합건축물 재난관리에 관한 특별법과 관련하여 다음을 설명하시오.
1) 피난안전구역 소방시설
2) 피난안전구역 면적산정기준

문제 3] 피난안전구역

1. 피난안전구역의 소방시설

다음 소방시설을 소방법령에 적합하게 설치해야 함

1) 소화기구(소화기, 간이소화용구만 해당), 옥내소화전설비 및 스프링클러설비
2) 자동화재탐지설비
3) 방열복, 공기호흡기(보조마스크 포함), 인공소생기
4) 피난유도선(피난안전구역으로 통하는 직통계단 및 특별피난계단 포함)
5) 피난안전구역으로 피난을 유도하기 위한 유도등 · 유도표지, 비상조명등 및 휴대용 비상조명등
6) 제연설비, 무선통신보조설비

2. 면적산정기준

1) 초고층 건축물

① 최대 30개 층마다 1개 이상
② (피난안전구역 위층의 재실자 수×0.5)×0.28 m^2

2) 지하연계 복합건축물

① 30~49층

- 전체 층수의 1/2에 해당하는 층 상하 5개 층 이내에 1개소 이상 설치

- (피난안전구역 위층의 재실자 수×0.5)×0.28 m²

② 16~29층

- 지상층별 거주밀도가 1.5명/m² 초과하는 층
- 해당 층의 사용형태별 면적의 합의 1/10

3) 초고층 건축물등의 지하층

① 지하층이 하나의 용도로 사용되는 경우
(수용인원×0.1)×0.28 m²

② 지하층이 2 이상의 용도로 사용되는 경우
(사용형태별 수용인원의 합×0.1)×0.28 m²

4 펠티에효과(Peltier Effect)와 제벡효과(Seebeck Effect)에 대하여 각각 설명하시오.

문제 4) 펠티에 효과와 제벡 효과

1. 열전 현상

1) 열과 전기의 상관 현상

2) 제벡 효과, 펠티에 효과 및 톰슨 효과가 있음

2. 제벡 효과

1) 개념

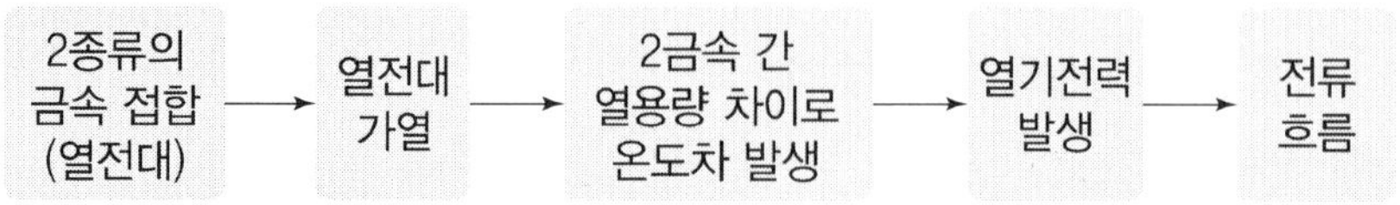

2종류의 금속 접합(열전대) → 열전대 가열 → 2금속 간 열용량 차이로 온도차 발생 → 열기전력 발생 → 전류 흐름

2) 활용 : 열전대식 차동식 분포형 감지기

① 열전대 : 제벡효과를 이용하기 위해 이종 금속을 조합한 한 쌍의 금속

② 차동식 분포형 감지기의 열전대

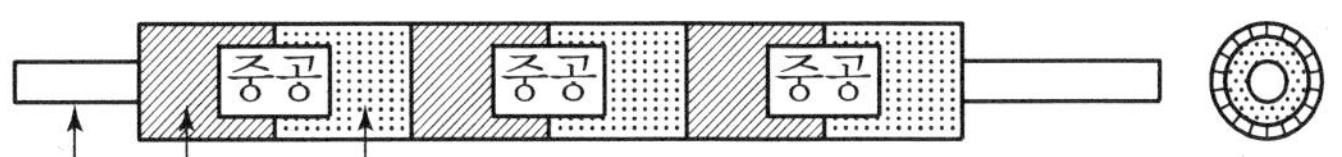

- 그림과 같이 리드선에 철(Fe)과 콘스탄탄(Cu 55 %+Ni 45 %의 합금)을 접합시켜 Seebeck 효과를 이용하는 것이 열전대이다.
- 콘스탄탄은 열전대 효과가 큰 합금이다.

3. 펠티에 효과

1) 개념

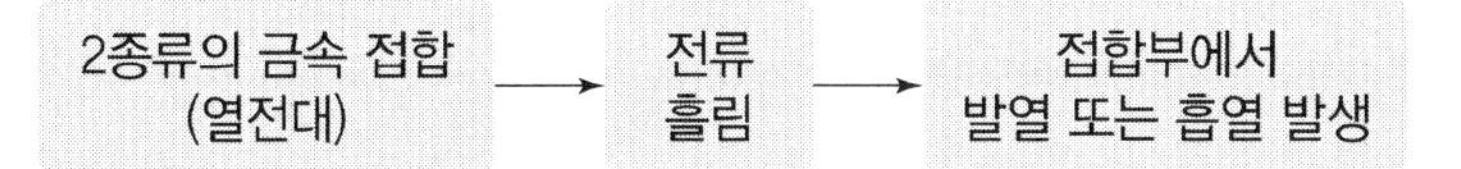

2) 활용 : 냉동기 또는 항온조 제작

❺ 형태계수와 방사율에 대하여 설명하시오.

문제 5) 형태계수와 방사율

1. 복사열 계산식

$$\dot{q}'' = \phi \cdot \varepsilon \cdot \sigma \cdot T^4$$

여기서, ϕ : 형태계수
ε : 복사능
σ : 스테판-볼츠만 상수
T : 절대온도

2. 형태계수

1) 방열체와 수열체 간의 기하학적 배치 형태에 대한 계수

2) 거리, 방사열원의 크기 · 형태 및 복사체와 수열체 간의 위치에 따라 달라짐

3) 형태계수의 계산

$$\phi = \frac{1}{A_1}\int_{A_1}\int_{A_2}\frac{\cos\beta_1 \cdot \cos\beta_2}{\pi R^2}dA_1 dA_2$$

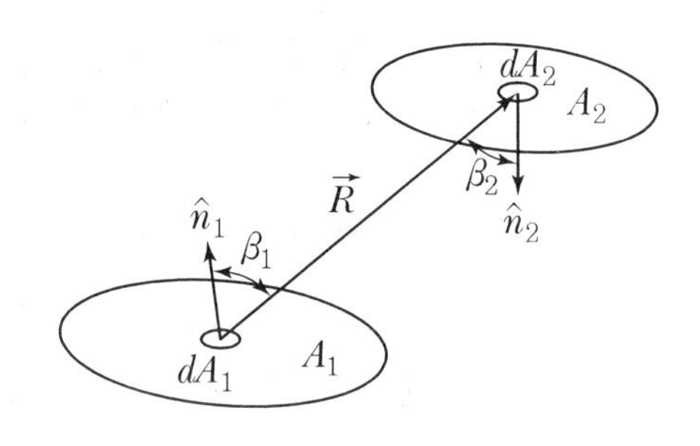

3. 방사율

1) 동일한 온도에서 이상적인 흑체의 복사에 대한 표면의 열복사 비율
(복사능, 실제출력과 최고출력 간의 비율)

2) 계산식

① $\varepsilon = 1 - e^{-kd}$

여기서, k : 유효방사계수 또는 흡수계수 [m^{-1}]

d : 화염의 두께 [m]

② 흡수계수 : 복사열이 얼마나 쉽게 화염을 관통할 수 있는지에 대한 측정값

3) 완전 흑체(Black Body)

① 흡수율 $\alpha = 1$인 물체로서, 복사에너지를 모두 흡수한다.

② 열역학 제1법칙에 의하여, 복사능(ε)도 1이 된다.

③ 실제 물체는 $0 < \varepsilon < 1$이므로, 복사에너지는 흑체보다 작다.

6 절대압력과 게이지압력의 관계에 대하여 설명하고, 진공압이 500 mmHg일 때, 절대압력(P_a)을 계산하시오.(단, 대기압은 760 mmHg 이다.)

문제 6] 절대압력과 게이지압력

1. 절대압력과 게이지압력의 관계

1) 절대압

대기압을 포함한 완전진공 상태를 0으로 한 압력

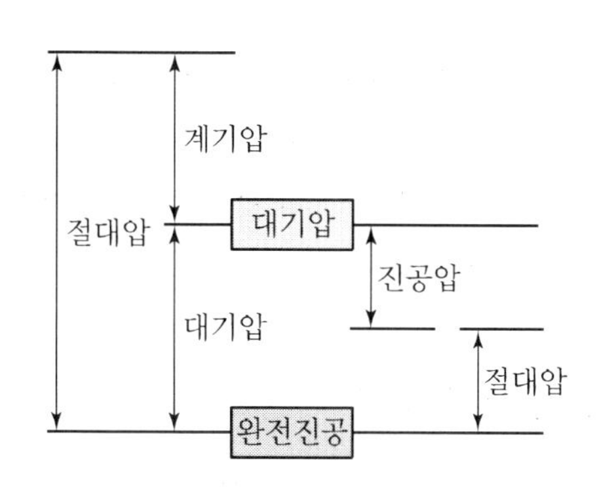

2) 계기압

대기압을 0으로 하여 측정되는 압력계로 측정하는 압력

3) 관계식

절대압력 = 대기압 + 계기압

= 대기압 − 진공압

2. 절대압력 계산

1) (절대압력 = 대기압 − 진공압)이므로,

$P_{abs} = P_a - P_v = 760 - 500 = 260$ mmHg

2) SI 단위로 환산하면

$$P_{abs} = 260\ \text{mmHg} \times \frac{101325\ \text{Pa}}{760\ \text{mmHg}} = 34{,}664\ \text{Pa}$$

7 유도전동기의 원리인 아라고원판의 개념도를 도시하고, 플레밍의 오른손 법칙과 왼손 법칙에 대하여 각각 설명하시오.

문제 7] 아라고원판과 플레밍 법칙

1. 아라고원판의 개념도

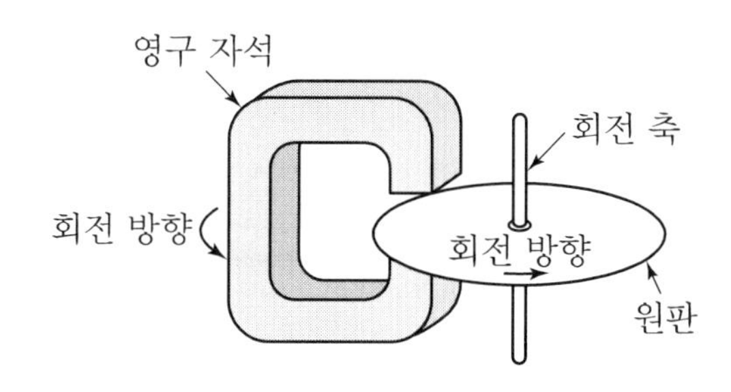

기출분석
120회
121회
122회
123회
124회
125회-1

1) 그림에서와 같이 회전 가능한 도체 원판 위에서 영구자석을 회전시키면 원판이 함께 회전하게 된다.
2) 플레밍의 왼손 법칙에 따라 자석 이동에 의해 유도기전력이 생겨 회전하게 되는 것이다.

2. 플레밍 법칙

1) 플레밍의 왼손 법칙

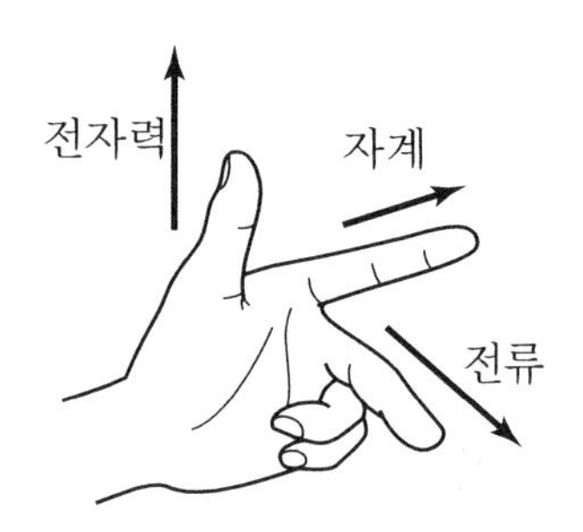

- 인지 : 자계(Field) 방향
- 중지 : 전류(Current) 방향
- 엄지 : 전자력(Motion) 방향

→ 전동기의 원리

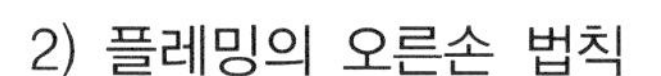

2) 플레밍의 오른손 법칙

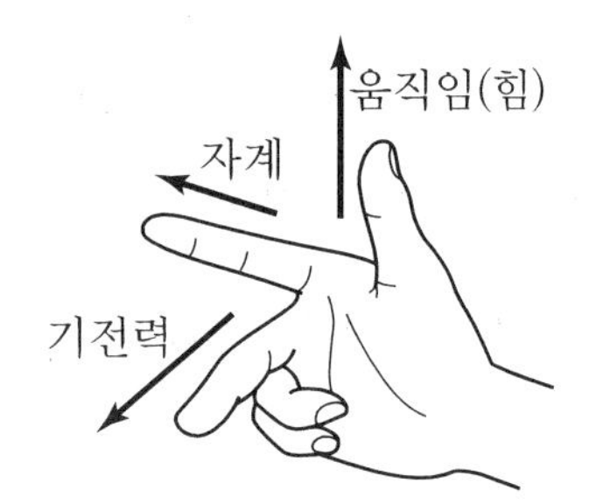

- 인지 : 자계(Field) 방향
- 엄지 : 움직임(Motion) 방향
- 중지 : 기전력 방향

→ 발전기의 원리

8 무차원수 중 Damkohler 수(D)에 대하여 설명하고, Arrhenius식과 관계를 설명하시오.

문제 8] Damkohler 수와 아레니우스 식과의 관계

1. Damkohler 수(D)

1) 계산식

$$D = \frac{\text{Reaction Rate}}{\text{Convection(Diffusion)}} = \frac{\text{반응속도}}{\text{대류(확산)}}$$

2) 화학 반응에 필요한 시간

반응물질들이 접촉하는데 걸리는 시간 (이동시간 : 대류 또는 확산)	+	반응하는데 걸리는 시간 (반응속도 상수)

3) 활용

① Damkohler 수는 반응 간의 비교에 활용되는 무차원수

② 개념

- $D < 0.1$: $X < 0.1$ → 불완전연소
- $D > 10$: $X > 0.9$ → 완전연소에 근접

여기서, X : 전화율(반응한 몰수/공급된 몰수)

2. 아레니우스 식과의 관계

1) 아레니우스 식

반응속도 상수 : $k = A \times e^{-\frac{E_a}{RT}}$

2) 아레니우스 식과의 관계

$$D = k \times \tau = \left(A \times e^{-\frac{E_a}{RT}}\right) \times \tau$$

여기서, τ : 공간시간(반응기에 반응물이 머무르는 시간)

9 착화파괴형 폭발과 누설착화형 폭발에 대한 예방대책에 대하여 설명하시오.

문제 9) 착화파괴형 폭발과 누설착화형 폭발

1. 착화파괴형 폭발

1) 용기 내의 위험물이 착화되어 온도가 상승함에 따라 압력이 급상승하여 파열되는 폭발

2) 예방대책

용기 내부에서의 착화방지로 예방 가능

① 혼합가스의 농도조성 관리

② 불활성가스로의 치환

③ 용기 내 발화원 관리

④ 열에 민감한 물질의 생성 방지

2. 누설착화형 폭발

1) 용기에서 위험물이 누출된 후 대기 중에서 착화하여 폭발되는 것

2) 예방대책

누출방지에 의해 예방 가능하며, 누설되더라도 착화되지 않도록 주변 점화원 관리가 필요함

① 밸브의 오조작 방지

② 위험탱크 주변의 발화원 관리

③ 누설 시 감지 경보

④ 위험물질의 누설 방지(이중배관, 강판의 내압성능 유지)

⑩ 이산화탄소 소화약제의 심부화재와 표면화재에 대한 선형상수값을 각각 구하시오.

문제 10] 이산화탄소 소화약제의 선형상수

1. 선형상수 계산식

1) 아보가드로 법칙

① 0 ℃에서의 기체 부피 : 22.4 L

② 따라서 $K_1 = \dfrac{22.4}{\text{분자량}}$

2) 샤를의 법칙

① 기체 온도가 1 ℃ 상승할 때마다 0 ℃에서의 부피의 1/273씩 증가

② 따라서 $K_2 = \dfrac{K_1}{273}$

3) 이산화탄소의 비체적 계산식

① CO_2의 분자량 : 44

② CO_2의 비체적 계산식 : $S = 0.5091 + 0.001865t$

2. 선형상수 계산

1) 표면화재

기준온도 $t = 30$ ℃ 이므로,

$S = 0.5091 + 0.001865(30) = 0.56\ \text{m}^3/\text{kg}$

2) 심부화재

기준온도 $t = 10$ ℃ 이므로,

$S = 0.5091 + 0.001865(10) = 0.52\ \text{m}^3/\text{kg}$

11 가스계 소화설비 설계프로그램의 유효성 확인을 위한 방출시험기준 (방출시간, 방출압력, 방출량, 소화약제 도달 및 방출종료시간)에 대하여 설명하시오.

문제 11] 가스계 설계프로그램의 방출시험 기준

1. 방출시간

1) 방출 시 시간에 따른 방출헤드의 압력변화곡선에 의해 산출

2) 산출된 방출시간은 다음 표의 기준에 적합할 것

기출분석
120회
121회
122회
123회
124회
125회-1

구분	방출시간 허용한계
10초 방출방식의 설비	설계값 ± 1초
60초 방출방식의 설비	설계값 ± 10초
기타의 설비	설계값 ± 10 %

3) 이산화탄소 소화설비의 심부화재의 경우 7분 이내에 방출하여야 하며, 2분 이내에 설계농도 30 %에 도달하는 조건을 만족할 것
   → 압력곡선으로 방출시간을 산정할 수 없는 경우에는 공인된 다른 시험방법(온도 · 농도곡선 등)이나 기술적으로 충분히 과학적인 것으로 인정되는 시험방법을 적용하여 시험할 수 있다.

2. 방출압력

소화약제 방출 시 각 분사헤드마다 측정된 방출압력은 설계값의 ±10 % 이내일 것

3. 방출량

1) 각 분사헤드의 방출량은 설계값의 ±10 % 이내이어야 하며 각 분사헤드별 설계값과 측정값의 차이의 백분율(Percentage Differences)에 대한 표준편차가 5 이내일 것
2) 이 경우 소화약제의 방출량은 질량 또는 농도 등을 측정하여 산출한다.

4. 소화약제 도달 및 방출종료시간

1) 소화약제 방출 시 각각의 분사헤드에 소화약제가 도달하는 시간의 최대편차는 1초 이내일 것
2) 소화약제의 방출이 종료되는 시간의 최대편차는 2초 이내일 것
   (이산화탄소 및 불활성가스는 제외)

⑫ 아래에 열거된 FIRE STOP의 설치장소 및 주요특성에 대하여 각각 설명하시오.

① 방화로드 ② 방화코트 ③ 방화실란트
④ 방화퍼티 ⑤ 아크릴 실란트

문제 12] FIRE STOP의 설치장소 및 주요특성

종류	설치장소	주요특성
방화로드	• 커튼월 관통부 • 전기(EPS) 관통부 • 기계설비(AD, PD) 관통부 • 기타 Open 구간	• 제품 규격화 및 균일한 도포면 유지 • 커튼월 변형 시에도 밀폐성능 유지 • 막대를 끼워넣는 방식으로 작업 간편
방화코트	• 커튼월 관통부 • 전기(EPS) 관통부 • 기계설비(AD, PD) 관통부	• 열팽창에 의한 탄소도막이 내열성 향상 • 진동 및 충격 흡수(설비 보호) • 환경친화적
방화실란트	• 방화구획벽, 경계벽의 선형조인트 • 전기(EPS) 관통부 • 기계설비(AD, PD) 관통부 • 기타 Open 구간	• 화재 시 내열성 및 우수한 밀폐효과 • 진동 및 충력 흡수(설비 보호) • 이물질 많은 장소에 적합
방화퍼티	• 전기(EPS) 관통부 • 기계설비(AD, PD) 관통부 • 기타 Open 구간	• 협소한 관통부 밀폐에 적합 (케이블 트레이 등) • 배선관 절연 및 부식방지에 적합
아크릴 실란트	• 창틀 틈새 • 선형조인트의 밀폐 • 틈새의 균열 보수 • 석고보드 밀폐	• 부착력이 우수하여 밀폐성능 향상 • 부피손실을 최소화하고 탄력성 향상 • 수용성으로 작업 편리하고 환경친화적

⑬ 화재 및 피난시뮬레이션의 시나리오 작성기준 상 인명안전 기준에 대하여 설명하시오.

문제 13] 인명안전 기준

1. 인명안전 기준

<table>
<tr><th>구분</th><th>성능기준</th><th>비고</th></tr>
<tr><td>호흡한계선</td><td>바닥으로부터 1.8 m 기준</td><td></td></tr>
<tr><td>열에 의한 영향</td><td>60 ℃ 이하</td><td></td></tr>
<tr><td>가시거리에 의한 영향</td><td><table><tr><th>용도</th><th>허용가시거리 한계</th></tr><tr><td>기타 시설</td><td>5 m</td></tr><tr><td>집회시설
판매시설</td><td>10 m</td></tr></table></td><td>• 고휘도유도등
• 바닥유도등
• 축광유도표지 설치 시, 집회시설 및 판매시설은 7 m를 적용 가능</td></tr>
<tr><td>독성에 의한 영향</td><td><table><tr><th>성분</th><th>독성 기준치</th></tr><tr><td>CO</td><td>1,400 ppm</td></tr><tr><td>O_2</td><td>15 % 이상</td></tr><tr><td>CO_2</td><td>5 % 이하</td></tr></table></td><td>기타 독성 가스는 실험결과에 따른 기준치를 적용 가능</td></tr>
</table>

[비고] 이 기준을 적용하지 않을 경우, 실험적 · 공학적 또는 국제적으로 검증된 명확한 근거 및 출처 또는 기술적인 검토자료를 제출하여야 함

2. 결론

① 화재모델링을 통해 ASET(거주가능시간)을 결정하는 기준

② 일반적으로 가시거리 영향에 따라 ASET이 결정되므로, 발생하는 Soot의 수율(Y_{soot})이 가장 중요함

③ 그러나 수술실, 중환자실과 같이 일시농성방식으로 피난설계를 해야 하는 장소에 대해서는 ASET 결정 시 독성가스의 영향도 평가해야 함

125회 기출문제 2교시

1 포소화약제 공기포 혼합장치의 종류별 특징에 대하여 설명하시오.

문제 1] 공기포 혼합장치

1. 개요

포 혼합장치는 포 약제와 물을 혼합한 포 수용액을 만드는 장치로서, 적용방식은 용량, 포의 종류, 설비종류, 탱크 수 등에 따라 달라진다.

2. 프레셔 프로포셔너(차압혼합장치)

1) 구성 및 혼합원리

① 소화수 펌프와 발포장치 사이에 벤츄리 또는 오리피스 방식의 혼합장치를 설치하고 포 약제탱크 연결

② 가압수 배관을 포 약제탱크로 연결

③ 포 약제탱크 내 격막 (Bladder) 유무에 따른 종류

- 압입식 : 격막이 없는 방식
- 압송식 : 격막이 있는 방식

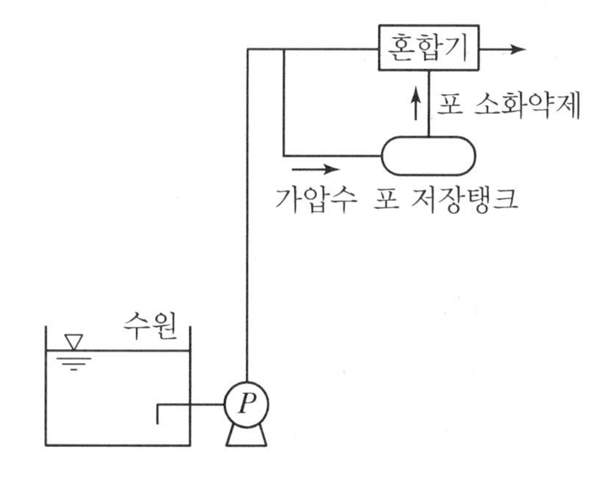

2) 특징

① 용량이 작은 고정식 포 소화설비에 적용

② 다양한 유량범위(정격유량의 50~200 %)에서 사용 가능하며, 마찰손실이 적음

③ 수성막포 등 물과 비중이 비슷한 포 소화약제는 사용할 수 없음(압입식)

④ 혼합비 도달까지 시간이 오래 걸림

3. 라인 프로포셔너

1) 구성 및 혼합원리

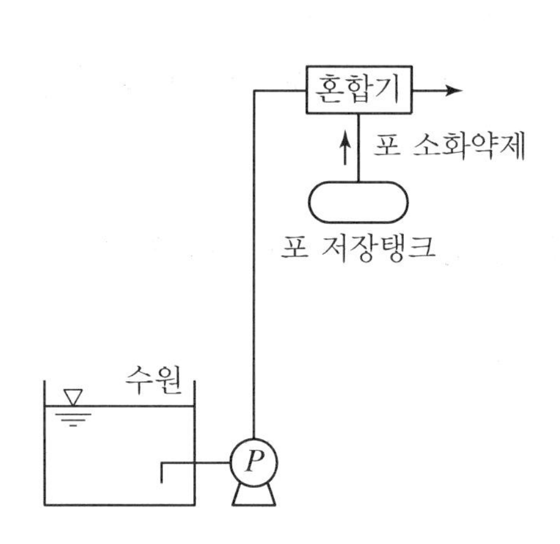

① 펌프와 발포기 사이에 벤츄리 형식의 혼합장치를 연결한 방식

② 혼합장치에 의해 발생하는 차압을 이용하여 포 소화약제를 혼합

2) 특징

① 수동식, 휴대용 포 소화설비에 적용하는 방식

② 구조가 단순하며, 저렴함

③ 압력손실이 크고, 흡입 가능한 높이가 1.8 m 이하로 제한됨

4. 펌프 프로포셔너

1) 구성 및 혼합원리

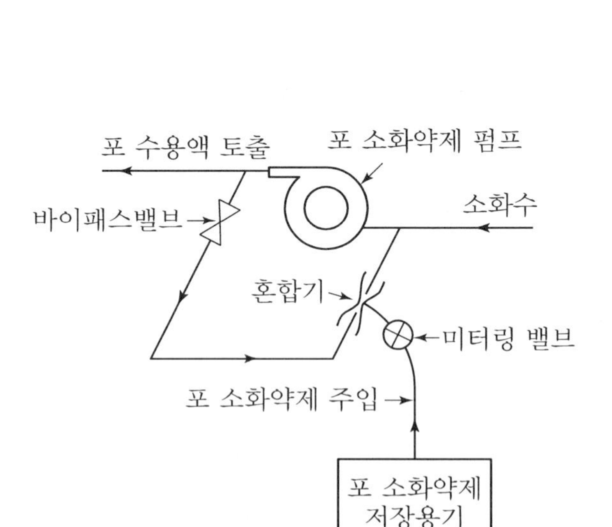

① 포 소화약제 펌프 토출 측에서 바이패스 관을 분기하여 흡입 측으로 연결

② 바이패스 관로 상에 혼합기 및 포 약제탱크를 연결

③ 토출되는 소화수 압력에 따라 적합한 비율의 포 소화약제를 혼합(저압인 펌프 흡입 측에 연결)

2) 특징

① 소방자동차에 활용하는 방식

② 소화약제 손실이 적고, 보수가 용이함

③ 포 전용 펌프가 필요하고, 흡입 측 배관에서 손실이 발생하면 혼합비율이 달라질 수 있음

5. 프레셔 사이드 프로포셔너

1) 구성 및 혼합원리

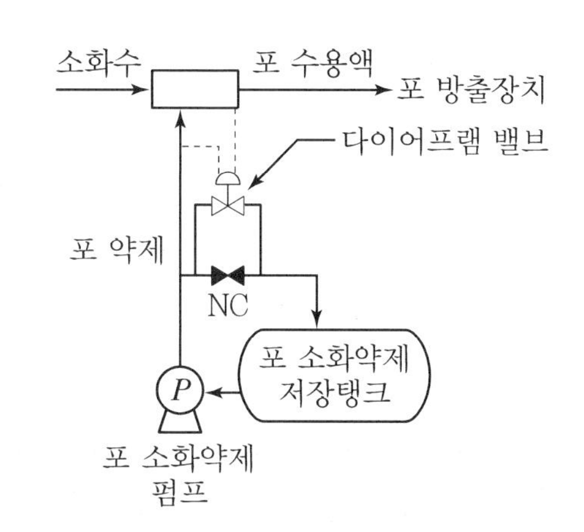

① 혼합장치, 포 약제펌프, 약제탱크, 바이패스, 다이어프램 밸브 및 Duplex Gauge 등으로 구성

② 화재 시 포 소화약제 펌프가 자동기동하여 약제를 공급

③ 소화수 유량에 따라 다이어프램 밸브의 개폐 정도가 조절되어 포 혼합비율을 조정함

2) 특징

① 3,800 L 이상의 포 소화약제를 이용하는 대형 시스템에 적용

② 혼합비율이 정확하고, 신뢰성이 높음

③ 용적식의 전용 포 소화약제 펌프 설치가 필요함

④ 국내에서는 독일의 FireDos 시스템도 적용하고 있음

6. 압축공기포(CAF) 믹싱챔버 방식

1) 구성 및 혼합원리

① CAF 혼합챔버 내에 포 소화약제, 소화수 및 압축공기(또는 질소)를 일정 비율로 강제 주입하는 방식

② 혼합단계에서 미리 양질의 포 거품을 형성시키는 방식

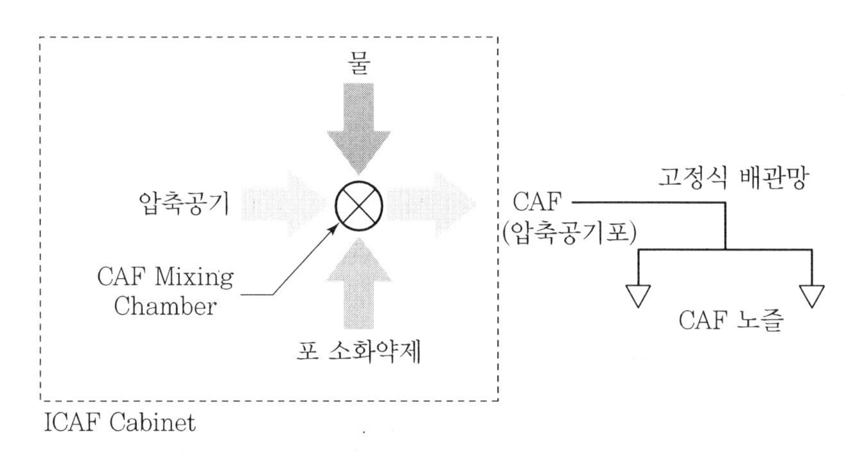

2) 특징

① 연기에 오염되지 않은 공기를 적용하여 양질의 포 형성

② 고정식 배관망에 포 수용액이 아닌 포(거품)가 흐르게 되므로, 배관거리 및 설계에 제한이 있음

❷ 화재조기진압용 스프링클러설비에 대하여 다음 사항을 설명하시오.
1) 화재감지특성과 방사특성
2) 설치기준 및 설치 시 주의사항

문제 2] 화재조기진압용 스프링클러설비

1. 화재감지특성과 방사특성

1) 화재감지특성

① 급속히 성장하는 화재(High－Challenge Fire Hazard)

- 표준반응형의 경우 헤드 감열부의 감열 지연으로 인해 헤드가 작동하는 시점에는 헤드 작동온도보다 훨씬 높은 온도에 도달할 수 있음
- 이러한 경우 헤드 작동 시점에 Fire Plume이 매우 크게 성장하여 화재진압이 어려워질 수 있음

② ESFR 스프링클러설비의 화재감지

- 헤드 : 조기반응형으로 적용(표시온도는 큰 영향 없음)

• 설비 : 습식설비로 적용하여 즉각적인 방수

2) 방사특성

① 필요 살수밀도(RDD)

• 화재진압에 필요한 물의 양으로 헤드 작동시점의 화재 크기에 따라 결정됨
• 화재 크기가 작은 시점에 작동하도록 조기반응형 적용

② 실제 살수밀도(ADD)

• 헤드에서 방수되어 화점에 실제 도달하는 물의 양
• 방수량이 많을수록 증가하므로, 큰 K－factor 적용

2. 설치기준 및 설치 시 주의사항

1) 설치기준

항목	설치기준
설치장소	층고 13.7 m 이하 등 설치장소 기준을 모두 충족해야 함
수원	12개×60분×$K\sqrt{10p}$
적용방식	습식설비
K－factor	200 이상
방사압력	층고, 저장물 높이 및 K－factor에 따라 0.1~0.52 MPa 이상
헤드	• 헤드당 방호면적 : 6~9.3 m² • 헤드 간격 - H<9.1 m : 2.4~3.7 m - 9.1≤H≤13.7 m : 3.1 m 이하 • 헤드 높이 - 천장에서 152~355 mm(하향식) - 적재물 상단에서 914 mm 이상 이격 • 살수장애 방지 - 벽과의 거리 : 102 mm 이상 - 별표 및 별도에 따른 장애물과의 이격거리 기준 충족할 것

항목	설치기준
가지배관 간격	• H<9.1 m : 2.4~3.7 m • 9.1≤H≤13.7 m : 3.1 m 이하
저장물 간격	저장물품 사이의 간격 : 모든 방향에서 152 mm 이상
설치 제외	• 제4류위험물 • 타이어 · 두루마리 종이 · 섬유류 등 연소 시 화염속도가 빠르고, 방사된 물이 하부까지 도달하지 못하는 것

2) 설치 시 주의사항

① 화재진압의 요건 충족

화재 초기에 조기 작동하고, Skipping 현상 및 살수장애 없이 방수된 물이 충분히 화원에 도달해야 함

② 따라서 다음 요건이 충족되도록 설치해야 함

- 설치장소 기준을 만족하는 창고에만 적용
- 살수분포에 영향을 주는 장애물과의 이격거리 기준과 헤드의 설치높이 기준을 동시에 충족시켜야 함
- 헤드 및 가지배관 간의 이격거리 기준을 충족해야 함

③ 습식 설비로 적용해야 하므로, 충분한 난방이나 열선 등 동파방지조치가 필요함

→ 동결우려 장소에는 천장 및 인랙 헤드를 이용한 건식 설비를 적용함이 원칙이나, 국내에는 ESFR 외 실제 창고화재에 유효한 스프링클러 기준이 없음

3 건식유수검지장치에 대하여 다음 사항을 설명하시오.

1) 작동원리

2) 시간지연

3) 시간지연을 개선하기 위한 NFPA 제한사항

문제 3] 건식유수검지장치

1. 작동원리

1) 초기 상태

① 건식밸브 1차 측 : 고압의 소화수

② 건식밸브 2차 측 : 저압의 공기 또는 질소 충전

③ 차압식 밸브 : Priming Water를 클래퍼 위에 채워 파스칼의 원리로 저압인 2차 측이 고압인 1차 측 배관압력과 평형을 유지

2) 작동원리

① 화재로 인한 헤드 개방으로 2차 측 배관의 압력 저하

② 2차 측 배관의 압력 저하로 가속기가 작동하여 클래퍼 개방 촉진

③ 2차 측 압력이 트립압력에 도달하면 건식밸브의 클래퍼 개방 시작

④ 소화수가 2차 측 배관으로 유입되며, 헤드까지 소화수가 이송되어 헤드로부터 방수 시작됨

2. 시간지연

1) 방수지연시간

헤드 감열~헤드 방수까지의 시간지연

방수지연시간 = 트립시간(Trip Time) + 소화수 이송시간(Transit Time)

2) 트립시간

헤드가 감열에 의해 개방된 후, 공기가 빠져나가면서 클래퍼가 열리기까지의 시간

① 트립시간의 계산식

$$t = 0.0352\frac{V_T}{A_n\sqrt{T_0}}\ln\left(\frac{P_{a0}}{P_0}\right)$$

여기서, t : 트립시간[sec]

V_T : 건식설비 2차 측 배관 체적[ft^3]

A_n : 개방된 헤드의 유동면적[ft^2]

T_0 : 공기온도 [°R]

P_{a0} : 2차 측 초기 공기압력

P_0 : 트립 공기압력(클래퍼가 개방되는 압력)

② 트립시간에 영향을 주는 인자
- 2차 측 배관 내용적 : 클수록 트립시간이 길어진다.
- 2차 측 공기압력 : 높게 설정될수록 트립시간이 길어진다.
- 설치된 헤드의 오리피스 구경(K-Factor) : 작을수록 트립시간이 길어진다.
- 건식밸브의 트립압력 : 낮을수록 길어진다.
  (저압에서는 압력감소에 시간이 더 오래 걸린다.)

3) 소화수 이송시간

① 트립시간 이후, 배관 내의 잔류공기가 배출되어 소화수가 방출되기까지의 시간
② 즉, 건식 밸브의 트립 이후에도 배관 내의 잔류공기를 밀어내며 소화수가 방출되려면 상당한 저항을 받아 시간이 지연된다.
③ 소화수 이송시간에의 영향인자
- 설치된 헤드의 오리피스 구경이 작을수록 길어진다.
- 1차 측 수압이 낮을수록 길어진다.
- 밸브가 트립된 이후의 2차 측 배관의 잔류 공기압이 높을수록 길어진다.
  (가속기보다 익저스터가 효과적이지만, 현재 세계적으로 생산 중단됨)
- 2차 측 내용적이 클수록 길어진다.

3. NFPA 제한사항

1) 동파방지 방안이 없을 경우에만 적용(가급적 습식 적용)
2) 시스템 크기 제한
   다음과 같은 5가지 방안 중 1가지를 적용할 것
   ① 60초 이내 방수
   ② 2차 측 배관 내용적 500 gal 이하
   ③ 2차 측 배관 내용적 750 gal 이하로서, 급속개방장치 설치
   ④ 물 이송시간을 계산하여 기준 이송시간 이내이어야 함
   ⑤ Test Manifold에서 시험 시 기준 이송시간 이내에 방수되어야 함
3) 격자형 배관 금지, 설계면적 30 % 증가, 상향식 또는 건식 헤드만 적용

4 부속실 제연설비에 대하여 다음 사항을 설명하시오.
1) 국내 화재안전기준(NFSC 501A)과 NFPA 92A 기준 비교
2) 부속실 제연설비의 문제점 및 개선방안

문제 4) 부속실 제연설비

1. 기준 비교

1) 기준

항목	화재안전기준	NFPA 92
최소차압	• 12.5 Pa 이상(스프링클러 설치 시) • 40 Pa 이상	• 반자높이 2.7 m 이하 : 25 Pa 이상 • 반자높이 4.6 m 이하 : 35 Pa 이상 • 반자높이 6.4 m 이하 : 45 Pa 이상 • 스프링클러 설치 시 : 12.5 Pa 이상
출입문 개방 시 차압	출입문 개방 시 다른 제연구역은 기준 차압의 70% 이상 유지할 것	출입문 개방 시에도 최소차압 기준을 유지할 것
방연풍속	• 0.5 m/s 이상 - 계단실/부속실 동시제연 - 계단실 단독제연 - 부속실 단독제연 중 옥내가 복도로서 방화구조인 것 • 0.7 m/s 이상 - 부속실 단독제연 중 옥내가 거실인 경우	미적용
출입문 개방력	110 N 이하	133 N 이하

2) 차이점

① 최소 차압

- 국내 기준
  - 평상시의 차압 기준으로 BS EN을 준용한 것
  - 연돌효과 및 바람 영향에 대한 언급 없음
- NFPA 기준
  - 부력이 작용하는 화재 시 기준
  - 실제 설계에서는 외기온도에 따른 연돌효과와 바람 영향을 추가로 고려해야 함

② 방연풍속
NFPA 기준에서는 화재실로의 급기로 인해 화세 확대될 우려가 커서 권장하지 않는다고 함

2. 문제점 및 개선방안

1) 연돌효과를 고려하지 않은 설계

① 200 m 높이인 건물의 겨울철 연돌효과에 의한 차압
(외기 -10 ℃, 옥내 20 ℃ 가정)

$$\triangle P = 3{,}460 \times \left(\frac{1}{263} - \frac{1}{293}\right) \times 100 = 135\,\text{Pa}$$

② 위와 같이 연돌효과를 고려하지 않으면 층별 차압이 매우 크게 달라질 것이므로, 이에 대한 고려 필요함

2) 시스템 효과의 미고려

① 송풍기실 공간 부족 등으로 인해 시스템 효과가 크게 발생
② 송풍기 흡입 · 토출 측에 충분한 직관길이를 확보하고, 불가피한 시스템 효과에 의한 손실은 정압계산에 반영해야 함

3) 덕트에 대한 엔지니어링 계산

① 덕트 종횡비, 사각엘보의 손실 등을 고려하지 않은 계산으로 인해 송풍기의 정압 부족 현상 발생
② 종횡비 및 SMACNA 손실계수 등을 고려하여 정압 계산을 수행해야 함

4) 적절한 과압방지조치 미흡

① 급기댐퍼의 경우 제연구역의 과압 조절이 불가능함
② 송풍기 회전수 제어, 플랩댐퍼 등을 적용하여 과압 해소

5) 유입공기 배출댐퍼 누기율

① 배출댐퍼의 폐쇄 시 큰 누기율로 인한 배출량 부족

② Class I 또는 II 등급의 누기율이 낮은 철재 에어타이트 댐퍼 적용

6) 누설량 과다 설계

① 누설이 적은 KS 규격 방화문을 설치하면서 화재안전기준의 큰 누설틈새 기준으로 설계하여 급기량이 과다 적용됨

② KS 규격 방화문의 누설량을 고려한 엔지니어링 계산으로 급기량 산정

5 최근 자주 발생하는 물류창고의 화재에 대하여 화재확산 원인과 개선 방안을 설명하시오.

문제 5] 물류창고 화재의 원인과 개선방안

1. 개요

1) 최근 국내에서 발생한 대형 물류창고 화재는 자체 소방시설에 의한 화재제어가 이루어지지 않고 매우 큰 화재로 성장하여 큰 피해가 발생하고 있다.

2) 이에 따라 인명안전 및 재산보호를 위해 현실적인 방화대책 수립이 매우 절실하다.

3) 물류창고는 수용 물품의 종류와 양에 따라 화재양상이 달라지며, 창고의 형태(천장높이, 저장높이, 랙 배치 형태 및 통로 폭 등)에 따라 화재위험성이 결정된다.

4) 대형 물류창고 화재는 고강도 화재이므로, 스프링클러 설비 및 감지기 설치기준의 근본적인 개선이 필요하다.

2. 화재확산 원인

1) 조기 발견의 어려움

① 적은 상주인원 및 시야 확보의 어려움

② 잦은 비화재보로 인한 경보설비 정지 또는 경보 시 대응 지연

2) 조기 소화의 어려움

① 스프링클러 설비가 작동하여도 래크 또는 더미 상태의 조밀한 형태로 저장된 물품의 좁은 수직 공간으로 소화수가 화점에 도달하기 어렵다.

② 고강도 화재로 인해 소화수 입자가 열기류를 따라 비산하거나 증발하여 인접 헤드에 Skipping 현상이 발생된다.

3) 가연물 집적

① 래크식 창고 형태로 가연물이 여러 단으로 밀집되어 화재확산이 용이하다.

② 저장물품이 등급에 따라 분류되지 않고 혼재되어 적절한 소화설비 기준을 적용하기 어렵다.

③ 불연성 상품 저장창고에도 가연성 팰릿을 사용하므로 지속적으로 화재 확산이 가능하다.

4) 방화구획 불량

① 대형 물류창고의 경우 건축법 상의 방화구획 완화규정이 적용되어 대부분 방화구획이 적용되지 않고 있다.
(물품의 제조나 가공, 보관, 운반 등에 필요한 고정식 대형기기 설비 설치를 위해 불가피한 부분)

② 이로 인해 초기 진화에 실패할 경우 장시간 심부화재로 발전하게 된다.

3. 개선방안

1) 창고화재에 대한 소방시설 기준 강화

① 물품 등급 분류기준 도입

- 가연성이 높은 물품은 일반적인 물품보다 훨씬 높은 스프링클러의 살수밀도와 방수압력이 필요함
- 따라서 물품을 등급에 따라 분류 저장하여 적절한 설계기준의 스프링클러 소화설비를 각각 적용해야 함

② 래크식 창고에 대한 스프링클러 기준의 선진화

- NFPA에서는 실제시험에 근거한 스프링클러 기준을 적용하고 있음
- 따라서 이러한 NFPA 기준을 준용한 스프링클러 설치기준을 도입해야 함

③ 고천장 창고시설에 대한 비화재보가 적은 다기준 감지기 등 도입

- 기존 감지기들은 잦은 비화재보로 인해 경보시설을 꺼 두거나, 재실자가 화재 경보에 반응하지 않는 문제를 발생시키고 있음
- 해외에서는 이미 비화재보도 거의 없고, 화재감지도 빠른 다기준 · 다센서 감지기를 적용하고 있으며 국내에도 신뢰성 있는 감지기를 도입해야 함

2) 건축 방화기준의 강화

① 건물 외벽 및 내부 마감재료의 불연재 사용 의무화

② 방화구획 예외 조항 삭제

6 다음 물음에 대하여 기술하시오.

1) 전압강하식 $e=\dfrac{0.0356LI}{A}$[V]의 식을 유도하고, 단상2선식 · 단상3선식 · 3상3선식과 비교하시오.

2) P형 수신기와 감지기 사이의 배선회로에서 종단저항 10 kΩ, 릴레이저항 85 Ω, 배선회로저항 50 Ω이며, 회로전압이 DC 24 V일 때 다음 각 전류를 구하시오.

가) 평상 시 감지전류 [mA]

나) 감지기가 동작할 때의 전류 [mA]

3) 다음 P형 발신기 세트함의 결선도에서 ①~⑦의 명칭을 쓰고 기능을 설명하시오.

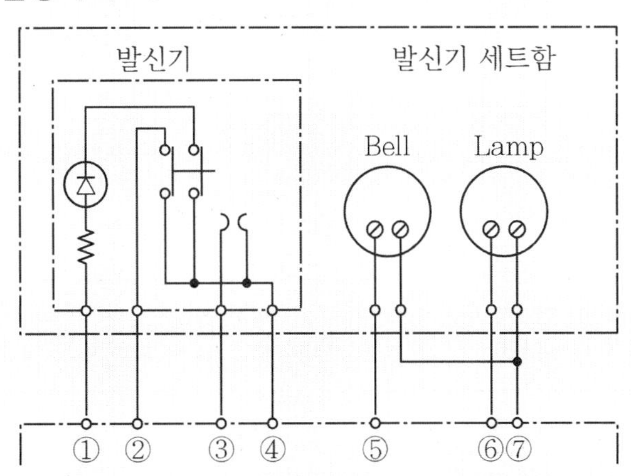

문제 6] 전압강하, 전류 및 발신기 세트함

1. 전압강하 계산식

1) 저항 계산

① 저항 R : 길이에 비례, 전선 단면적에 반비례

$$R = \rho \times \frac{L}{A}$$

② 고유저항(ρ)

- 연동선 : 1/58
- 연동의 도전율 : 97%

$$\rho = \frac{1}{58} \times \frac{1}{0.97} = 0.0178$$

2) 전압강하 계산식

① 배선방식 고려(단상 2선식)

$$\rho = 0.0178 \times 2 = 0.0356$$

② 거리 기준

$$e = IR = I \times \left(0.0356 \times \frac{L}{A}\right) = \frac{0.0356\,LI}{A}$$

3) 전압강하 계산식 비교

배선 방식	전압강하 계산식
단상 2선식	$e = \frac{0.0356\,LI}{A}$
단상 3선식	$e = \frac{0.0178\,LI}{A}$
3상 3선식	$e = \frac{0.0308\,LI}{A}$

동일 조건에서는 단상 2선식의 전압강하가 가장 크다.

2. 전류 계산

1) 평상시 감지전류

① 저항 R=종단저항 + 릴레이저항 + 배선회로저항

$=10,000 + 85 + 50 = 10,135\ \Omega$

② $I = \frac{V}{R} = \frac{24\ \text{V}}{10,135\ \Omega} \times 1,000 = 2.37\ \text{mA}$

2) 감지기가 동작할 때의 전류(mA)

① 감지기 동작 시에는 단락회로가 형성되어 종단저항은 제외

저항 $R = 0 + 85 + 50 = 135\ \Omega$

② $I = \frac{V}{R} = \frac{24\ V}{135\ \Omega} \times 1,000 = 177.78\ \text{mA}$

3. 발신기 세트함의 명칭 및 기능

① 응답	발신기의 누름 버튼을 눌렀을 때 수신기가 동작하면 발신기의 응답표시등을 점등시키는 선로
② 회로	• 감지기 및 발신기로 구성된 화재감지선로의 2가닥 중 1개의 선 • 화재 발생한 구역을 확인할 수 있도록 각 회로당 1선으로 구성
③ 전화	휴대용 전화기를 잭에 끼우면 수신기에 호출음이 울리고, 수신기의 송화기를 들면 호출음이 꺼지고 상호 통화가 되는 선로
④ 회로공통	• 감지기 및 발신기로 구성된 화재감지선로의 2가닥 중 1개의 선 • 7개 회로마다 1선으로 구성
⑤ 경종	화재 감지 시 발신기 세트함 내부에 설치된 경종을 작동시키는 선로 2가닥 중 1개
⑥ 표시등	평상시 발신기의 위치를 표시하기 위한 표시등을 점등시키는 선로 2가닥 중 1개
⑦ 경종 · 표시등 공통	경종 및 표시등 작동을 위한 공통선

125회 기출문제 3교시

1 물분무소화설비와 관련하여 다음 사항에 대하여 설명하시오.

1) 소화원리

2) 적응 및 비적응장소

3) NFSC 104에 따른 수원의 저수량 기준

4) NFSC 104에 따른 헤드와 고압기기의 이격거리

문제 1] 물분무 소화설비

1. 소화원리

1) 표면냉각

① 가연물 표면 전체에 대해 방수하여 인화점 미만으로 냉각

② 고체가연물 또는 고인화점 액체에 적용하는 방법

2) 증기질식

① 화열에 의해 증발한 수증기에 의한 산소농도 저하

② 충분한 증기가 발생될 수 있을 정도의 큰 화재에만 유효

3) 유화

① 비수용성 액체 표면에 운동량을 가진 물입자를 방수하여 유화층(Emulsion)을 형성시키는 방법

② 유화층 형성으로 인화성 증기 발생량을 감소시킴

4) 희석

① 수용성 액체 표면에 물과 가연성 액체의 혼합액체를 형성시키는 방법

② 희석 비율은 제어 및 냉각을 달성하기에 충분해야 함

5) 기타

① 고밀도 비수용성 액체 표면 : 수막 형성

② 화학적 분해온도 이하로 신속하게 냉각

2. 적응 및 비적응 장소

1) 적응장소

① 인화성 가스 및 액체

② 전기적 위험(변압기, 케이블트레이, 모터 등)

③ 일반 가연물(종이, 목재, 직물 등)

④ 특정 위험성 고체

2) 비적응장소

① 물에 심하게 반응하는 물질 또는 물과 반응하여 위험한 물질을 생성하는 물질을 저장 또는 취급하는 장소

② 고온의 물질 및 증류범위가 넓어 끓어넘칠 위험이 있는 물질을 저장 또는 취급하는 장소

③ 운전 시에 표면의 온도가 260 ℃ 이상으로 되는 등 직접 분무를 하는 경우 그 부분에 손상을 입힐 우려가 있는 기계장치 등이 있는 장소

3. 수원의 저수량 기준

소방대상물	유량	수원의 양	기준 면적
특수가연물의 저장 · 취급	10 lpm	10 lpm×20분×S	S : 바닥면적(최대 50 m^2)
차고 · 주차장	20 lpm	20 lpm×20분×S	S : 바닥면적(최대 50 m^2)
유입식 변압기	10 lpm	10 lpm×20분×S	S : 바닥부분을 제외한 변압기 표면적
케이블 트레이, 케이블 덕트	12 lpm	12 lpm×20분×S	S : 투영된 바닥면적
컨베이어 벨트	10 lpm	10 lpm×20분×S	S : 벨트 부분의 바닥면적

4. 헤드와 고압기기의 이격거리

1) 물분무 헤드와 고압 전기기기 간의 이격거리

전압[kV]	거리[cm]	전압[kV]	거리[cm]
66 이하	70 이상	154 초과 181 이하	180 이상
66 초과 77 이하	80 이상	181 초과 220 이하	210 이상
77 초과 110 이하	110 이상	220 초과 275 이하	260 이상
110 초과 154 이하	150 이상		

2) 물분무 헤드와 절연되지 않는 고압 노출지점과의 이격에 적용한다.
(고압기기 전체가 아님)

❷ 할로겐화합물 및 불활성기체소화설비 배관의 두께 계산식에 대하여 설명하시오.

문제 2] Clean Agent 설비의 배관 두께 계산식

1. 배관의 두께 계산식

1) 화재안전기준의 배관 두께 계산식은 다음과 같으며, NFPA 2001 기준을 준용한 것이다.

$$t = \frac{PD}{2SE} + A$$

여기서, D : 배관의 바깥지름(mm)

2) NFPA 2001에서는 배관의 두께를 ASME B31.1(Power Piping)에 따라 계산하도록 규정하고 있다.

2. 최대허용압력(P)의 선정

1) 할로겐화합물 소화설비

다음 중 큰 압력을 최소사용설계압력으로 함
(화재안전기준 별표1에 최소사용설계압력으로 명시됨)
① 해당 소화약제 최대충전밀도에서 21 ℃ 저장용기 압력
② 55 ℃ 저장용기 압력의 80 %

2) 불활성기체 소화설비

다음과 같이 별표1에 최소사용설계압력으로 명시됨
① 1차 측은 해당 소화약제의 21 ℃ 저장용기 압력
② 2차 측은 제조사의 설계프로그램에 의한 최대압력

3. 최대허용응력(SE)의 산정

1) 계산식

배관재질에 따른 · 인장강도의 1/4값과 · 항복점의 2/3값 중에서 작은 값	×배관이음효율×1.2

2) 배관이음효율

① 이음매 없는 배관 : 0
② 전기저항용접 배관 : 0.85
③ 가열맞대기용접 배관 : 0.60

4. 이음의 허용값(A, mm)

1) 나사이음 : 나사의 높이
2) 절단홈이음 : 홈의 깊이
3) 용접이음 : 0

5. 배관 두께 산정 시 고려할 사항

1) 배관의 용접 방식

① ASME B31.1에 따른 용접이음의 허용값이 0인 이유는 소켓용접을 시행하는 것으로 간주하기 때문이다.
② 따라서 대부분의 국내 현장에서 적용하고 있는 맞대기 용접 방식에 해당하는 이

음 허용값이 아니다.

③ 또한 이러한 맞대기용접 부속류의 사용압력은 강관의 최대허용 사용압력보다 낮으므로 부적합하다.

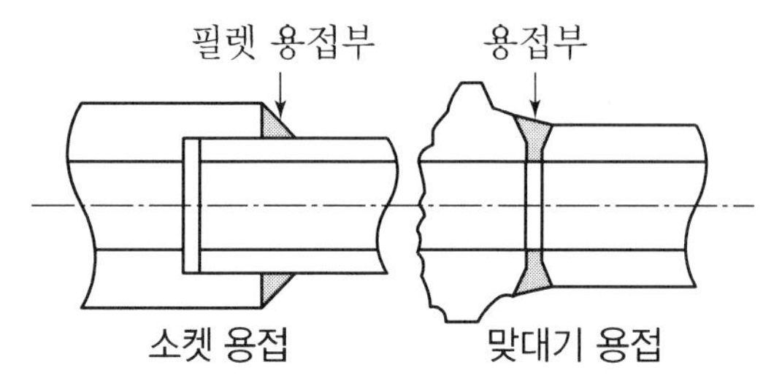

2) 개선방안

① 소켓 용접 : 동일한 배관 두께 적용

② 맞대기 용접 : 한 단계 위의 배관자재 적용

(Sch. 40 → Sch. 80 / Sch. 80 → Sch. 160)

3 **$Q=0.6597\times d^2\times \sqrt{p}$을 유도하고, 옥내소화전과 스프링클러설비의 K-factor에 대하여 설명하시오.**

문제 3] 방수량 공식의 유도 및 K-factor

1. 방수량 공식 유도

1) 변환 후 공식

$$Q=0.6597d^2\sqrt{p}$$

① Q : lpm

② d : mm

③ p : kg_f/cm^2

2) 변환 전 공식

$$Q=AV=\frac{\pi}{4}d^2\times\sqrt{2g\times\left(\frac{p}{\gamma}\right)}$$

① Q : m^3/s

② d : m

③ p : kg_f/m^2

3) 관계식 계산

① Q : $1\,lpm = \dfrac{1}{1000 \times 60}\ m^3/s$

② d : $1mm = \dfrac{1}{1000}\ m$

③ p : $1kg_f/cm^2 = 10^4 kg_f/m^2$

4) 공식에 대입하여 정리

$Q = \dfrac{\pi}{4} d^2 \times \sqrt{2g \times \left(\dfrac{p}{\gamma}\right)}$ 에서

$$\frac{Q}{1{,}000 \times 60} = \frac{\pi}{4} \times \left(\frac{d}{1{,}000}\right)^2 \times \sqrt{\left(\frac{2 \times 9.8}{1{,}000}\right) \times 10^4 p}$$

$Q = 0.6597 d^2 \sqrt{p}$

2. 옥내소화전과 스프링클러설비의 K-factor

1) K-factor 계산식

① $Q = 0.6597\,C \times d^2 \times \sqrt{p} = K\sqrt{p}$

$K = 0.6597\,C \times d^2$

② K-factor는 다음 요소에 영향을 받음

- 오리피스 구경(d)
- 오피피스 형태(C, 방출계수)

③ 국내에서는 압력단위로 bar가 아닌 MPa을 적용하므로, 국제적인 기준과 K값을 일치시키기 위해 다음과 같은 식을 적용한다.

$Q = K\sqrt{10p}$

여기서, Q : lpm, p : MPa

2) 옥내소화전의 K-factor

① 130 lpm, 0.17 MPa의 기준이므로

② K－factor

$$Q = K\sqrt{10p}$$

$$K = \frac{Q}{\sqrt{10p}} = \frac{130}{\sqrt{10 \times 0.17}} = 99.7$$

③ 옥내소화전 노즐 선단의 구경은 13 mm이므로

$$C = \frac{K}{0.6597 \times d^2} = \frac{99.7}{0.6597 \times (13)^2} = 0.895$$

④ 옥내소화전 노즐의 유량계수는 0.9 이상이어야 한다.

3) 스프링클러의 K－factor

① 80 lpm, 0.1 MPa의 기준이므로

② K－factor

$$Q = K\sqrt{10p}$$

$$K = \frac{Q}{\sqrt{10p}} = \frac{80}{\sqrt{10 \times 0.1}} = 80$$

③ 표준형 스프링클러의 오리피스 구경은 12.7 mm이므로

$$C = \frac{K}{0.6597 \times d^2} = \frac{80}{0.6597 \times (12.7)^2} = 0.752$$

④ 표준형 스프링클러의 유량계수는 0.75 이상이어야 한다.

4 수계소화설비의 배관에서 발생할 수 있는 공동현상과 관련하여 다음 사항에 대하여 설명하시오.

1) 공동현상의 정의

2) 펌프 흡입관에서 공동현상 발생조건 및 영향요인

3) 펌프 흡입측 배관에서 공동현상 방지를 위한 화재안전기준 내용

문제 4] 공동현상

1. 공동현상의 정의

1) 정의

① 배관 내의 압력이 국부적으로 포화증기압 이하로 낮아져 물이 증발하며 기포가 생기는 현상

② 이 기포는 압력이 회복되면 배관에서 깨지며 소음과 진동을 유발하고 설비를 손상시킴

2) 공동현상의 종류

① 밸브 캐비테이션

- 밸브가 일부만 개방되어 유속이 빨라지면, 압력이 포화증기압 이하로 저하되어 발생하는 공동현상
- 감압밸브나 성능시험배관의 유량조절밸브를 일부만 개방할 경우에 발생 가능
- 이를 방지하기 위해 감압밸브의 직렬 설치, 성능시험배관 하단에 Air Vent 설치가 필요함

② 펌프 캐비테이션

펌프 흡입 측 배관에서 국부적으로 압력이 낮아져 기포가 생기는 공동현상

2. 펌프 흡입관에서의 발생조건 및 영향요인

발생조건	영향요인
$NPSH_{av}$ 저하	• 수면이 너무 낮은 경우 • 흡입 배관에서의 마찰손실이 큰 경우 - 긴 배관길이 - 작은 배관경 - 굴곡부나 불필요한 부속류 • 포화증기압 손실이 큰 경우 - 높은 회전수 - 고온인 유체
큰 $NPSH_{re}$	• $NPSH_{re}$가 너무 큰 펌프 선정 • 경년에 따른 펌프 성능저하

발생조건	영향요인
흡입배관 내 공기고임	• 편심리듀서를 사용하지 않거나 잘못된 방향으로 설치 • 소화배관의 기밀불량으로 인한 공기 유입
흡입배관 내 불균형 유동	• 펌프 흡입 측 플랜지로부터 10 D 이내에 - 축과 평행한 방향으로 방향전환 - OS&Y 게이트 외의 밸브 설치

3. 화재안전기준상 공동현상 방지기준

1) 물올림장치

수원의 수위가 펌프보다 낮은 위치에 있는 가압송수장치에는 다음 기준에 따른 물올림장치를 설치할 것

① 물올림장치에는 전용의 수조를 설치할 것

② 수조의 유효수량은 100 L 이상으로 하되, 구경 15 mm 이상의 급수배관에 따라 해당 수조에 물이 계속 보급되도록 할 것

2) 흡입 측 배관

① 공기고임이 생기지 아니하는 구조로 하고 여과장치를 설치할 것

② 수조가 펌프보다 낮게 설치된 경우에는 각 펌프(충압펌프를 포함)마다 수조로부터 별도로 설치할 것

③ 펌프의 흡입 측 배관에는 버터플라이밸브 외의 개폐표시형 밸브를 설치할 것

3) 펌프 재질

부식 등으로 인한 펌플의 고착을 방지하여 $NPSH_{re}$ 저하를 완화

① 임펠러 : 청동 또는 스테인리스강 등 부식에 강한 재질

② 펌프 축 : 스테인리스강 등 부식에 강한 재질

4. 결론

1) 일반적으로 용량이 작고, 빈번하게 기동하지 않는 특성 때문에 소방펌프의 공동현상 발생 가능성은 일반적인 산업용 펌프에 비해 낮은 편이다.

2) 그러나 국내의 경우 대부분 흡입 플랜지의 10D 이내에서 방향전환되도록 설치하고, 설계 시 NPSH를 검토하지 않는 실정이라 공동현상 발생 위험이 높다.

3) 공동현상이 발생할 경우, 급속하게 설비가 손상되므로 공동현상의 방지에 관한 규정이 보완될 필요가 있다.

5 불꽃감지기의 종류와 원리, 설치 및 유지관리 시 고려사항에 대하여 설명하시오.

문제 5] 불꽃감지기

1. 불꽃감지기의 종류와 원리

1) 자외선 불꽃감지기(UV Detector)

① 감지원리 : 광전자 방출효과

- 가연물이 연소할 때, 자외선 파장영역 중 0.18~0.26 μm의 파장에서 강한 에너지가 방출됨
- 감지기가 이 파장을 흡수하면 광전자를 방출하여 기전력이 발생되는 광전효과(광전자 방출효과)가 발생하여 화재를 검출함
- 검출소자로 UV Tron을 사용함

② 오작동이 많지만 조기감지가 가능하므로, 폭연진압시스템 등에 제한적으로 이용

2) 적외선 불꽃감지기(IR Detector)

① 감지원리 : CO_2 공명방사

- 탄화수소 물질의 연소과정에서 발생하는 CO_2가 열을 받아 발생시키는 적외선 중에서 4.3~4.5 μm의 파장에서 최대 에너지 강도를 가짐
- 적외선 감지기는 이러한 파장영역의 에너지를 검출하여 화재신호를 발신함
- 태양광이나 인공적인 빛에는 해당 파장을 방출하지 못하거나, 해당 파장에서 높은 에너지 강도를 가지지 못하므로 오동작이 적은 편

② UV 감지기보다는 오동작이 적지만, 주위 환경조건에 따라 비화재보를 발생시킬 수 있음

3) 자외선/적외선 복합형 감지기(UV/IR Detector)

① UV와 IR 감지소자가 모두 화재를 검출할 경우에만 화재로 판단하여 비화재보를 줄인 감지기

② 비화재보가 적고 비교적 조기 감지 가능하므로 석유화학공장의 공정지역 등에 적용되고 있음

③ 연기에 의해 감도가 저하될 수 있으므로 옥외지역에 적합

4) 다중 적외선 불꽃감지기(IR^3 감지기)

① 1개의 IR Sensor는 CO_2 공명방사의 특정 파장 영역을 감지하고, 다른 2개의 IR Sensor는 주변의 특정 파장대역을 감지함

② 최근 일반 시설에 적용되는 대부분의 불꽃감지기가 이 방식에 해당됨

2. 설치 및 유지관리 시 고려사항

1) 설치 시 고려사항

① 감지면적

감지 면적은 원형 또는 부채꼴 형태이지만, 감지면적을 중첩시키고 거리에 따른 감지범위 감소를 고려하기 위해 내접하는 사각형 형태로 설정

② 설치장소 선정

- 화재발생 예상지점을 중심으로 설치
- 직사광선 및 전자파 간섭이 심한 곳을 피함
- 점검, 보수가 용이한 위치에 설치

2) 유지관리 시 고려사항

① 일반적 유지관리

- 정상동작을 위해 정기적인 감도 확인과 감시창 세척을 통해 깨끗한 상태를 유지해야 함
- 감지기 투과창은 깨지기 쉽고, 이물질 부착 시 감도가 저하되므로 주의해야 함
- 알코올을 묻힌 브러시나 천을 이용해 닦고 손으로 만지지 않아야 함

② 감지기 점검

- 라이터, 토치램프 또는 실제 화원을 이용하는 경우도 있지만, 안전상 좋지 않은 방법임
- 전용 테스터기를 이용한 시험이 권장됨

❻ 방염에 대한 다음 사항을 설명하시오.
1) 방염 의무 대상 장소
2) 방염대상 실내장식물과 물품
3) 방염성능기준

문제 6] 방염 기준

1. 방염 의무 대상 장소

1) 근린생활시설 중 의원, 체력단련장, 공연장 및 종교집회장
2) 건축물의 옥내에 있는 시설로서 다음 시설
   ① 문화 및 집회시설
   ② 종교시설
   ③ 운동시설(수영장 제외)
3) 의료시설
4) 교육연구시설 중 합숙소
5) 노유자시설
6) 숙박이 가능한 수련시설
7) 숙박시설
8) 방송통신시설 중 방송국 및 촬영소
9) 다중이용업소
10) 층수가 11층 이상인 것(아파트 제외)

2. 방염대상 실내장식물과 물품

1) 실내장식물

건축물 내부의 천장이나 벽에 붙이는(설치하는) 것으로서 다음에 해당하는 것
(가구류, 너비 10 cm 이하의 반자돌림대, 내부마감재료는 실내장식물에서 제외)

① 종이류(두께 2 mm 이상) · 합성수지류 또는 섬유류를 주원료로 한 물품
② 합판이나 목재

③ 공간 구획용 간이칸막이
- 접이식 등 이동 가능한 벽체
- 천장 또는 반자가 실내에 접하는 부분까지 구획하지 않는 벽체

④ 흡음재 또는 방음재(흡음용 또는 방음용 커튼 포함)

2) 방염대상물품

제조 또는 가공 공정에서 방염처리를 한 물품
(합판 · 목재류 : 현장방염처리물품 포함)

① 창문에 설치하는 커튼류(블라인드 포함)
② 카펫, 두께가 2 mm 미만인 벽지류(종이벽지 제외)
③ 전시용 합판 또는 섬유판, 무대용 합판 또는 섬유판
④ 암막 · 무대막(영화관 및 가상체험 체육시설업의 스크린 포함)
⑤ 섬유류 · 합성수지류를 원료로 한 소파, 의자(단란주점, 유흥주점, 노래연습장의 영업장만 해당)

3) 방염처리물품 권장

① 다중이용업소, 의료시설, 노유자시설, 숙박시설 또는 장례식장에서 사용하는 침구류, 소파, 의자
② 건축물 내부의 천장 또는 벽에 부착하거나 설치하는 가구류

3. 방염성능기준

1) 대상 물품

물품	잔염시간(초)	잔신시간(초)	탄화면적(cm^2)	탄화길이(cm)	접염횟수	최대연기밀도
카펫	20	–	–	10	–	400 이하
얇은 포	3	5	30	20	3	200 이하
두꺼운 포	5	20	40	20	–	
합성수지판	5	20	40	20	–	400 이하
합판등	10	20	50	20	–	

[비고] • 합판등 : 합판, 섬유판, 목재 및 기타 물품
• 연기밀도 계산식

$$D_s = 132\log_{10}\frac{100}{T}$$ 여기서, T : 광선투과율

2) 소파 · 의자

① 버너법에 의한 시험

- 잔염시간 : 120초 이내
- 잔신시간 : 120초 이내
- 내부에서 발화하거나 연기가 발생하지 않아야 함

② 45도 에어믹스버너 철망법에 의한 시험

탄화길이 : 최대 7.0 cm, 평균 5.0 cm 이내일 것

③ 최대연기밀도 400 이하

125회 기출문제 4교시

1 그림은 천정열기류(Ceiling Jet)에 관한 계산 모델이다. 다음 물음에 답하시오.

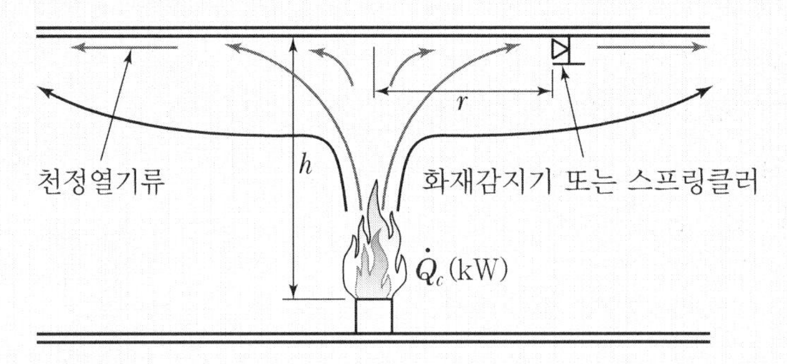

1) 천정열기류(Ceiling Jet)의 정의
2) 화재플럼 중심축으로부터 거리 r만큼 떨어진 위치에서의 기류 온도와 속도
3) 화재플럼 중심축에서 2.5 m 떨어진 위치에 72 ℃ 스프링클러 헤드가 설치되어 있다고 가정할 때 감열여부 판단
(화재크기 1000 kW, 층고 4.0 m, 실내온도 20 ℃)

문제 1] 천장열기류(Ceiling Jet)

1. Ceiling Jet의 정의

1) 화재플룸의 상승하는 부력영역 기류가 천장에 도달하면, 고온 가스는 천장면을 따라 굴절되어 수평으로 흐르게 된다.

2) 이러한 수평적 고온가스 흐름이 Ceiling Jet Flow임

3) Ceiling Jet Flow의 범위

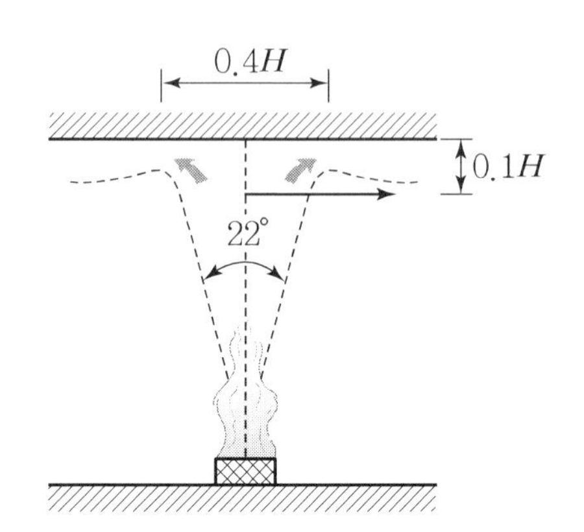

① 두께 : 0.1 H

② 폭 : 0.4 H

4) 스프링클러 헤드와 감지기는 이러한 Ceiling Jet 범위 내에 있어야 하며, 작동은 기류 온도와 속도에 영향을 받게 된다.

2. 거리 r에서의 기류온도와 속도

1) 기류온도

① $r/H \le 0.18$인 경우	$T - T_\infty = 16.9 \dfrac{\dot{Q}^{2/3}}{H^{5/3}}$
② $r/H > 0.18$인 경우	$T - T_\infty = 5.38 \dfrac{\dfrac{\dot{Q}^{2/3}}{H^{5/3}}}{\left(\dfrac{r}{H}\right)^{2/3}}$

2) 기류속도

① $r/H \le 0.15$인 경우	$U = 0.947 \left(\dfrac{\dot{Q}}{H}\right)^{1/3}$
② $r/H > 0.15$인 경우	$U = 0.197 \dfrac{\left(\dfrac{\dot{Q}}{H}\right)^{1/3}}{\left(\dfrac{r}{H}\right)^{5/6}}$

3. 스프링클러 헤드의 감열 여부 판단

1) r/H

$$\frac{r}{H} = \frac{2.5}{4.0} = 0.625$$

2) 기류온도

$$T - T_\infty = 5.38 \frac{\dfrac{\dot{Q}^{2/3}}{H^{5/3}}}{\left(\dfrac{r}{H}\right)^{2/3}}$$

$$T = 5.38\frac{\frac{\dot{Q}^{2/3}}{H^{5/3}}}{\left(\frac{r}{H}\right)^{2/3}} + T_{\infty} = 5.38 \times \frac{\left[\frac{1,000^{2/3}}{4^{5/3}}\right]}{(0.625)^{2/3}} + 20 = 93\ ℃$$

3) 기류속도

$$U = 0.197\frac{\left(\frac{\dot{Q}}{H}\right)^{1/3}}{\left(\frac{r}{H}\right)^{5/6}} = 0.197 \times \frac{\left[\frac{1,000}{4}\right]^{1/3}}{(0.625)^{5/6}} = 1.84\ \text{m/s}$$

4) 감열 여부 판단

① 대류열전달이 가능할 수준으로 기류속도는 충분함

② 기류온도(93 ℃)가 작동온도(72 ℃)보다 높으므로 감열 가능함

5) 스프링클러 작동시간

① 표준반응형(RTI : 81 가정)

$$t = \frac{RTI}{\sqrt{u}}\ln\left(\frac{T_g - T_a}{T_g - T_d}\right) = \frac{81}{\sqrt{1.84}} \times \ln\left(\frac{93-20}{93-72}\right) = 74.4\text{초}$$

② 조기반응형 (RTI : 50 가정)

$$t = \frac{RTI}{\sqrt{u}}\ln\left(\frac{T_g - T_a}{T_g - T_d}\right) = \frac{50}{\sqrt{1.84}} \times \ln\left(\frac{93-20}{93-72}\right) = 46\text{초}$$

4. 결론

1) 열방출률 계산

① 상기 Alpert 관계식은 총 열방출률과 대류 열방출률이 동일하다는 가정으로 산정된 식이다. 액체가연물의 경우 총 열방출률과 대류 열방출률이 거의 같지만, 고체가연물의 경우에는 대류 열방출률이 총 열방출률의 60% 정도이다. 따라서 일반화재에 적용할 때에는 이를 감안해야 한다.

② 벽에 인접한 화재의 경우에는 $\dot{Q}$를 $2\dot{Q}$로, 실의 모서리에 위치한 가연물의 경우 $\dot{Q}$를 $4\dot{Q}$로 대입해야 한다.

2) 스프링클러의 선정

① 상기 화재 규모가 1,000 kW로 매우 커서 천장온도도 매우 높으며, 이 시점에는 인명피해가 우려된다.

② 따라서 실제 모델링 시에는 조금 더 낮은 열방출률 시점에서의 분석이 필요하며, 경우에 따라 조기반응형 헤드 적용을 검토해야 한다.

2 소방공사감리 업무수행 내용에 대하여 다음을 설명하시오.

1) 감리 업무수행 내용

2) 시방서와 설계도서가 상이할 경우 적용 우선순위

3) 상주공사 책임감리원이 1일 이상 현장을 이탈하는 경우의 업무대행자 자격

문제 2] 소방공사감리 업무수행

1. 감리 업무수행 내용

1) 소방시설등의 설치계획표의 적법성 검토

① 적용 소방시설등의 종류 누락 여부 확인

② 설치 위치 및 층별 설치수량 등의 확인

2) 소방시설등 설계도서의 적합성(적법성과 기술상의 합리성) 검토

3) 소방시설등 설계 변경 사항의 적합성 검토

4) 소방용품의 위치 · 규격 및 사용 자재의 적합성 검토

5) 공사업자가 한 소방시설등의 시공이 설계도서와 화재안전기준에 맞는지에 대한 지도 · 감독

[위반 시 조치방법]

- 관계인에게 알리고
- 공사업자에게 그 공사의 시정 또는 보완 등을 요구할 것
- 공사업자가 요구를 미이행하고 공사를 계속할 경우 감리업자는 소방서장에게 그 사실을 보고해야 함

6) 완공된 소방시설등의 성능시험

제연설비, 가스계소화설비 등의 시험은 전문기관에 의뢰함이 바람직하며, 시험과정에 참관하여 감리원이 적정성을 확인해야 함

7) 공사업자가 작성한 시공 상세 도면의 적합성 검토

8) 피난시설 및 방화시설의 적법성 검토

9) 실내장식물의 불연화와 방염 물품의 적법성 검토

2. 우선순위

1) 소방 관계법령 및 유권해석

2) 성능심의 대상인 경우 조치계획 준수사항

3) 사전재난영향평가 조치계획 준수사항

4) 계약특수조건 및 일반조건

5) 특별시방서

6) 설계도면

7) 일반시방서 또는 표준시방서

8) 산출내역서

9) 승인된 시공도면

10) 감리원의 지시사항

→ 상기 우선순위는 소방공사 감리절차서에 따른 것으로 국토교통부 고시인 "건축물의 설계도서 작성기준" 및 "주택의 설계도서 작성기준"과 상이하다. 따라서 감리 착수단계에서 설계도서의 우선순위를 발주자, 시공사와 협의하여 확정하고 이를 회의록에 명시해두는 것이 바람직하다.

3. 업무대행자 자격

1) 책임감리원과 동급 이상의 자격자 또는 동일현장의 보조감리원(보조감리원이 2인 이상일 경우 최상위 등급자)

2) 소방기술사는 특급 또는 고급 자격의 업무대행자 배치 가능

3) 책임감리원인 소방기술사가 부득이한 사유로 현장을 1일 이상 이탈할 경우

① 보조감리원(고급 이상)이 업무 대행할 수 있으며,

② 보조감리원 중 고급 이상의 자격자가 없을 경우에는 감리업체에서 고급 이상의 자격자를 업무대행자로 파견해야 함

3 연기의 시각적 특성 및 감지기와 관련하여 다음에 대하여 설명하시오.

1) 감광율, 투과율, 감광계수 정의

2) '자동화재탐지설비 및 시각경보장치의 화재안전기준(NFSC 203)'에서 부착높이 20 m 이상에 설치되는 광전식 중 아나로그 방식의 감지기에 대해 공칭감지농도 하한값이 5 % 미만인 것으로 규정하고 있는데, 그 의미에 대하여 설명하시오.

문제 3] 감광률, 투과율, 감광계수 및 공칭감지농도

1. 감광률, 투과율, 감광계수의 정의

1) 투과율

① 연기 중에서 투과되는 빛의 세기 비율

② 연기가 없을 때 투과되는 빛의 세기(I_0)와 연기가 있을 때 투과되는 빛의 크기(I)의 비율을 %로 나타낸 것

$$투과율(\%) = \frac{I}{I_0} \times 100$$

2) 감광률(Percent Obscuration, O)

① 연기에 의해 감소되는 빛의 세기 비율

② 100 %에서 투과율의 수치를 뺀 것

$$O = 100 - \frac{I}{I_0} \times 100 = 100\left(1 - \frac{I}{I_0}\right)$$

3) 투과율, 감광률의 한계

투과율 및 감광률은 표시방법이 간단하지만 빛 투과에만 중점을 두어 다음과 같은 단점이 있음

① 투과거리가 같지 않으면 비교 불가능함

② 연기 농도를 정확히 표현할 수 없음

4) 감광계수(C_s)

① 연기층 두께당 빛이 연기를 통과하면서 그 광도가 감소하는 비율

$$C_s = \frac{1}{l}\ln\left(\frac{I_0}{I}\right)$$

② 감광계수에는 연기층 두께가 포함되어 있으므로 연기농도 자체를 표현하는 데 적합함

2. 공칭감지농도 하한값 5 %/m 미만의 의미

1) 단위길이당 감광률(O_u)과 감광계수(C_s)의 관계

① 단위길이당 감광률 : $O_u = 100\left[1-\left(\frac{I}{I_0}\right)^{1/l}\right]$

② 관계식 정리 : $\frac{O_u}{100} = 1-\left(\frac{I}{I_0}\right)^{1/l} \rightarrow 1-\frac{O_u}{100} = \left(\frac{I}{I_0}\right)^{1/l}$

양 변에 자연로그를 취하면

$$\ln\left[1-\frac{O_u}{100}\right] = \frac{1}{l}\ln\left(\frac{I}{I_0}\right)$$

$$\frac{1}{l}\ln\left(\frac{I_0}{I}\right) = -\ln\left[\frac{100-O_u}{100}\right]$$

$$C_s = \ln\left(\frac{100}{100-O_u}\right)$$

2) 단위길이당 감광률 5 %/m의 의미

① 상기 관계식에 대입하면

$$C_s = \ln\left(\frac{100}{100-5}\right) = 0.05\ \text{m}^{-1}$$

② 즉, 감광계수 0.05 m^{-1} 미만의 연기농도에서도 화재를 감지할 수 있도록 요구하는 것이다.

3. 결론

1) 천장고가 높을수록 연기가 희석되어 농도가 점점 낮아질 것임을 감안하여 현행 화재안전기준에서는 부착높이 20 m를 초과하는 경우 광전식 아날로그 연기감지기의 공칭감지농도를 5 %/m 미만으로 제한하고 있다.

2) 연기감지기에는 회색연기에 대한 공칭응답 값을 제시하고 있는데, 이는 ANSI/UL 268에 근거한 회색 연기에 대한 감지성능 기준이며, 흑색 연기에 대한 감지성능은 더 낮을 것이다.

3) 또한, 실제 20 m를 초과하는 높이에서 5 %/m의 연기농도가 형성될지는 모델링을 수행하지 않는 한 판단할 수 없으며, 층고 20 m를 초과하는 장소의 경우에는 대부분 연기의 단층 현상이 발생할 수 있다.

4) 그러므로 층고가 높은 장소에 대한 감지기 설계는 성능위주설계에 기반하여 검토해야 한다.

4 R형 수신기와 관련하여 다음에 대하여 설명하시오.
1) 다중전송방식
2) 차폐선 시공방법

문제 4] R형 수신기의 다중전송 및 차폐선 시공

1. 다중전송방식

1) 목적

① 2가닥의 통신선으로 많은 기기와 신호 전송

여러 신호를 전송하고 이를 능동적으로 식별 → 이를 통해 수많은 Local 기기와 2가닥의 통신선으로 신호 전송 가능

② SLC(신호선로회로)의 건전성 감시

- Class 배선 방식에 따라 단선, 지락, 단락의 확인 및 통신상태 유지
- 각 Local 기기의 탈락, 오염 등을 감시

2) 신호변조방식 : PCM 방식

① 개념

Local 기기의 동작 (전류신호, 공통신호) → 변조 → 디지털 신호 (통신신호, 고유신호)

② PCM 변조

- 디지털 신호인 펄스 신호로 변환하여 송수신
- 노이즈를 최소화하고, 경제성이 높아 이 방식 채택

3) 신호전송방식 : 시분할 방식

① 좁은 시간 간격으로 펄스를 분할하고 각 중계기별로 펄스 위치를 어긋나게 함
→ 분할된 펄스를 혼선 없이 송수신

② 수신기, 중계기, 주소형 기기 사이의 통신은 이러한 TDM 방식을 적용함

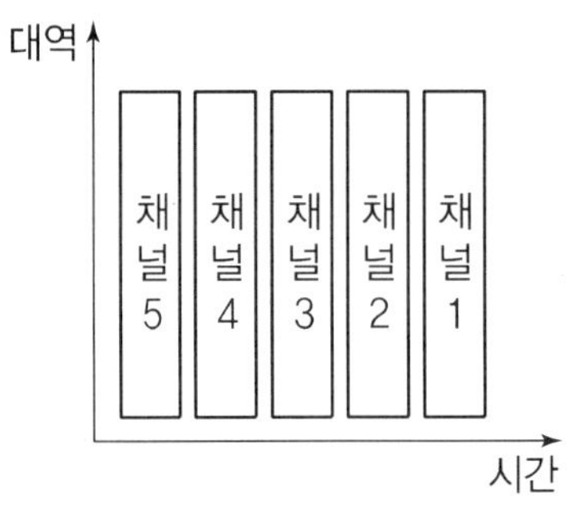

4) 신호제어방식 : Polling Address 방식

① 정보를 주고받는 기기를 선택하는 방법

② 방식

- 특정주소를 지정하여 Polling
- Polling Message에 자신의 주소가 있으면 데이터를 수신하여 응답하며, 그렇지 않을 경우 Pass함

2. 차폐선 시공방법

1) 차폐선(Shield Wire) 사용 목적

R형 통신선로의 오동작, 미작동 및 고장 등을 유발시키는 노이즈 방지

2) 차폐선 시공방법

① 적절한 차폐선 선정
Twisted Pair(꼬인 선, 15회/m 이상) 차폐선을 사용하여 노이즈를 감소시킬 것

② 전선관 내 수납

- 차폐전선(STP)은 배관 내에 입선하여 내열배선의 시공방법으로 배선(호일차폐, SF)

- 차폐케이블(TFR－CVV－SB)은 트레이나 덕트에 케이블 시공방법으로 배선 (편조차폐, SB)

③ 접지

채널상 Local 기기를 연결하는 차폐선 내의 접지선을 모두 연결하여 편단 접지 할 것

④ 접속부의 절연

중계기 등과의 접속부분에서 벗겨진 통신선이 서로 접촉하거나 기타 금속부와 접촉하지 않도록 절연할 것(절연테이프 사용)

5 건축물 내화설계에 있어서 시방위주 내화설계에 대한 문제점과 성능위주 내화설계 절차에 대하여 설명하시오.

문제 5] 시방위주 및 성능위주 내화설계

1. 시방위주 내화설계의 문제점

1) 절차

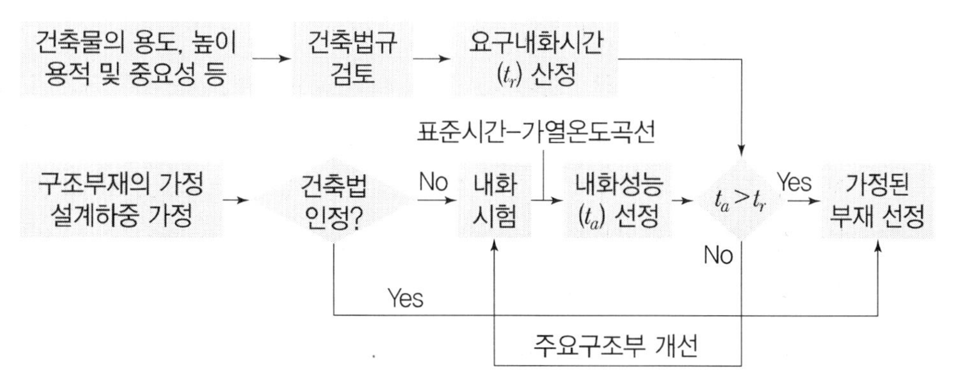

2) 문제점

① 요구 내화시간에 관계없이 적용 가능한 부재

- 철근 콘크리트, 벽돌조, 석조 등의 재료는 일정 두께 이상의 기준만 요구하고 내화성능 시험을 수행하지 않음

- 이러한 부재들은 요구내화시간(내화 30분~3시간)에 관계없이 주요구조부 모든 부분에 적용 가능함
- 이는 어떤 부재에 대해 과도하거나 과소한 내화설계가 될 것이므로, 비경제적 또는 내화성능 미확보 문제가 발생하게 됨

② 표준시간가열온도곡선에 의한 내화시험
실제 건물 특성에 따른 최고온도가 반영되지 않아 경우에 따라 요구 내화시간보다 빨리 건물이 손상될 수 있음

③ 건물의 용도 등에 따른 일률적인 내화성능시간 규정
내화설계의 목표가 고려되지 않아 건물의 재사용 불가, 피난완료 전 건물 붕괴 등의 우려

2. 성능위주 내화설계 절차

1) 특징

① 내화설계의 목표에 따라 요구 내화시간을 산정
피난완료, 건물붕괴방지, 건물의 재사용 등 다양한 목표에 따라 요구 내화시간을 결정

② 최성기의 최고온도와 지속시간을 건물 고유 특성에 따라 화재모델링에 의해 산출
[최고온도에 대한 영향인자]
- 가연물 : 실내 가연물의 종류, 양, 형상, 상태, 분포 등
- 화재실 : 화재실의 규모 · 형태 및 구조부재의 열적 특성, 개구부의 크기 및 형상

③ 사용하는 부재의 열적 특성과 건물 구조에 따른 열전달을 해석하여 시간에 따른 부재의 온도변화와 역학적 성상을 예측하여 내화성능 상실 시간을 결정
- 하중지지력 : 가해지는 하중에 따른 변형량, 변형률
- 차염성 : 화염을 차단하는 성능
- 차열성 : 화열을 차단하는 성능

2) 절차

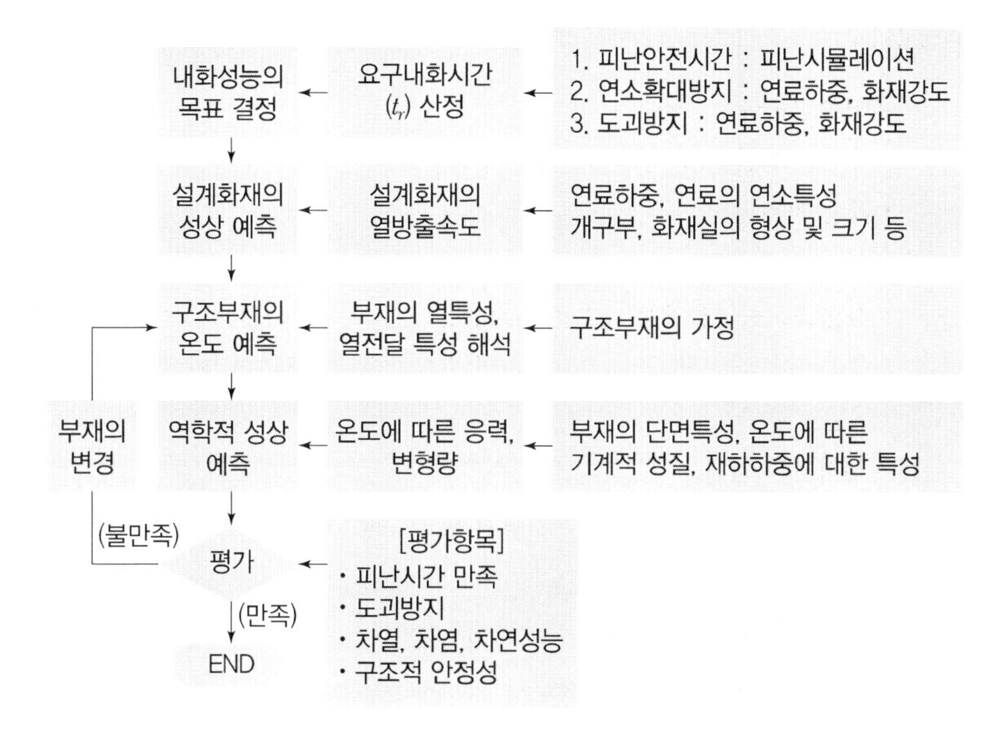

3. 결론

1) 최근 30층 이상의 고층건축물이 많이 건설되고 있고, 이에 따라 소방에서는 성능위주 설계를 수행하고 있다.

2) 그러나 건축의 경우 여전히 시방위주 내화설계를 적용하여 장시간 대규모 건축물 화재 시 건축물의 내화성능 상실이 우려되므로 성능위주 내화설계가 도입되어야 한다.

6 피난용 승강기와 관련하여 다음 사항을 설명하시오.
1) 피난용 승강기의 필요성 및 설치대상
2) 피난용 승강기의 설치 기준 · 구조 · 설비

문제 6] 피난용 승강기

1. 필요성 및 설치대상

1) 필요성

① 초고층건축물

- 장시간 동안 매우 긴 피난 경로 이동
- 많은 인원의 피난

② 지하 심층공간

- 최근 초고층건물에는 다수의 지하층을 만들고 있음(지하주차장, 쇼핑시설 등)
- 올라가야 하는 형태의 피난방식(연기 유동방향과 일치하며, 체력적으로 힘든 피난형태)

③ 재해약자의 피난

노인, 영아, 어린이, 장애인 및 환자 등은 계단을 이용한 피난이 어려움

2) 설치대상

① 고층건축물(30층 이상 또는 높이 120 m 이상)

② 공동주택도 포함됨

2. 설치기준, 구조, 설비

1) 설치기준

피난용승강기(승강장 및 승강로 포함)는 다음 기준에 맞게 설치할 것

① 승강장의 바닥면적 : 승강기 1대당 6 m^2 이상

② 각 층으로부터 피난층까지 이르는 승강로를 단일구조로 연결하여 설치할 것

③ 예비전원으로 작동하는 조명설비를 설치할 것

④ 승강장의 출입구 부근의 잘 보이는 곳에 해당 승강기가 피난용승강기임을 알리는 표지를 설치할 것

⑤ 그 밖에 화재예방 및 피해경감을 위하여 국토교통부령으로 정하는 구조 및 설비 등의 기준에 맞을 것

2) 구조

① 승강장의 구조

- 승강장의 출입구를 제외한 부분은 해당 건축물의 다른 부분과 내화구조의 바닥 및 벽으로 구획할 것

- 승강장은 각 층의 내부와 연결될 수 있도록 하되, 그 출입구에는 갑종방화문을 설치할 것. 이 경우 방화문은 언제나 닫힌 상태를 유지할 수 있는 구조이어야 한다.
- 실내에 접하는 부분(바닥 및 반자 등 실내에 면한 모든 부분)의 마감(마감을 위한 바탕 포함)은 불연재료로 할 것
- 배연설비를 설치할 것(소방시설법에 따른 제연설비를 설치한 경우 배연설비 제외 가능)

② 승강로의 구조

- 해당 건축물의 다른 부분과 내화구조로 구획할 것
- 승강로 상부에 건축설비기준에 따른 배연설비를 설치할 것

③ 피난용승강기 기계실의 구조

- 출입구를 제외한 부분은 건축물의 다른 부분과 내화구조의 바닥 및 벽으로 구획
- 출입구에는 갑종방화문을 설치할 것

3) 설비

① 정전 시 피난용승강기, 기계실, 승강장 및 CCTV 등의 설비를 작동할 수 있도록 별도 예비전원설비를 설치할 것

② 예비전원 용량

- 초고층 건축물 : 2시간 이상 용량
- 준초고층 건축물 : 1시간 이상 용량

③ 상용전원과 예비전원의 공급이 자동 또는 수동으로 전환이 가능한 설비를 갖출 것

④ 전선관 및 배선

- 고온에 견딜 수 있는 내열성 자재를 사용
- 방수조치를 할 것

마스터 소방기술사 기출문제 풀이 02

발행일 | 2021. 10. 30 초판 발행
2022. 11. 10 초판 2쇄

편저자 | 홍 운 성
발행인 | 정 용 수
발행처 | 예문사

주 소 | 경기도 파주시 직지길 460(출판도시) 도서출판 예문사
TEL | 031) 955－0550
FAX | 031) 955－0660
등록번호 | 11－76호

정가 : 27,000원

ISBN 978-89-274-4148-9 13530